薄膜晶体管材料与技术

Materials and Technology for
Thin-Film Transistors

兰林锋　吴为敬　编

本书配有数字资源与在线增值服务
微信扫描二维码获取

首次获取资源时，
需刮开授权码涂层，
扫码认证

授权码

化学工业出版社
·北京·

内容简介

《薄膜晶体管材料与技术》是战略性新兴领域"十四五"高等教育教材体系——"先进功能材料与技术"系列教材之一。本书归纳薄膜晶体管（TFT）材料、器件及制备技术，总结和梳理 TFT 相关的基础理论知识，包括材料物理与化学、器件物理、工艺原理以及实际应用设计原理，进一步提出新见解，为 TFT 技术的发展提供理论指导和方向参考。本书以 TFT 半导体材料作为主线，无机和有机材料相结合、材料与器件相结合、理论和实际应用相结合、经典理论与最新前沿理论相结合，涵盖了 TFT 的相关理论、研究方向和最新进展。

本书适合作为电子信息类、微电子类、光电工程类、功能材料类等专业的本科生及研究生教材，也适用于显示领域相关工程技术人员作为参考书籍。

图书在版编目（CIP）数据

薄膜晶体管材料与技术 / 兰林锋，吴为敬编.
北京：化学工业出版社，2024.8. --（战略性新兴领域"十四五"高等教育教材）. -- ISBN 978-7-122-46495-8

Ⅰ. TN321；TN204

中国国家版本馆 CIP 数据核字第 2024Y5W688 号

责任编辑：王　婧　　　　　　　　　　　　　文字编辑：胡艺艺
责任校对：边　涛　　　　　　　　　　　　　装帧设计：刘丽华

出版发行：化学工业出版社（北京市东城区青年湖南街 13 号　邮政编码 100011）
印　　装：北京云浩印刷有限责任公司
787mm×1092mm　1/16　印张 14¼　字数 321 千字　2025 年 4 月北京第 1 版第 1 次印刷

购书咨询：010-64518888　　　　　　　　　　售后服务：010-64518899
网　　址：http://www.cip.com.cn
凡购买本书，如有缺损质量问题，本社销售中心负责调换。

定　价：49.00 元　　　　　　　　　　　　　　　　　　　版权所有　违者必究

总序

战略性新兴产业是引领未来发展的新支柱、新赛道，是发展新质生产力的核心抓手。功能材料作为新兴领域的重要组成部分，在推动科技进步和产业升级中发挥着至关重要的作用。在新能源、电子信息、航空航天、海洋工程、轨道交通、人工智能和生物医药等前沿领域，功能材料都为新技术的研究开发和应用提供着坚实的基础。随着社会对高性能、多功能、高可靠、智能化和可持续材料的需求不断增加，新材料新兴领域的人才培养显得尤为重要。国家需要既具有扎实理论基础，又具备创新能力和实践技能的高端复合型人才，以满足未来科技和产业发展的需求。

教材体系高质量建设是推进实施科教兴国战略、人才强国战略、创新驱动发展战略的基础性工程，也是支撑教育科技人才一体化发展的关键。华南理工大学、北京化工大学、南京航空航天大学、化学工业出版社共同承担了战略性新兴领域"十四五"高等教育教材体系——"先进功能材料与技术"系列教材的编写和出版工作。该项目针对我国战略性新兴领域先进功能材料人才培养中存在的教学资源不足、学科交叉融合不够等问题，依托材料类一流学科建设平台与优质师资队伍，系统总结国内外学术和产业发展的最新成果，立足我国材料产业的现状，以问题为导向，建设国家级虚拟教研室平台，以知识图谱为基础，打造体现时代精神、融汇产学共识、凸显数字赋能、具有战略性新兴领域特色的系列教材。系列教材涵盖了新型高分子材料、新型无机材料、特种发光材料、生物材料、天然材料、电子信息材料、储能材料、储热材料、涂层材料、磁性材料、薄膜材料、复合材料及现代测试技术、光谱原理、材料物理、材料科学与工程基础等，既可作为材料科学与工程类本科生和研究生的专业基础教材，同时也可作为行业技术人员的参考书。

值得一提的是，系列教材汇集了多所国内知名高校的专家学者，各分册的主编均为材料科学相关领域的领军人才，他们不仅在各自的研究领域中取得了卓越的成就，还具有丰富的教学经验，确保了教材内容的时代性、示范性、引领性和实用性。希望"先进功能材料与技术"系列教材的出版为我国功能材料领域的教育和科研注入新的活力，推动我国材料科技创新和产业发展迈上新的台阶。

中国工程院院士

序 FOREWORD

新型显示是国家战略性新兴产业,具有资金密集、人才密集、产业链长、经济带动能力强等特点。当前,LCD 和 OLED 是主流的显示技术,而 Micro-LED 和 QLED 有望成为下一代显示技术。薄膜晶体管(TFT)背板技术是新型显示的共性关键技术,其产业应用经历了长时间的迭代和创新发展,从早期的非晶硅(a-Si:H)TFT,到低温多晶硅(LTPS)TFT,再到氧化物(oxide)TFT,以及面向低功耗和大电流驱动应用的 LTPO(LPTS & oxide)技术。除了显示领域应用之外,TFT 技术还可在传感、光电探测、通信等诸多领域具有潜在应用。开展"薄膜晶体管材料与技术"的教材建设,一方面为全面了解和反映产业技术现状和未来发展趋势提供参考,另一方面对促进新兴显示产业的人才培养和技术迭代具有重要意义。

本书作者兰林锋和吴为敬均是发光材料与器件国家重点实验室(华南理工大学)的固定成员,也是新型显示技术团队的核心成员。兰林锋长期从事 TFT 材料与技术的基础研究,在兼具高迁移率和高稳定性氧化物 TFT 材料与器件、柔性/可拉伸 TFT、印刷 TFT 等方面开展了大量研究工作,取得了突出成果,讲授"印刷显示材料与技术"和"热力学与统计物理"等课程。吴为敬是光电信息科学与工程专业专职教师,讲授"TFT 技术与应用"和"显示器件驱动技术"等专业课程,同时他在显示像素电路设计、驱动电路设计方面的研究具有很深的造诣,提出了阈值电压一次锁存的低功耗显示驱动新架构,成果有显著应用价值。依托广东省柔性 OLED 显示工程技术研究中心等科研平台,扎根于光电信息科学与工程和功能材料等国家级一流本科专业的教学实践,算来两位作者从事薄膜电子学的教学与科研工作有近二十年的时间,也积累了较为丰富的教学和科研经验,这些都为本书的写作奠定了良好的基础。

通读全文,我个人认为该书有以下特色:(1)知识面广,涵盖了薄膜晶体管材料、器件、工艺、显示驱动等方面;(2)材料体系广,除了传统的非晶硅和多晶硅 TFT,还重点关注了氧化物半导体 TFT、有机半导体 TFT、一维半导体(如碳纳米管等)TFT、二维半导体(如石墨烯、二硫化钼等)TFT 以及钙钛矿半导体 TFT 等新型材料体系;(3)应用面广,详细介绍了 TFT 技术在 TFT LCD、AMOLED 和 Micro-LED 等显示领域中的应用,还探讨了 TFT 在传感、光电探测以及存储等领域的可能应用。

希望该书的顺利出版可以为战略性新兴领域的教材建设和提升人才培养质量贡献一份力量。

华南理工大学 新型显示技术研究院院长
国际信息显示学会 SID Fellow

前言

新型显示产业属于国家战略性新兴产业,其发展日新月异,从业人员众多。显示产业也是国民经济中最具活力的产业之一,带动力和辐射力极强。习近平总书记在 2022 年《求是》杂志中,明确提出大力发展我国新型显示产业。国家《扩大内需战略规划纲要(2022—2035 年)》中提出全面提升信息技术产业核心竞争力,推动新型显示等技术创新和应用。目前,我国显示产业规模与出货面积均跃升至全球第一,成为国民经济支柱性产业之一。在显示屏中,薄膜晶体管(TFT)是用以控制每一个像素选址及亮度的有源开关器件,是显示屏实现图像视频显示的关键部件。TFT 技术是显示面板的共性关键技术,随着显示屏往更大尺寸、更高分辨率、更低能耗等方向不断发展,其对 TFT 的性能要求越来越高。除了显示领域的应用外,TFT 技术还应用于传感、光电探测、射频识别、类脑计算、神经突触等诸多领域。因此,TFT 技术的突破对整个电子信息领域的发展至关重要,需要从基础理论出发,对材料、器件、驱动设计等进行全面分析研究才能加快该领域的发展。

教育部于 2023 年发出的关于组织开展战略性新兴领域"十四五"高等教育教材体系建设工作的通知指出:充分发挥教材作为人才培养关键要素的重要作用,着力破解战略性新兴领域高等教育教材整体规划性不强、部分内容陈旧、更新迭代速度慢等问题,加快建设体现时代精神、融汇产学共识、凸显数字赋能、具有战略性新兴领域特色的高等教育专业教材体系,牵引带动相关领域核心课程、重点实践项目、高水平教学团队建设,着力提升人才自主培养质量。薄膜晶体管材料与技术属于半导体材料与器件领域,它是材料学科与电子信息学科的交叉。《薄膜晶体管材料与技术》是战略性新兴领域"十四五"高等教育教材体系——"先进功能材料与技术"系列教材之一。近年来,国内许多高校对材料类和电子信息类专业课程体系进行了大力度的改革,从学科交叉的角度,更加科学合理地构建了课程体系。因此,编写一本串联薄膜晶体管材料与技术整个范围、梳理不同材料与技术之间的理论联系、结合各方向最新的研究进展归纳最新理论体系的书籍尤其必要。本书将兼顾材料、器件、制备工艺,综合梳理材料和器件两条理论体系。

本书内容丰富,涵盖薄膜晶体管材料、器件、工艺、显示驱动等方面,既包含产业界成熟的技术,也包含正在发展的技术。除了传统的非晶硅和多晶硅 TFT,还将重点关注氧化物半导体 TFT、有机半导体 TFT、一维半导体（如碳纳米管等）TFT、二维半导体（如石墨烯、二硫化钼等）TFT 以及钙钛矿半导体 TFT 等，反映 TFT 的最新进展，这也是与现有教材的显著差异。在薄膜晶体管相关技术上，除了传统的 TFT LCD 技术外，将重点关注当前主流显示技术 AMOLED 驱动技术和下一代的显示技术 Micro-LED 驱动技术。为迎合双碳经济的发展需求，本书还将介绍薄膜晶体管应用中的低功耗技术。读者既可以掌握成熟制程的知识，也可以了解正在发展的相关技术，从而对薄膜晶体管材料与技术有全面的了解。

本书的两位编者是华南理工大学发光材料与器件国家重点实验室的固定成员，也是教育部首批全国高校"黄大年式"教师团队成员，长期从事薄膜电子学的教学与科研工作，讲授 TFT 技术与应用、显示器件驱动技术、印刷显示材料与技术、热力学与统计物理等相关课程，在该领域积累了较为丰富的经验，形成了良好的合作关系。所在团队办有功能材料国家级一流本科专业，获批光电材料与器件虚拟仿真国家级实验教学中心，建有广东省柔性 OLED 显示工程技术研究中心，其器件制备与集成研究技术平台涉及材料、器件、工艺、系统集成以及显示效果评价等显示链条，具有深厚的科研积累，为教材写作提供有力支撑。本书编写的分工如下：兰林锋编写第 1、2、5、6、7、9 章，吴为敬编写第 3、4、8 章。编写过程力求充分反映我们对薄膜晶体管材料与技术的理解，尽量做到概念清晰，易于理解。

在本书的编写过程中，得到了华南理工大学彭俊彪教授的全程指导，也得到了华南理工大学曹镛院士与马於光院士、京东方科技集团股份有限公司袁广才博士、北京大学张盛东教授、复旦大学张群教授和北京师范大学范楼珍教授的指导。作者学习并参考了相关领域专家学者的诸多著作，在此表示诚挚的感谢。

薄膜晶体管材料与技术领域涉及材料众多，器件物理机制复杂，相关技术发展日新月异，加之编者的水平有限，难免有错漏之处，恳请各位专家和读者批评指正。

编者
2024 年 6 月

目录

1 绪论 —001—

1.1 薄膜晶体管简介 …………… 001
1.2 薄膜晶体管发展的历史脉络 …… 002
1.3 薄膜晶体管技术面临的问题及
发展趋势 …………… 004
1.4 本书的架构及特色 …………… 005
习题 …………… 006

2 薄膜晶体管工作原理和相关功能材料 —007—

2.1 薄膜晶体管的工作原理和
电学特性 …………… 007
2.1.1 薄膜晶体管的基本工作原理 …… 008
2.1.2 薄膜晶体管电学特性曲线 …… 008
2.1.3 薄膜晶体管的主要性能参数 …… 010
2.1.4 薄膜晶体管的稳定性 …… 013
2.2 薄膜晶体管的结构及分类
比较 …………… 015
2.2.1 顶栅结构 …………… 015
2.2.2 底栅结构 …………… 015
2.2.3 双栅及其他结构 …………… 016
2.3 薄膜晶体管的主要功能
材料及分类 …………… 016
2.3.1 薄膜晶体管的半导体材料
分类比较 …………… 017
2.3.2 薄膜晶体管的介电材料 …… 018
2.3.3 薄膜晶体管的电极材料 …… 028
习题 …………… 030

3 非晶硅薄膜晶体管 —031—

3.1 非晶硅材料 …………… 031
3.1.1 材料结构 …………… 031
3.1.2 氢钝化 …………… 035
3.1.3 掺杂 …………… 036
3.1.4 输运机理 …………… 037
3.2 非晶硅薄膜晶体管器件 …… 040

3.2.1	器件结构 ……………… 040	3.3.1	偏压稳定性 ……………… 045
3.2.2	器件特性 ……………… 041	3.3.2	热稳定性 ………………… 048
3.3	非晶硅薄膜晶体管器件稳定性 …………………… 044	习题	…………………………… 049

4 多晶硅薄膜晶体管 —050—

4.1	**多晶硅材料** …………… 050	4.2.2	器件特性 ……………… 064
4.1.1	材料结构 ……………… 050	**4.3**	**多晶硅薄膜晶体管器件稳定性** ………………… 068
4.1.2	晶化技术 ……………… 053		
4.1.3	掺杂 …………………… 057	4.3.1	自加热效应 …………… 068
4.1.4	输运机理 ……………… 059	4.3.2	热载流子效应 ………… 069
4.2	**多晶硅薄膜晶体管器件** … 063	习题	…………………………… 070
4.2.1	器件结构 ……………… 063		

5 有机薄膜晶体管 —071—

5.1	**有机半导体材料载流子传导机制及分子设计基本原理** …… 071	5.2.1	有机小分子半导体材料 ………… 080
		5.2.2	聚合物半导体材料 ……… 085
5.1.1	有机半导体的分子轨道结构 …… 071	**5.3**	**有机薄膜晶体管的界面工程** …… 090
5.1.2	有机半导体的载流子形成机制 …… 075	5.3.1	栅绝缘层/有机半导体层界面工程 ……………… 090
5.1.3	有机半导体分子间载流子输运机制 …………………… 077	5.3.2	有机半导体层/源漏电极界面工程 ……………… 093
5.1.4	有机半导体的分子设计基本理论 …………………… 077	习题	…………………………… 095
5.2	**有机半导体材料及分类** ……… 079		

6 氧化物薄膜晶体管 —096—

6.1	**氧化物薄膜晶体管概述** ……… 096	6.1.1	历史及发展阶段 ………… 096

6.1.2	优点和挑战 ……………………… 097		制备工艺设计 ……………… 119
6.1.3	应用进展 ………………………… 098	6.3.3	高迁移率氧化物薄膜晶体管的
6.2	**氧化物半导体材料设计理论及载流子传导机制** ……… 099		器件结构设计 ……………… 123
		6.4	**p 型氧化物半导体材料的设计** ……………………… 126
6.2.1	氧化物半导体的基体元素及电子结构特征 ……………… 099	6.4.1	O2p 与填满的 d 轨道杂化对价带的调制 …………… 127
6.2.2	氧化物半导体材料的设计理论 ……………………………… 101	6.4.2	O2p 与填满的 ns^2 轨道杂化对价带的调制 …………… 127
6.2.3	氧化物半导体的缺陷杂质化学以及载流子形成机理 …… 106	6.4.3	宽带隙非氧化物半导体——卤化铜 ………………… 128
6.2.4	氧化物半导体的载流子传导机制 ………………………… 109	6.5	**氧化物薄膜晶体管的尺寸效应及三维集成电路应用** …… 129
6.2.5	氧化物薄膜晶体管的稳定性 …… 112	6.5.1	氧化物薄膜晶体管的尺寸效应 ……………………… 129
6.3	**高迁移率氧化物半导体材料和器件设计原理** …………… 118	6.5.2	氧化物薄膜晶体管在三维集成电路中的应用 ………… 132
6.3.1	高迁移率氧化物半导体材料设计 ………………………… 118		习题 ……………………………… 133
6.3.2	高迁移率氧化物薄膜晶体管的		

7 基于新型半导体的薄膜晶体管
—135—

7.1	**一维半导体材料及其薄膜晶体管** …………………… 135	7.2.2	过渡金属二硫族化物及其薄膜晶体管 ………………… 142
7.1.1	碳纳米管及其薄膜晶体管 ……… 135	7.3	**钙钛矿半导体材料及其薄膜晶体管** …………………… 144
7.1.2	氧化物半导体纳米线及其薄膜晶体管 ………………… 137	7.4	**新型半导体材料及薄膜晶体管的未来发展方向** ………… 145
7.2	**二维半导体材料及其薄膜晶体管** …………………… 140		习题 ……………………………… 146
7.2.1	石墨烯及其薄膜晶体管 ………… 141		

8 薄膜晶体管在显示中的应用
—147—

8.1	显示基本概念 ……………… 148	8.2	TFT LCD 显示 ……………… 152

8.2.1	像素电路 …………………… 153	8.3.7	OLED 排布 ………………… 183
8.2.2	阵列驱动 …………………… 156	8.4	**Micro-LED 显示** …………… **186**
8.2.3	阵列工程 …………………… 158	8.4.1	PWM 驱动 ………………… 187
8.2.4	彩膜、成盒和模组工程 …… 163	8.4.2	数字 PWM 驱动电路 ……… 188
8.3	**AMOLED 显示** …………… **167**	8.4.3	模拟 PWM 驱动电路 ……… 189
8.3.1	2T1C 像素电路 …………… 167	**8.5**	**行驱动电路** ………………… **193**
8.3.2	LTPS AMOLED 像素电路 … 170	8.5.1	移位寄存器 ………………… 195
8.3.3	LTPO AMOLED 像素电路 … 175	8.5.2	非晶硅 TFT 行驱动电路 …… 196
8.3.4	基于一次锁存驱动架构的 AMOLED 像素电路 ……… 178	8.5.3	非晶氧化物 TFT 行驱动电路 … 197
8.3.5	AMOLED 工艺集成技术 …… 181	8.5.4	低温多晶硅行驱动电路 …… 200
8.3.6	柔性 AMOLED 技术 ……… 182	习题	……………………………… 201

9 薄膜晶体管的新应用及未来展望

9.1	**TFT 在传感中的应用** ……… **203**	9.3.2	易失性存储 ………………… 209
9.1.1	生物传感 …………………… 203	**9.4**	**TFT 在光电探测中的应用** …… **210**
9.1.2	气体液体传感 ……………… 205	**9.5**	**TFT 在超声波指纹识别中的**
9.1.3	触觉传感 …………………… 206		**应用** ………………………… **212**
9.2	**人工突触及类脑计算** ……… **207**	**9.6**	**未来展望** ………………… **212**
9.3	**TFT 在集成电路中的应用** …… **208**	习题	……………………………… 213
9.3.1	非易失性存储 ……………… 209		

参考文献

绪论

薄膜晶体管（thin film transistor，TFT）也称为薄膜型场效应晶体管，它是一种基于薄膜型半导体的栅控开关器件。由于薄膜型半导体具有大面积、低成本制备的优势，TFT 首先在平板显示领域获得应用并一直延续至今。近年来，随着越来越多薄膜型半导体的面世，TFT 技术得到了飞速的发展，应用范围已扩展至光电探测、电子皮肤、生物传感、健康监测、人工突触以及三维集成电路等新兴领域，展现了广阔的应用前景，成为当前的研究热点。本章首先简单介绍薄膜晶体管的概念、发展脉络、面临问题及未来趋势，再介绍本书的架构、特色及所需理论基础。

1.1 薄膜晶体管简介

TFT 是一种由薄膜型半导体、金属和绝缘层组成的场效应器件。TFT 通常含有栅极、栅绝缘层、半导体层、源极和漏极。传统的场效应晶体管是在单晶硅晶圆上通过光刻、热氧化、离子注入等方式构筑的，而 TFT 是在任意衬底（如玻璃）上通过沉积的方式形成不同薄膜堆叠构筑的。由于衬底和沉积条件的影响，沉积形成的薄膜型半导体不可避免地含有大量的缺陷，从而影响其电学性能。例如，单晶硅的电子迁移率可以超过 $1000cm^2/(V·s)$，而通过等离子增强型化学气相沉积（PECVD）法在玻璃衬底上沉积的非晶硅迁移率低于 $1cm^2/(V·s)$，比单晶硅的低了三个数量级以上。因此，研究 TFT 最重要的任务是提高其电学性能（如迁移率、稳定性等），TFT 的发展历史就是控制薄膜型半导体缺陷、优化器件结构、开发更高性能的薄膜型半导体材料的历史。虽然 TFT 的性能比单晶硅晶体管较差，但由于其具有低成本、大面积制备的优势而受到广泛的关注。随着研究的不断深入，TFT 应用范围也越来越广；在某些领域（如显示领域），TFT 具有不可替代的作用。TFT 作为信号写入或读取的逻辑电路单元器件，其应用范围涵盖了显示、传感、射频识别（RFID）等领域，如图 1-1 所示。在显示领域，TFT 作为选址和驱动单元，将电压或电流信号写入每一个像素，从而实现图像视频显示；在传感领域，TFT 作为选址和收集单元，将阵列中每一个传感器产生的电压或电流信号读取出来，实现对每一个传感信号的收集。近年来，随着柔性/可拉伸电子的发展，TFT 的应用范围得到进一步扩展。传统的单晶硅晶圆通常无法实现柔性化、可拉伸化，难以满足在柔性/可拉伸电子领域的应用需求；而 TFT 的半导体材料丰富多样、制备方法灵活，容易实现柔性化甚至可拉伸化。目前，TFT 在柔性显示、电子皮肤、仿生电子、触觉传感、健康监测传感、人工突触、三维集成电路等方面展现了广阔的应用前景（详见第 9 章），部分已经实现规模量产。

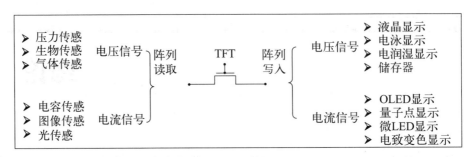

图 1-1　TFT 的主要应用范围

1.2　薄膜晶体管发展的历史脉络

TFT 属于场效应晶体管（FET）的一种。场效应就是改变外加垂直于半导体表面上电场的方向或大小，以控制半导体层中载流子的数量。实际上，场效应晶体管的概念及应用设想要明显早于其他类型的晶体管。普遍认为，1925—1926 年美国的里林菲德（Lilienfeld）提出静电场对导电固体中电流影响的基本概念（相关系列专利在 1930—1933 年公开）。该发明的原理是由最下层电极加载电压控制电子器件的电流大小，电流在最上层两个电极之间流动。然而，令人遗憾的是，Lilienfeld 关于该器件所描述的工作原理并不完全准确，他并没有准确认识到有源层必须由半导体材料来制备这一关键技术。1935 年海尔（Heil）在申请的专利中坚定地宣称他才是场效应晶体管的发明人。海尔在该专利中阐述了半导体的相关知识，其中包括 p 型半导体，提出了场效应晶体管器件的结构模型，宣称在实验中观察到"场效应"现象。值得注意的是，里林菲德和海尔的专利里的器件设计都是基于薄膜型的半导体（如 Cu_2S、Te、Cu_2O 等）作为有源层，所以可以认为这些最初设计的场效应晶体管其实就是 TFT。然而，20 世纪 30 年代的电子制造工艺水平尚未达到场效应晶体管器件制作的要求，所以上述的场效应晶体管的发明尚只停留在原理构思的阶段，被认为是"概念型"专利。

此后十几年，TFT 一直没有被实际制造出来，相比之下，点接触型晶体管早于场效应晶体管于 1947 年被贝尔实验室的约翰·巴顿（John Bardeen）和沃尔特·布拉顿（Walter Brattain）发明并制造出来，这是世界上第一个晶体管；紧接着 1948 年，威廉·肖克利（William Shockley）发明了双极结型晶体管（BJT）。晶体管的发明过程充满了挑战和突破。巴顿和布拉顿在关键性的后期实验中作出了重要贡献，而肖克利虽然在整个过程中起到了领导作用，但并未直接参与最后的实验。最终，晶体管的发明人被列为巴顿和布拉顿。然而，肖克利的理论贡献和对结型晶体管的发明同样重要，他的工作为后来的晶体管发展奠定了基础。晶体管的发明不仅在技术上产生了深远的影响，也促进了电子计算机和其他高科技产品的诞生和发展。肖克利、巴顿和布拉顿因其在晶体管发明中的贡献而共同获得了 1956 年的诺贝尔物理学奖。后来，肖克利创立了与自己同名的"肖克利半导体实验室"，立志将半导体从锗时代带入硅时代。他手下八位员工后来成为更具传奇性的人物，其中包括了仙童、英特尔等企业创始人。从那时起，硅谷乃至整个 IT 行业的传奇被开启，并延续至今。

最先被真正实现的场效应晶体管是结型场效应晶体管（JFET），它于 1952 年由肖克利提出，并在 1954 年被达西（Dacey）等人实际制造出来。1960 年，阿塔拉（Atalla）和江大原（Dawan Kahng）等发明了更为重要的金属-氧化物-半导体场效应晶体管（MOSFET）。MOSFET 以单晶硅硅片作为基底和器件有源层，以其上面通过热氧化形成的氧化硅（SiO_2）薄膜作为栅绝缘层，源漏电极分立于有源层的两侧，栅极位于器件的最上部。以 n 型 MOSFET（简称 NMOS）为例，当栅电极加载足够大的正电压，在有源层中将形成电子导电沟道；如果在漏极同时加载正电压，电子将由源极流向漏极，即形成从漏极到源极的电流。

真正意义上的 TFT 的发明并实际制造始于 1962 年 RCA 实验室的韦默（Weimer）的研究工作：首先在玻璃衬底上通过遮挡掩模蒸镀一层金薄膜作为源极和漏极，然后又通过遮挡掩模蒸镀一层硫化镉（CdS）薄膜作为半导体有源层，接着蒸镀一层 SiO_x 薄膜作为栅绝缘层，最后再蒸镀一层金薄膜作为栅极，在栅电容值为 50 pF 的情况下得到的跨导约为 25000μA/V（场效应特性）。TFT 和 MOSFET 的器件结构非常类似，即都包括栅电极、栅绝缘层、有源层和源漏电极等基本部件，而且各部件的位置也大致一致。当然两者之间在基底材料的选择、栅绝缘层的制备方法、有源层的选择以及电极层与有源层之间的相互位置关系等方面有很大的区别。上述晶体管及 TFT 的发展历史脉络归纳于图 1-2。

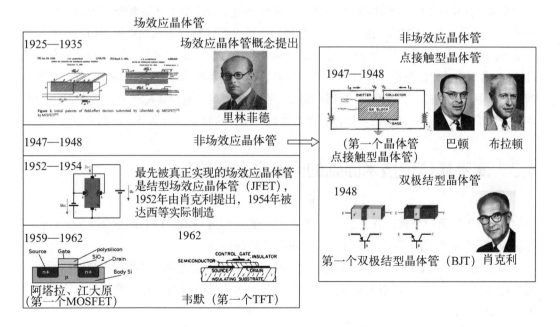

图 1-2　晶体管及 TFT 的发展历史脉络

与 MOSFET 相比，TFT 的最大优势在于可低成本、大面积制备。在 20 世纪 70 年代，液晶显示（LCD）技术出现，急需一种成本低廉的有源矩阵驱动技术，TFT 因此得到迅猛的发展。1971 年，莱希纳（Lechner）等建设性地提出了 TFT 在液晶显示中应用的可能：他们在显示点阵电路电极的交叉点处连接一个非线性电路单元，接上一个 TFT 和一个电容，其可以起到开关控制以及保留液晶像素单元电压的作用，这样可以极大地提高显示图像质量。1973 年，布洛迪（Brody）等首次用 CdSe 作有源层研制出 6 英寸❶×6 英寸、每英寸 20 线的 TFT 液晶显示屏，开启了 TFT 实际应用的大门。随着 TFT LCD 产业的迅速发展，CdSe TFT 的电学性能越来越无法满足 LCD 的需求。首先，CdSe TFT 的电学性能对环境非常敏感，从而对实际应用产生了非常不利的影响；其次，Cd 元素对环境不友好。1979 年，莱康博（LeComber）等人研究并开发了非晶硅（a-Si）TFT，才使这一难题得到彻底解决。事实上，未经处理的 a-Si 材料的电学特性并不理想，但是通过掺氢的方法而获得的氢化非晶硅（a-Si：H）的特性则完全可满足 TFT 有源层的技术要求。1980 年，德国斯图加特大学的吕德尔（Lueder）教授在当年的信息显示协会（SID）年会上作了题为 "Processing of Thin Film Transistors with Photolithography and Application for Displays" 的报告，开启了非晶硅作有源层 TFT 应用于液晶显示的大门。随后，TFT 的研究如雨后春笋般全面展开。

尽管 a-Si TFT 能够基本满足 LCD 的技术要求，但较低的场效应迁移率 [$<1cm^2/(V·s)$] 使其无法驱动高分辨率的 LCD。1980 年由美国 IBM 公司的德普（Depp）等人报道的多晶硅（p-Si）TFT 则很好地填补了这一技术空白。他们采用化学气相沉积（CVD）法制备多晶硅，其迁移率高达 $50cm^2/(V·s)$。但是，多晶硅 TFT 的工艺温度较高，亦称高温多晶硅（HTPS）。高温多晶硅 TFT 需要在耐热性较好的石英衬底上制备，成本太高，限制了其在大中型显示器领域的应用。1991 年，爱普生公司的利特尔（Little）等人通过对 550℃时沉积的非晶硅在 600℃下进行固相晶化（SPC），所制备的多晶硅 TFT 迁移率大于 $20cm^2/(V·s)$。从此，低温多晶硅（LTPS）进入了飞速发展的阶段。通过准分子激光退火（ELA）获得的低温多晶硅的迁移率可以达到非晶硅的数十倍乃至数百倍。在此之后，关于非晶硅与多晶硅 TFT 的研究被广泛报道，并且以非晶硅和多晶硅作为半导体沟道层的 TFT 器件已经逐步商业化。但是非晶硅和多晶硅 TFT 器件仍然存在许多问题，阻碍其在新型显示的全面应用。因此，人们一直在寻找新型的半导体有源层替代材料，这将在后续章节中详细介绍。

1.3 薄膜晶体管技术面临的问题及发展趋势

从 1962 年第一个真正意义上的 TFT 发明并实际制造开始，TFT 的整个发展历程，根据沟道半导体材料的不同，大致经历了如下三个阶段：

探索性阶段：CdS-TFT 是 TFT 发展之初提出的有源驱动方案，其薄膜控制性和性能重复性均难保证，而且其关态电流较大，此外，其在可靠性方面也存在问题，但其开启了研究 TFT 的大门。

硅材料阶段：硅基 TFT 是当今较成熟的 TFT 技术，为大家所熟悉。主要包括非晶硅 TFT 和低温多晶硅 TFT，目前广泛应用于 LCD 和 AMOLED 等显示器件的有源驱动。但是

---

❶ 1 英寸=2.54 厘米。

非晶硅和多晶硅 TFT 器件仍然存在许多问题，例如非晶硅的迁移率较低、低温多晶硅难以大面积晶化等。

新材料阶段：主要包括有机 TFT（OTFT）和氧化物 TFT。OTFT 由于具有制备工艺简单、有机材料多样化以及有机薄膜的天然"柔性"等优势，在柔性器件中展现了很大的发展前景；氧化物 TFT 作为新兴的 TFT 技术由于具有迁移率高、工艺温度低、均匀性好以及与 a-Si TFT 产线兼容等优点而得到广泛重视并取得实质性进展。此外，近年还兴起了很多新型半导体材料及其 TFT 技术，详细将在第 7 章中介绍。

在显示应用领域，TFT 技术是显示面板的共性关键技术，随着显示屏往更大尺寸、更高分辨率、更低能耗、柔性可穿戴等方向不断发展，其对 TFT 的性能要求越来越高。传统的非晶硅 TFT 由于迁移率较低，已难以适应未来显示的发展需求。低温多晶硅 TFT 的迁移率较高，但面临大面积晶化困难、关态电流（I_{off}）过高、均一性差等问题，限制了其在大面积显示、低功耗显示方向的应用。氧化物 TFT 的迁移率比低温多晶硅低，还有待进一步提升；此外其在光照下（特别是负栅压光照温度应力下，NBITS）的稳定性不足，造成阈值电压严重漂移，影响显示稳定度。有机 TFT 还处于研发阶段，还未在显示领域实现应用。某些特殊显示领域（如柔性显示、可拉伸显示）对 TFT 的要求也不一样。整体来说，在新型显示领域，TFT 的迁移率、稳定性是其最大的问题，目前还没有哪一种 TFT 技术能满足所有显示的要求。因此，在显示应用领域，TFT 的性能还需要大幅提高。

在电子皮肤、仿生电子、触觉传感、健康监测传感、人工突触、三维集成电路等领域，需要针对某一具体应用选择 TFT 类型或开发新型半导体材料，还需要结合实际工艺设计器件结构及制备方法。例如，在电子皮肤领域，需要考虑 TFT 的生物兼容性；在三维集成电路领域，需要考虑 TFT 的迁移率和底层电路的温度兼容性；在人工突触领域，需要考虑 TFT 的记忆性和可塑性等。

总之，面对新型显示和其他新应用领域，需要进一步提高 TFT 各方面的性能，突破当前 TFT 的性能瓶颈，包括开发新型半导体材料或调整材料设计、设计新器件结构、改变制备工艺等。TFT 的新材料、新应用、新需求使之成为当前的研究热点。本书就是在这样的背景下编写的。

1.4 本书的架构及特色

本书将归纳 TFT 材料、器件及制备技术，总结和梳理 TFT 相关的基础理论知识，包括材料物理与化学、器件物理、工艺原理以及实际应用设计原理；进一步提出新见解，为 TFT 技术的发展提供理论指导和方向参考。章节分布如下。

第 1 章 绪论，简单介绍 TFT 的概念、发展脉络、面临问题、未来趋势及本书架构与特色。

第 2 章 薄膜晶体管工作原理和相关功能材料，主要介绍 TFT 结构、工作机理、基本参数、分类比较以及主要功能层材料。

第 3 章 非晶硅薄膜晶体管，主要介绍非晶硅材料结构、氢钝化、掺杂、输运理论、制备技术及器件物理知识。

第 4 章 多晶硅薄膜晶体管，主要介绍多晶硅材料结构、晶化技术、掺杂、输运理论、制备技术及器件物理知识。

第 5 章 有机薄膜晶体管，主要介绍有机半导体材料、分类、载流子输运机理、制备技术及最新研究进展和未来发展方向。

第 6 章 氧化物薄膜晶体管，主要介绍氧化物半导体材料设计、分类、载流子输运机理、制备技术及最新研究进展和未来发展方向。

第 7 章 基于新型半导体的薄膜晶体管，主要介绍一维和二维半导体材料与器件物理的相关基础知识，及未来发展方向。

第 8 章 薄膜晶体管在显示中的应用，主要介绍 LCD 和 AMOLED 显示像素电路设计理论及工艺集成技术，以及行驱动电路设计理论及集成技术。

第 9 章 薄膜晶体管的新应用及未来展望，主要介绍 TFT 的新应用，及对 TFT 技术未来发展的展望。

本书的特色是以 TFT 半导体材料作为主线进行理论归纳，无机和有机材料相结合、材料与器件相结合、理论和实际应用相结合、经典理论与最新前沿理论相结合，几乎涵盖了 TFT 的所有研究方向及其相关理论和最新进展。本书的基础理论包括材料物理与化学、半导体物理、半导体器件、固体物理和统计物理等。

 习 题

1. TFT 是晶体管的一种，它的特点是什么？
2. 从原理上区分，TFT 的应用主要分为哪两类？
3. 真正意义上的 TFT 的发明并实际制造始于哪一年？
4. TFT 的整个发展历程，根据沟道半导体材料的不同，大致经历了哪三个阶段？

2 薄膜晶体管工作原理和相关功能材料

第 1 章对 TFT 的基本概念、应用、发展历程和面临的问题等作了简单介绍，本章将详细介绍 TFT 结构、工作机理、基本参数以及分类比较。此外，还将介绍除半导体材料之外的主要功能层材料，包括电极、栅介电材料及其制备方法。

2.1 薄膜晶体管的工作原理和电学特性

图 2-1 是 TFT 的基本结构和工作原理示意图。TFT 是一种由沉积（镀膜）形成的薄膜型半导体、金属和绝缘层组成的场效应器件。TFT 是一个三端有源器件，由栅极（gate, G）、栅绝缘层（gate insulator, GI）、有源层（active layer, AL）、源极（source, S）和漏极（drain, D）等组成。其中，栅绝缘层也叫栅介电层（gate dielectric layer），有源层也叫半导体层（semiconductor layer）或沟道层（channel layer）。栅绝缘层设置在栅极与半导体层之间，利用施加于栅极的电压在栅绝缘层上形成电场来控制半导体层上的载流子数量，进而控制源极、漏极之间的电流。实际应用中，TFT 还可以包括其他功能层，如钝化层、界面层等。TFT 本质上是一个栅控电开关器件，通过施加栅极电压来控制源漏电极之间的电流，与水龙头的工作原理类似，如图 2-1 所示。

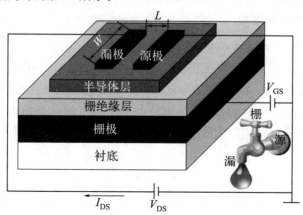

图 2-1 TFT 的基本结构及工作原理

2.1.1 薄膜晶体管的基本工作原理

TFT 是一个场效应器件，"场效应"是指利用垂直于半导体表面的电场来控制半导体的导电能力的现象。TFT 就像是一个平行板电容器，半导体层相当于平行板电容器的一个电极，栅极则相当于另一个电极，栅绝缘层相当于电容器中的介质层。当在栅极上施加一定的电压（V_G）时，由于在栅绝缘层/半导体层之间的界面处发生能带弯曲，界面处的费米能级进入导带（n 型半导体）或价带（p 型半导体），就能在半导体层沟道区域感应出一定数量的电子（n 沟道）或空穴（p 沟道）载流子，如图 2-2 所示；在一定的源漏电压（V_{DS}）下，这些感应出的载流子就能参与导电，形成漏极电流（I_{DS}）。因此，通过调节 V_G 的大小就能控制载流子的多少，从而控制 I_{DS} 的大小。在 TFT 中源极和漏极之间的间距称为沟道长度（L），源极和漏极相对应的长度称为沟道宽度（W）。

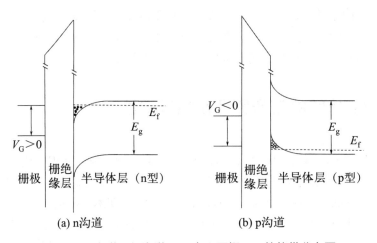

图 2-2 n 沟道和 p 沟道 TFT 在不同栅压下的能带分布图

2.1.2 薄膜晶体管电学特性曲线

表征 TFT 的电学性能时首先需要测试其输出特性曲线和转移特性曲线，从这两种特性中可提取或计算 TFT 各种参数。

2.1.2.1 输出特性曲线（output characteristic）

TFT 在工作时电流是受到两种电压（V_G 和 V_{DS}）共同控制的，在各种 V_G 情况下，半导体层中的电流 I_{DS} 的大小变化与 V_{DS} 的变化关系曲线为 TFT 的输出特性曲线，如图 2-3 所示。在 V_{DS} 较小时（$|V_{DS}|<|V_G-V_T|$，V_T 为阈值电压），由于每一条曲线的 V_G 是固定的，也就是说从源极注入的电子或空穴载流子数（载流子浓度）是一定的，而沟道的电导率（σ）可由下式表示：

$$\sigma = nq\mu \tag{2-1}$$

式中，n 为载流子浓度；q 为单位载流子所带的电荷；μ 为载流子的迁移率。由于材料的迁移率是一定的，故由式（2-1）可知沟道的电导率是一个定值，因此 I_{DS} 会随着 V_{DS} 的大小变化而产生线性变化，我们称这个区域为线性区（linear regime）。

当$|V_{DS}|>|V_G-V_T|$的时候，由于器件中靠近漏极一端的导电沟道被夹断，此时的源漏电压设为$V_{DS}(sat)$。夹断区域的电子浓度小，电阻率高，V_{DS}中大于$V_{DS}(sat)$的电压部分几乎全部降落在夹断区域。这时I_{DS}不再随V_{DS}的增大而增大，达到饱和状态，我们称这一区域为饱和区（saturation regime）。

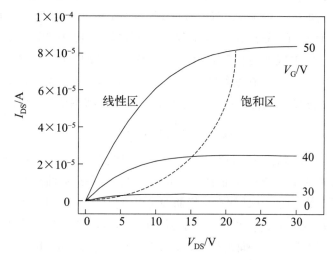

图2-3 n沟道TFT的输出特性曲线

2.1.2.2 转移特性曲线（transfer characteristic）

在V_{DS}固定不变时，I_{DS}的大小随着V_G的变化关系曲线为TFT的转移特性曲线，如图2-4所示。当V_{DS}较小时（一般取0.1~1V），器件工作在线性区，沟道中单位面积积累的电荷量Q_i与V_G的关系满足：

$$Q_i = -C_i(V_G - V_T) \tag{2-2}$$

式中，C_i为栅绝缘层的单位电容，F/cm²，负号表示载流子类型为电子；V_T为阈值电压，V。由于沟道方向上的电势和电场是关于位置的函数，可以将电势表示为$V(x)$，电场为$E(x)$，此时的Q_i进一步表示为：

$$Q_i(x) = -C_i[V_G - V_T - V(x)] \tag{2-3}$$

而电子具有恒定μ时，其平均速度$v(x)$表示为：

$$v(x) = E(x)\mu \tag{2-4}$$

因为I_{DS}与Q_i又满足：

$$I_{DS} = W|Q_i(x)|v(x) \tag{2-5}$$

将式（2-4）代入式（2-5）并积分，I_{DS}用电荷Q_i进一步表示为：

$$I_{DS} = \frac{W}{L}\int_0^L |Q_i(x)|v(x)dx \tag{2-6}$$

其中，

$$E(x) = -\frac{dV(x)}{dx} \tag{2-7}$$

代入可以得到：

$$I_{DS} = C_i \mu \frac{W}{L} \int_0^{V_{DS}} [V_G - V_T - V(x)] dV(x) \tag{2-8}$$

积分化简后得到 I_{DS} 和 V_{DS} 之间的线性关系：

$$I_{DS} = C_i \mu \frac{W}{L} (V_G - V_T) V_{DS} \tag{2-9}$$

由式（2-9）可知 I_{DS} 与 V_G 呈线性关系。图 2-4（a）左边的曲线为对数坐标下的 I_{DS} 对应于 V_G 的关系曲线（即 $\lg I_{DS}$ vs V_G），右边的曲线为线性坐标下的 I_{DS} 对应于 V_G 的关系曲线，从右边的线性坐标曲线可以看出 I_{DS} 与 V_G 呈线性关系，与式（2-9）相符。线性区的阈值电压定义为：I_{DS} 对应于 V_G 的线性关系部分的反向延长线与 x 轴的交点，如图 2-4（a）所示。

当 V_{DS} 较大时，器件工作在饱和区。由式（2-9）可以推断，当 $V_{DS}=V_G-V_T$ 时，TFT 的漏极总电势为 0，此刻 TFT 被夹断，电流达到饱和，理想状态下饱和电流 I_{DS} 则为：

$$I_{DS} = C_i \mu \frac{W}{2L} (V_G - V_T)^2 \tag{2-10}$$

由式（2-10）可知，I_{DS} 的平方根（$I_{DS}^{1/2}$）与 V_G 呈线性关系。图 2-4（b）左边的曲线为对数坐标下的 I_{DS} 对应于 V_G 的关系曲线（即 $\lg I_{DS}$ vs V_G），右边的曲线为线性坐标下的 $I_{DS}^{1/2}$ 对应于 V_G 的关系曲线，从右边的线性坐标曲线可以看出，$I_{DS}^{1/2}$ 与 V_G 呈线性关系，与式（2-10）相符。饱和区 V_T 定义为：$|I_{DS}|^{1/2}$（在 p 沟道器件中 I_{DS} 为负数，故通用的表达式为 $|I_{DS}|^{1/2}$）对应于 V_G 的线性关系部分的反向延长线与 x 轴的交点，如图 2-4（b）所示。

由于线性区和饱和区的 V_T 的定义不同，所以在同一个器件中它们的值不一定相同。另外由于 V_T 的值是通过线性拟合得出的，在实际中会存在较大的误差，所以有时使用开启电压（V_{on}）的概念来代替阈值电压的概念（见第 2.1.3 节）。

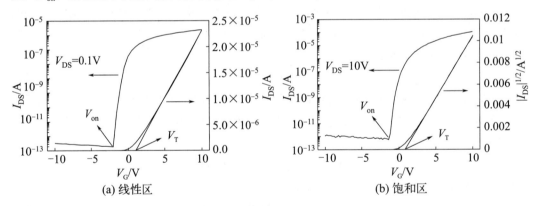

图 2-4　n 沟道 TFT 的线性区和饱和区的转移特性曲线

2.1.3　薄膜晶体管的主要性能参数

2.1.3.1　迁移率（mobility，μ）

迁移率是 TFT 中的一个重要参数，它是指载流子（电子或空穴）在单位电场作用下的平均漂移速度，即载流子在电场作用下运动速度的快慢的量度，单位为 $cm^2/(V \cdot s)$（或 $cm^2 \cdot V^{-1} \cdot s^{-1}$）。漂移速度越快，迁移率越大；漂移速度越慢，迁移率越小。载流子迁移率与载流子在电场作用下的平均漂移速度的关系可以通过式（2-4）表示。迁移率与载流子浓度一起决定半导体材料的电导率的大小［式（2-1）］，迁移率越大，电阻率越小，输出的电流就越大，驱动能力越强。

根据图 2-4 线性区和饱和区的转移特性曲线，载流子迁移率可以分为线性区迁移率（μ_{lin}）和饱和区迁移率（μ_{sat}）。由式（2-9）可知，线性区迁移率可以通过跨导（g_m）来计算：

$$g_m = \frac{\partial I_{\text{DS}}}{\partial V_{\text{G}}}\bigg|_{V_{\text{DS}}=\text{const}} = \frac{WC_i}{L}\mu_{\text{lin}}V_{\text{DS}} \tag{2-11}$$

g_m 的意义为在 V_{DS} 一定时，V_{G} 大小对器件中 I_{DS} 的控制能力，它就是图 2-4（a）中右边曲线的斜率。根据 g_m 能够得到在线性区的载流子迁移率 μ_{lin}。

由式（2-10）可知，饱和区迁移率可以通过下式计算：

$$\mu_{\text{sat}} = \frac{k^2 \cdot 2L}{W \cdot C_i} \tag{2-12}$$

其中

$$k = \frac{\partial\left(I_{\text{DS}}^{\frac{1}{2}}\right)}{\partial V_{\text{G}}} \tag{2-13}$$

为图 2-4（b）右边曲线的斜率。

2.1.3.2 阈值电压（threshold voltage，V_{T} 或 V_{th}）和开启电压（turn-on voltage，V_{on}）

阈值电压的定义已在第 2.1.2 节中介绍。开启电压 V_{on} 是指在一定的 V_{DS} 下，$\lg I_{\text{DS}}$ vs V_{G} 曲线中 I_{DS} 随着 V_{G} 开始持续明显增大时的 V_{G} 值，如图 2-4 所示。开启电压的大小代表了半导体材料中的局域态能级密度的大小。在多重捕获释放（MTR）模型中，半导体材料的费米能级被带隙中的局域态能级限制在禁带中，费米能级要想移动到导带使材料进入能带传输区域，就必须先填充高密度的局域态能级，因此，必须外加上一定的电压后才能完全填充局域态能级，这就形成了累积型（enhancement mode）场效应晶体管且具有明显的开启电压。

一般来说，TFT 的开启电压更能准确表示 TFT 器件的特性，它的值是确定的。在忽略短沟道效应（short-channel effect，SCE）和漏极感应势垒降低（drain-induced-barrier-lowering，DIBL）效应的情况下，线性区和饱和区的 V_{on} 是相同的。

2.1.3.3 开关电流比（$I_{\text{on}}/I_{\text{off}}$）

TFT 的另一个重要的性能参数为开关电流比，体现的是 TFT 的整体性质，定义为 TFT 的开态电流（I_{on}）和关态电流（I_{off}）之比。它代表了 TFT 的开启和关断的相对能力。其中 I_{on} 越高，代表器件的驱动能力越强；I_{off} 越低，代表器件的关断能力越强，漏电流越小。通常，作为 AMOLED 驱动的 TFT 的电流开关比至少要达到 10^6。

2.1.3.4 亚阈值陡度（subthreshold slope，SS）及玻尔兹曼极限

亚阈值陡度又称亚阈值摆幅（subthreshold swing）是在 $\lg I_{\text{DS}}$ vs V_{G} 曲线中，从 $\lg I_{\text{DS}}$ 刚开始快速上升时，上升一个数量级所对应的 V_{G} 的跨度（ΔV_{G}）。其表达式为：

$$\text{SS} = \frac{\partial V_{\text{G}}}{\partial \lg I_{\text{DS}}} \tag{2-14}$$

单位为 V/dec。SS 代表了 TFT 从"关态"开启到"开态"所需要的最低电压，它的值越小，说明器件的工作电压越低。

SS 的大小还体现了半导体层-绝缘层界面及半导体体内缺陷的多少，因为当 V_G 增大时界面的载流子浓度也增大，而一部分载流子电荷要用来填充半导体层-绝缘层界面及半导体体内的缺陷，所以缺陷越多，所需要用来填充它的那部分载流子电荷就越多，电流增加的速度就越慢，表现为 SS 增大。SS 与缺陷密度的关系可以表示为：

$$\mathrm{SS} = \frac{q k_\mathrm{B} T (N_t t_c + D_{it})}{C_i \lg e} \tag{2-15}$$

式中，N_t 为半导体层的缺陷密度；D_{it} 为绝缘层/半导体层界面的缺陷密度；k_B 为玻尔兹曼常数；T 为热力学温度；t_c 为导电沟道的厚度。可以看出 SS 越高，缺陷密度越大。

值得注意的是，从理论上可以推导，场效应晶体管的 SS 永远无法低于 0.06V/dec。如图 2-5（a）所示，当施加栅压 V_G 时，其压降大部分集中在栅绝缘层，但有一小部分分布在半导体层，这是由于栅绝缘层/半导体层界面处聚集的载流子不足以完全屏蔽栅电场。另一方面，由于不同的 V_G 会造成不同的载流子数量（浓度）聚集在栅绝缘层/半导体层界面处，造成栅电场被屏蔽的程度不同，所以栅绝缘层/半导体层界面的表面电势（Ψ_s）会随着 V_G 的变化而变化，如图 2-5（b）所示。

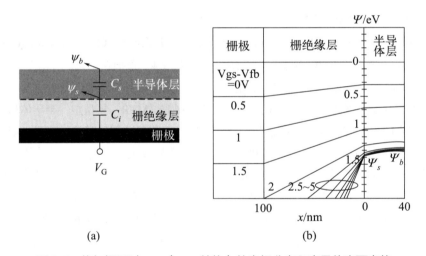

图 2-5 施加栅压时 TFT（MIS 结构）的电场分布和半导体表面电势

由式（2-14）可知：

$$\mathrm{SS} = \frac{\partial V_G}{\partial (\lg I_\mathrm{DS})} = \frac{\partial V_G}{\partial \psi_s} \cdot \frac{\partial \psi_s}{\partial (\lg I_\mathrm{DS})} \tag{2-16}$$

这样 SS 的求导就可以分成两部分，其中 Ψ_s 就是栅绝缘层电容（C_i）和半导体层电容（C_s）这两个串联电容中间的电位：

$$\psi_s = \left(C_s \Big/ \frac{C_i \cdot C_s}{C_i + C_s} \right) V_G = \left(1 + \frac{C_s}{C_i} \right) V_G \tag{2-17}$$

由式（2-17）可得：

$$\frac{\partial V_G}{\partial \psi_s} = 1 + \frac{C_s}{C_i} > 1 \tag{2-18}$$

由此可知，式（2-16）中的第一项大于 1，因此，式（2-16）可以表示为：

$$\text{SS} = \frac{\partial V_\text{G}}{\partial (\lg I_\text{DS})} = \frac{\partial V_\text{G}}{\partial \psi_s} \cdot \frac{\partial \psi_s}{\partial (\lg I_\text{DS})} > \frac{\partial \psi_s}{\partial (\lg I_\text{DS})} \tag{2-19}$$

在 TFT 器件中，半导体层的载流子通常限制在栅绝缘层/半导体层界面的一层非常薄（<3nm）的导电沟道内，假设该薄层内的载流子浓度为 n（n 型半导体），则 I_DS 可以表示为：

$$I_\text{DS} = nevS = N_\text{D} \exp\left(\frac{e\psi_s}{k_\text{B}T}\right) evS \tag{2-20}$$

式中，e 为电子电荷量；v 为半导体中的电子漂移速率；S 为导电沟道的横截面积；N_D 为 n 型半导体的施主掺杂浓度；k_B 为玻尔兹曼常数；T 为热力学温度。由式（2-20）可以推出：

$$\begin{aligned}\partial(\lg I_\text{DS}) &= \partial\left\{\lg\left[N_\text{D}\exp\left(\frac{e\psi_s}{k_\text{B}T}\right)evS\right]\right\}\\ &= \partial\left\{\frac{1}{\ln 10}\cdot\ln\left[N_\text{D}\exp\left(\frac{e\psi_s}{k_\text{B}T}\right)evS\right]\right\}\\ &= \frac{1}{\ln 10}\cdot\partial\left[\frac{e\psi_s}{k_\text{B}T}+\ln(N_\text{D}evS)\right]\\ &= \frac{1}{\ln 10}\cdot\partial\left(\frac{e\psi_s}{k_\text{B}T}\right)\end{aligned} \tag{2-21}$$

将式（2-21）代入式（2-19）可得：

$$\text{SS} > \frac{\partial \psi_s}{\partial(\lg I_\text{DS})} = \frac{\ln 10\cdot\partial\psi_s}{\partial\left(\frac{e\psi_s}{k_\text{B}T}\right)} = \frac{\ln 10\cdot k_\text{B}T}{e} \approx 0.06 \tag{2-22}$$

因此，场效应晶体管的 SS 必然大于 0.06V/dec。这种 SS 具有最低值为 0.06V/dec 的现象被称作"玻尔兹曼极限"。从式（2-16）至式（2-22）的推导过程可知，如果要突破玻尔兹曼极限，则需要式（2-18）的 $\frac{\partial V_\text{G}}{\partial \psi_s}$ 值<1，只有 C_i<0（即负电容）的情况才能满足。目前，已经发现铁电材料在一定的条件下具有负电容特性，利用某些铁电材料作为栅绝缘层（负电容场效应晶体管）成功突破了玻尔兹曼极限（SS<0.06V/dec）。此外，改变器件结构及工作方式（非场效应模式，如隧穿晶体管、肖特基势垒晶体管、纳机电继电器等）也能够突破玻尔兹曼极限。

2.1.4 薄膜晶体管的稳定性

TFT 的稳定性和可靠性是制约其应用的一个重要问题。在平板显示中，TFT 会长时间承受正、负栅偏压的负载；TFT 还会暴露在各种光照下，如背光源、像素光或环境光；另外，显示屏在运行时会发热温度升高。所以，偏压、光、热造成的不稳定性都需要考虑。影响器件稳定性的因素有很多，例如半导体材料、绝缘层材料及界面、器件结构、外界影响等。TFT 的稳定性一般包括偏压稳定性、光照热偏压稳定性、迟滞效应以及环境稳定性等。

2.1.4.1 偏压稳定性（bias-stress stability）

偏压稳定性是指施加持续的栅压下 TFT 性能（阈值电压）的变化，它包括正栅压应力

(positive-bias-stress，PBS）和负栅压应力（negative-bias-stress，NBS）稳定性。PBS 稳定性是指 TFT 器件长时间加载正栅压的稳定性。例如，在 AMOLED 显示中，像素电路至少包括两个 TFT 器件：选址管和驱动管。选址管起开关作用，驱动管起控制 OLED 的电流大小的作用。在每个扫描周期中选址管只打开一次，大部分时间都处于关闭状态（以 n 沟道 TFT 为例，此时应加负栅压），因此选址管的 NBS 稳定性相对比较重要；驱动管的源极是与 OLED 直接相连的，只要 OLED 发光，就要有一定大小的电流流经驱动管的源漏电极，因此驱动管基本处于开启状态，其 PBS 稳定性相对比较重要。研究表明，驱动管的 V_T 漂移 0.1V 可导致 OLED 发光亮度改变 20%，因此，TFT 器件的偏压稳定性对显示的稳定度至关重要。

偏压不稳定性模型有两种：缺陷态产生和电荷捕获。缺陷态产生是指在偏置电压的长时间作用下，材料禁带中的缺陷态会明显增加，导致 TFT 器件更难开启；缺陷态的产生会导致迁移率的下降和亚阈值摆幅的增大。电荷捕获是指长时间加载在栅极上的偏置电压会使载流子被捕获在栅绝缘层或栅绝缘层/半导体层界面处；当偏置电压撤除后，这些被捕获的载流子并不能马上重新回到沟道内，会对栅极电压起到一定屏蔽作用，即导致 TFT 器件的阈值电压发生变化。电荷捕获不会造成器件迁移率的下降和亚阈值摆幅的增大。

2.1.4.2 光照热偏压稳定性（bias illumination temperature stress）

由于 TFT 不可避免地会暴露在光照下（光源可能是环境光、LCD 的背光或者是 OLED 自发光），所以要求 TFT 的光灵敏度尽可能小。另外，显示屏在运行时会发热温度升高，通常内部器件温度可以达到 60~80℃，所以 TFT 的热稳定性也很重要。同时施加偏压、热和光照比单纯施加偏压更接近实际应用环境，光照热偏压稳定性包括正偏压光照温度应力（positive-bias illumination temperature stress，PBITS）稳定性和负偏压光照温度应力（negative-bias illumination temperature stress，NBITS）稳定性，如图 2-6（a）所示。在这些稳定性测试的时候，V_G 一般选择开态（高电平）和关态（低电平）两种模式；同时 V_{DS} 的选择也很关键，不同类型的 TFT 在线性区和饱和区的稳定性是不同的。一般需要根据 TFT 的实际工作环境选择稳定性测试条件。

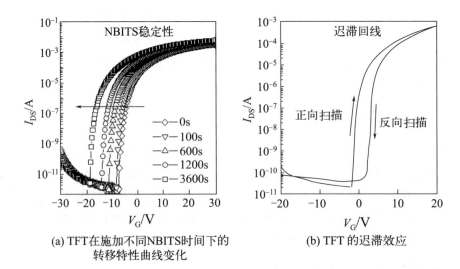

图 2-6 TFT 在施加不同 NBITS 时间下的转移特性曲线变化和 TFT 的迟滞效应

2.1.4.3 迟滞效应（hysteresis effect）

TFT 在栅压正向扫描和反向扫描时得到两条不重合的转移特性曲线的现象称为迟滞效应，如图 2-6（b）所示。在正扫和反扫得到的转移特性曲线中，相同 I_{DS} 对应的 V_G 差值称为迟滞电压，用来衡量迟滞效应的大小。迟滞效应可以分为顺时针迟滞和逆时针迟滞，顺时针迟滞是指回扫的转移特性曲线比正扫的更正，而逆时针迟滞是指回扫的转移特性曲线比正扫的更负。影响器件迟滞电压的因素很多，包括器件背沟道与空气中水和氧气的作用、半导体材料本身缺陷态和杂质的影响、半导体与绝缘层界面之间的缺陷对电子的捕获以及绝缘层内可移动离子的作用。与迟滞效应有关的缺陷态一般属于快缺陷态，能在一个扫描周期内实现快速捕获/释放。TFT 迟滞效应也会造成显示的不稳定，例如，在亮度上升或下降时，同一电压下显示的亮度会不同。

2.1.4.4 环境稳定性

当 TFT 背沟道暴露在大气中时，大气中水氧会造成其性能不稳定。因此，为了防止外界环境中水氧对 TFT 的影响，一般需要在 TFT 器件上沉积钝化层或保护层。一般钝化层材料包括有机钝化层材料和无机钝化层材料。有机钝化层一般通过溶液法处理制备，制备过程简单，且一般对有源层材料没有损伤，但是由于绝缘聚合物薄膜水氧隔绝能力较差，业界较少采用这种方法。与有机钝化层相比，无机钝化层对大气的阻挡作用更强，能有效地保护器件，避免受到环境的影响，从而能提高器件的稳定性。

2.2 薄膜晶体管的结构及分类比较

TFT 的结构多种多样，分类方法也较多，本节将根据栅极和源漏电极位置关系将 TFT 简单分为顶栅顶接触、顶栅底接触、顶栅共面、底栅顶接触、底栅底接触和双栅结构 6 类，如图 2-7 所示。上述结构还可以引入不同的功能层来达到不同的目的。

2.2.1 顶栅结构

顶栅结构统称为交错结构（staggered）。通常，顶栅结构具有三大优势：①顶栅结构的半导体层直接生长在衬底上，可以使用单晶多晶工艺（如外延法、激光晶化法）制备半导体层，无须考虑半导体层的制备工艺（如温度、衬底处理）对 TFT 其他膜层的影响；②可以减少光刻工序，因为栅极可以直接作为掩模（mask）用于图形化源漏电极或半导体层的电极接触区域（掺杂区或高导区，对应顶栅共面结构）；③顶栅的自对准方式可以最大程度地减少栅极和源漏电极之间的交叠，从而减小寄生电容。

2.2.2 底栅结构

底栅结构统称为反交错结构（inverted staggered）。底栅结构在实验室研究中比较方便，因为商业化的热氧化 Si/SiO_2 硅片可以分别被用作 TFT 中底栅和栅绝缘层，直接在其上面沉积一层半导体层和源漏电极就可以制备成 TFT。目前基于热氧化 Si/SiO_2 硅片的器件已经成为 OTFT 的标准器件，用于对比有机半导体的性能。但这种方法有一些问题：①背沟道暴露，需要设置保护层；②栅极与源漏电极交叠面积比较大，从而导致较大的寄生电容，降低电路的反应速度。

顶栅和底栅都能采用顶接触或底接触结构。顶接触结构是先制备半导体层再制备源漏电极，它的优势是接触较好、接触电阻低，劣势在于沉积或刻蚀源漏电极时会破坏底下的半导体层，这个问题在氧化物 TFT 中特别明显。底栅顶接触结构的氧化物 TFT 通常需要在半导体层上方引入一层刻蚀阻挡层（ESL），以避免在源漏电极湿法刻蚀图形化过程中对半导体层造成损伤，但是 ESL 的制备需要额外增加一道光刻工序，增加了生产成本和复杂性。底接触结构是先制备源漏电极再制备半导体层，它的优势是源漏电极的沉积及刻蚀工艺不会影响到半导体层，但其接触较差、接触电阻较大，一般在实际生产中较少应用。

2.2.3 双栅及其他结构

除了上述的器件结构外，还有双栅器件结构的 TFT，如图 2-7（f）所示。这种结构可以通过额外的一个栅极更加有效地控制半导体内的载流子浓度，从而能提高器件的性能。有报道显示双栅器件结构的氧化物 TFT 的迁移率比单栅 TFT 的迁移率大 1 倍以上，而双栅器件结构的亚阈值摆幅只有单栅的一半。此外，TFT 还有其他特殊的结构，如垂直沟道结构等，本书不详述这些非传统结构的 TFT。

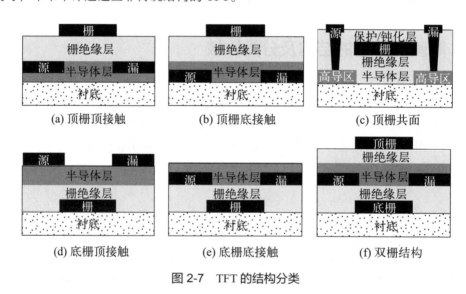

图 2-7 TFT 的结构分类

2.3 薄膜晶体管的主要功能材料及分类

TFT 的主要功能材料包括半导体材料、介电材料和电极材料，其中，半导体材料是核心，介电材料及其与半导体之间的界面对 TFT 性能也很关键，电极材料会影响接触电阻以及大面积显示的布线电阻。本节将简单介绍半导体材料及其分类比较、介电材料和电极材料。其中，各类半导体材料将在第 3~7 章中详细介绍。

2.3.1 薄膜晶体管的半导体材料分类比较

目前，在显示产业中应用的 TFT 半导体材料主要有四种：非晶硅（a-Si）、多晶硅（p-Si）、有机半导体（organic semiconductor）和氧化物半导体（oxide semiconductor）。

2.3.1.1 非晶硅

在显示领域实现应用的非晶硅一般指氢化非晶硅（a-Si：H）。由于 a-Si：H 半导体材料具有非晶结构，不存在晶粒边界，因而薄膜均匀性好。此外，此种材料的制备工艺简单、制备成本相对较低，所以早期 LCD 显示面板采用 a-Si:H TFT 技术。虽然目前 a-Si：H TFT 依然是传统大尺寸 LCD 面板的主流驱动技术，但是由于其迁移率较低[＜1cm^2/(V·s)]，已难以适应未来显示的发展需求（如高清、高刷新率、柔性可穿戴显示以及 OLED、Micro-LED 等电流驱动型显示）。

2.3.1.2 多晶硅

寻找高迁移率的半导体材料，从而替代低迁移率的 a-Si:H，是硅基技术发展的必然趋势。多晶硅技术应运而生，但早期的多晶硅一般需要较高的晶化温度，超过了普通玻璃衬底所能承受的最高温度，因而多晶硅技术一度被认为不适合在廉价的玻璃衬底上制备。为了降低晶化温度，一些特殊的晶化技术，如激光晶化、金属诱导晶化等，被用来制备低温多晶硅（LTPS）。最成熟的激光晶化方法是准分子激光退火（ELA）。由于 LTPS TFT 具有迁移率高和稳定性好的特点，所以其被广泛应用于当前高分辨率 LCD 和 AMOLED 显示中。然而，受限于激光晶化的尺寸，目前只能用于 G6 产线及以下的产线，难以在大面积高世代线上实现应用。同时，由于 LTPS 是多晶结构，具有大量的晶界，造成器件均匀性差，需要设计复杂的补偿电路来降低不均匀性造成的影响，增加了工艺复杂性同时降低了开口率。此外，LTPS 的关态电流过高限制了其在低功耗显示方向的应用。

2.3.1.3 有机半导体

有机半导体是基于共轭高分子、低聚物或有机小分子等有机物的半导体。有机 TFT（OTFT）具有以下优点：①成膜技术多，例如旋涂、滴膜、分子自组装、真空蒸发技术、丝网印刷技术、喷墨打印技术等，容易实现大面积低成本制备；②有机材料的合成制备方法灵活、简单，可以通过引入侧链或取代的方法对有机材料的物理性质进行调制，进而有针对性地调节 TFT 的性能，还可以通过化学掺杂的方法改变有机材料的电导率；③有机材料柔韧性好、与柔性衬底兼容。目前 OTFT 还处于实验室研究阶段，其研究进展很快，性能不断得到提升。

2.3.1.4 氧化物半导体

氧化物半导体主要是指具有 $nd^{10}(n+1)s^0$（$n \geqslant 4$）的阳离子结构的金属氧化物及其掺杂体系，例如 ZnO、In$_2$O$_3$、SnO$_2$、Ga$_2$O$_3$、CdO、InZnO 等。虽然氧化物半导体的研究要比有机半导体的早很多（早在 1964 年报道了以 SnO$_2$ 为半导体层的 TFT），但氧化物 TFT 真正受到关注却始于 2003—2004 年的 InGaZnO（IGZO）的报道。氧化物 TFT 具有如下诸多优点：①良好的电学性能，氧化物 TFT 具有较高的迁移率和较大的开关电流比，能够提高显示器的响应速度，满足高清晰显示的要求，这对于需要较大电流驱动的 OLED 显示有着十分重要的意义；②良好的光学透过性，由于氧化物半导体材料大多带隙较宽，氧化物薄膜在可见光范围有很高的透过率，可以制备全透明 TFT，可应用于透明显示，也可将其应用于有源阵列驱动的显示器件中，以提高显示器件的开口率，显著改善分辨率；③良好的均一性，与 LTPS 不同，氧化物半导体的导带底是由球对称的金属离子的 ns 轨道交叠而成，即便在非晶态的情况下也不会影响到 ns 轨道的交叠，因而氧化物 TFT 具有较好的均一性；④工艺温度低，氧化物薄膜可以在低温甚至室温下制备，退火温度也一般不超过 350℃，可兼容普通玻璃，并为柔性显示开辟了新的途径；⑤氧化物 TFT 与 a-Si TFT 具有相似的器件结构，因此只需要对 a-Si:H TFT 生产线进行适当调整就可以用来进行氧化物 TFT 的量产；⑥关态电流低，氧化物 TFT 的关态电流极低，比 p-Si TFT 的低了三个数量级以上，在低功耗、低帧显示中的应用极具吸引力。然而，当前氧化物 TFT 面临两个挑战：一是其迁移率还有待进一步提升，以便实现在更高性能显示领域的应用；二是其在加温或光照下（特别是负栅压光照温度应力下，NBITS）的稳定性依然不足，造成严重的阈值电压漂移，影响显示的稳定性。

表 2-1 列出了基于以上四种不同半导体材料的 TFT 性能的对比，可以看出，每一类 TFT 都有自身的优缺点。目前没有哪一种 TFT 技术能够满足所有显示的需求，因此需要针对每一种显示的具体需求来选择采用哪一种 TFT 技术或多种 TFT 技术的组合。

表 2-1 基于不同半导体材料的 TFT 性能比较

参数	a-Si:H	LTPS	OTFT	氧化物 TFT
迁移率/[$cm^2/(V·s)$]	0.1～1	10～80	通常<30	1～50
均匀性	较好	差	较差	好
稳定性	差	好	差	较好
工艺温度/℃	<300	<600	<150	<350
光刻次数	4～6	5～11	—	4～7
成本	较低	高	低	较低

除了上述四种半导体材料外，近年还兴起了一些其他半导体材料，例如一维材料（如单壁碳纳米管等）和二维材料（如石墨烯、二硫化钼等），这将在第 7 章介绍。

2.3.2 薄膜晶体管的介电材料

介电材料用于构成 TFT 半导体层与栅极之间的栅绝缘层，是一个非常重要的组成部分。栅绝缘层对 TFT 器件的影响主要有以下几方面：①栅绝缘层的形貌、取向以及表面粗糙度对半导体薄膜形态、半导体晶粒的尺寸、分子排列以及电荷传导均有较大的影响；②栅绝缘层或栅绝缘层/半导体层的界面缺陷会影响 TFT 的性能，由于栅绝缘层表面和体内含有大量的缺陷（氧化层固定电荷、氧化层陷阱电荷、可移动离子电荷、界面陷阱电荷等，如图 2-8 所示），所以控制这些缺陷成为提高 TFT 性能的一个重要措施；③栅绝缘层的介电常数与器件的工作电压有着密切的联系，采用高介电常数的绝缘层材料能够有效地降低工作电压；④栅绝缘层的漏电会影响 TFT 的关态电流，而栅绝缘层的击穿会造成显示屏的缺陷。

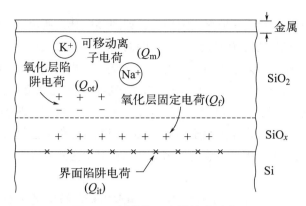

图 2-8 栅绝缘层中的缺陷种类

2.3.2.1 绝缘层的性能参数

绝缘层的电容率可以表示为：

$$C_i = \frac{\varepsilon_r \varepsilon_0}{d} \tag{2-23}$$

式中，ε_r 为栅绝缘层的相对介电常数；ε_0 为真空介电常数；d 表示栅绝缘层的厚度。从上式可知，提高电容率可以通过降低绝缘层厚度和提高介电常数两种途径实现。表征栅绝缘层性能好坏的方法包括电容率-频率关系曲线和泄漏电流密度-电场强度关系曲线、抗击穿电压以及表面能等。通过制备金属-绝缘层-金属（MIM）结构可以测量绝缘层的电容-电压（C-V）和电容-频率（C-f）特性。C-V 曲线可以获得绝缘层内部或界面的缺陷的性质；C-f 曲线可以获得电容的频率响应特性，一般在高频时电容会减小［如图 2-9（a）所示］，因为在高频时电容内部的偶极子来不及转向或离子来不及移动到位而造成介电常数的降低。如果电容的频率响应特性不好的话就会造成信号延迟或失真。一般来说电子位移式极化的电介质材料的截止频率较高，而电偶极子转向极化的次之，松弛极化或自发极化（铁电体）的电介质材料的截止频率较低。

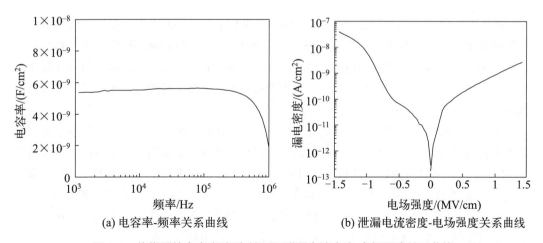

(a) 电容率-频率关系曲线 (b) 泄漏电流密度-电场强度关系曲线

图 2-9 绝缘层的电容率-频率关系和泄漏电流密度-电场强度关系曲线

在绝缘层两边加一个电压会有一个电流流经绝缘层，这个电流就是绝缘层的泄漏电流，单位面积的泄漏电流的大小就是泄漏电流密度，如图 2-9（b）所示。绝缘层的泄漏电流的大小会直接影响 TFT 的关态电流的大小，如果绝缘层的泄漏电流过大，TFT 的开关比较低，器件就难以关断，功耗也会大幅增加。一般在 TFT 的工作电压范围内，绝缘层的泄漏电流密度需小于 $10^{-9}A/cm^2$。当绝缘层两边的电压（或绝缘层内的电场强度）超过某一临界值后，绝缘层会变为导电状态，这个临界电压（或电场）就称为击穿电压（或介电强度）。对于 TFT 来说，绝缘层的介电强度通常需要大于 3MV/cm。因此，不但要选择合理的绝缘材料，还要严格地控制薄膜的缺陷，提高薄膜的致密度，从而减少因致密性差或者杂质缺陷等引入而造成的击穿现象。

栅绝缘层的表面能是影响 TFT 性能的一个重要指标。特别是在 OTFT 领域，实验表明，栅绝缘层的表面能越低，有机半导体的晶粒之间的联系就越紧密，载流子迁移率就越高。因此降低栅绝缘层的表面能或对其表面进行修饰是提高 OTFT 器件性能的一个重要的途径。

2.3.2.2 介电材料的分类

目前应用于 TFT 的介电材料主要有无机介电材料、有机聚合物介电材料以及无机/有机聚合物复合介电材料。此外，在一些新的应用领域，TFT 的介电材料还包括固态电解质/离子凝胶等。下面分别介绍这些材料的特点与制备机制。

(1) 无机介电材料

无机介电材料有耐高温、化学性质稳定等优点。从 20 世纪 60 年代开始，无机介电材料就在 TFT 器件中担当绝缘层的角色，历经半个多世纪的研究，不管是材料选取上还是制备工艺上，都已达到相当成熟的地步。传统的硅基 TFT 一般采用 PECVD 制备的二氧化硅（SiO_2）、氮化硅（SiN_x）或它们的堆叠作为栅绝缘层。它们的化学反应方程式如下：

$$3SiH_4+4NH_3 \xrightarrow[250\sim350℃]{N_2,Ar,plasma} Si_3N_4+12H_2$$

$$SiH_4+2N_2O \xrightarrow[250\sim350℃]{N_2,Ar,plasma} SiO_2+2N_2+2H_2$$

由于 SiN_x 的介电常数较高（ε_r 为 6~9），而 SiO_2 的只有 3.9 左右，所以一般选用 SiN_x 作为硅基 TFT 的栅绝缘层。采用 SiN_x 栅绝缘层的 TFT 要比采用 SiO_2 栅绝缘层的 TFT 具有较低的 SS 和较小的 V_T。由于栅绝缘层内含有大量的缺陷，所以栅绝缘层的制备条件对 TFT 性能的影响很大。以 a-Si:H TFT 为例，采用 PECVD 制备 SiN_x 栅绝缘层至少需要考虑如下因素。

① 等离子的能量。PECVD SiN_x 沉积有一个临界能量（$W_{critical}$），低于临界能量时沉积速率随着能量的增大而增大，高于临界能量时沉积速率随着能量的增大而减小。当能量低于 $W_{critical}$ 时，薄膜的生长由前驱体在衬底表面的吸附作用和化学反应决定。当能量高于 $W_{critical}$ 时，刻蚀机制就不可以忽略了。PECVD SiN_x 薄膜厚度均匀性在等离子能量接近 $W_{critical}$ 时逐渐恶化，超过 $W_{critical}$ 时厚度均匀性变得很差。较大的能量使等离子态粒子成核速率较高，通过控制等离子能量低于 $W_{critical}$ 可以减小沉积过程中粒子衍生。

② 含氮量和含氢量控制。为获得较高的迁移率和较低的阈值电压，PECVD SiN_x 薄膜应该稍微多含氮，并且要含有大量的氢（20%甚至更高）。

③ 表面粗糙度。光滑平坦的界面是保证 TFT 性能和可靠性的关键,PECVD SiN_x 薄膜应控制沉积速率使之具有低的表面粗糙度。

④ 光学带隙(E_{gopt})。a-Si:H TFT 的阈值电压漂移随 SiN_x 的 E_{gopt} 的减小而降低直至达到 5.4eV 左右。因此 TFT 的特性和可靠性最好时,栅 SiN_x 应是含氮稍多的,具有较低的压应力,并且具有较高的 E_{gopt}。

⑤ 应力效应。PECVD SiN_x 薄膜既可以有拉应力也可以有压应力,这取决于氮含量。当 SiN_x 薄膜含氮或含硅量明显过高时两种薄膜之间的应力失配会变大。较高的应力失配是与低迁移率及高阈值电压漂移量相对应的。

值得注意的是,在氧化物 TFT 领域,由于 SiN_x 薄膜含有大量的氢,会扩散至氧化物半导体形成 n 掺杂,造成氧化物半导体电导过高而关不断现象。因此,氧化物 TFT 一般采用 SiO_2 介电材料。然而,用 SiO_2 作为氧化物 TFT 的栅绝缘层、钝化层或刻蚀阻挡层时,也应当严格控制含氢量,所以 PECVD 沉积 SiO_2 时尽量降低 SiH_4 的流量并提高 N_2O 流量。也可以对氧化物半导体层直接进行 N_2O 等离子体处理来减少氧空位、降低氢含量,控制自由电子浓度,降低关态电流。

虽然 SiO_2 制程成熟、带隙宽(约 8.9eV),但由于 SiO_2 介电常数低,不利于降低工作电压,因此寻求高介电常数(高 ε_r 或高 k)、绝缘性良好的材料成为 TFT 技术的研究热点之一。目前,常用的无机高 k 介电材料有 Al_2O_3、HfO_2、TiO_2、ZrO_2 以及锆钛酸钡(BZT)等;此外,以钙钛矿结构 $BaTiO_3$ 为代表的复合氧化物因为具有很高的介电常数而被关注。这些材料的介电常数通常在 6~40 之间,约为 SiO_2 的 2~10 倍。表 2-2 列出了多种用于 TFT 的高 k 无机栅绝缘层的性能。

表 2-2 用于 TFT 的各种高 k 无机介电材料的性能

栅绝缘层	制备方法	C_i/(nF/cm)	ε_r	介电强度/(MV/cm)
Si_3N_4	溅射	—	6.2	
Gd_2O_3	离子束辅助沉积	280	7.4	—
Al_2O_3	阳极氧化	600~700	9~11	
Al_2O_3	溅射	79	8.4	8
Ta_2O_5	阳极氧化	70	23	4~5
Ta_2O_5	阳极氧化	—	—	
Ta_2O_5	阳极氧化	—	24	
Ta_2O_5	电子束蒸发	180	21	>1
Ta_2O_5	溅射	66	—	
BZT	溅射	—	17.3	—
BZT	旋涂	71.97	12.25	
BZT	旋涂	约 65	12.5	
TiO_2	溅射	373	41	约 3
HfO_2/Al_2O_3	原子层沉积	—	—	
NdTaON	溅射	110	10	
TaLaO	溅射	—	9.95	

氧化铝（Al_2O_3）材料有较高的介电常数和宽的带隙（约8.7eV）。如此宽的带隙使得半导体层中的电子很难越过势垒进入 Al_2O_3 栅绝缘层体内，阈值电压稳定性好。另外，高质量的 Al_2O_3 介电强度可达 10MV/cm 以上，是一种较理想的绝缘材料。Al_2O_3 绝缘层可以采用原子层沉积（atomic layer deposition，ALD）、阳极氧化、脉冲激光沉积（pulsed laser deposition，PLD）以及溅射等方法沉积。但由于溅射和 PLD 制备的 Al_2O_3 薄膜缺陷较多，容易击穿，所以一般不用这两种方法制备。ALD 技术沉积速率相对较慢，大面积沉积困难。相比之下，阳极氧化的 Al_2O_3 薄膜更具吸引力。阳极氧化技术无须真空设备，电解液是柠檬酸等可食用类物质（环保），并且在室温下制备（与普通柔性塑料衬底兼容）。阳极氧化具有完美的台阶覆盖性，具有低泄漏电流和极高的介电强度。

氧化铪（HfO_2）的密度为 $9.68g/cm^3$，带隙为 5.8eV，其具有很高的介电常数（$\varepsilon_r=20\sim25$）、低的界面态密度和良好的电学稳定性等优点，但其漏电相对较高，介电强度相对较低。HfO_2 在集成电路领域受到广泛的关注。近年来，HfO_2 介电层在氧化物 TFT 中受到越来越多的关注，因为 Hf 的扩散有利于减少氧化物半导体的氧空位、提高氧化物 TFT 的稳定性。

氧化锆（ZrO_2）具有很高的介电常数（$\varepsilon_r\approx27$），带隙为 5.0eV，也是一种常用的介电材料。同时 ZrO_2 还具有硬度高、韧性好、抗腐蚀、高温化学稳定性好等特性，广泛应用于耐火材料、功能陶瓷、结构陶瓷及装饰材料等。另外，ZrO_2 具有三种晶型，属多晶相转化的氧化物。稳定的低温相为单斜晶结构（m-ZrO_2），高于 1000℃时四方晶相（t-ZrO_2）逐渐形成，直至 2370℃只存在四方晶相，高于 2370℃至熔点温度则为立方晶相（c-ZrO_2）。

复合无机高 k 介电材料。二元氧化物介电材料虽然已经在 TFT 器件中被广泛研究，但均有其各自的优缺点。如 HfO_2 虽然具有高的介电常数、宽的禁带、较好的电学稳定性和低的界面态密度，但它也面临着漏电高和介电强度低的缺点。Al_2O_3 具有高介电强度、宽禁带和低漏电等优点，但它的介电常数相对于其他高 k 介电材料而言却比较低。因此，采用多种材料构建的复合薄膜来弥补单种材料的缺点，也成为目前的研究热点之一。如采用 HfO_2 和 Al_2O_3 混合的薄膜，采用 ZrO_2 和 Al_2O_3 混合的薄膜，这些复合薄膜一般都具有高介电常数、低泄漏电流和高介电强度等优点。特别需要指出的是采用 Al_2O_3 和 ZrO_2 混合的薄膜近年在 TFT 领域受到越来越多的关注，它采用 ALD 法沉积，同时具有高的介电常数和优异的绝缘性能。

（2）聚合物介电材料

聚合物介电薄膜因为具有材料种类丰富、表面粗糙度低、表面能低、表面陷阱密度低、便于溶液加工、制备温度低以及与有机半导体及柔性衬底天然兼容等优点，在柔性印刷电子器件领域展现出广阔的应用前景。常用的有机聚合物绝缘材料包括聚对乙烯基苯酚（PVP）、聚苯乙烯（PS）、聚甲基丙烯酸甲酯（PMMA）、聚乙烯醇（PVA）、聚氯乙烯（PVC）、聚偏氟乙烯（PVDF）、聚酰亚胺（PI）、聚α-甲基苯乙烯（PαMS）、氰乙基普鲁士蓝（CYEPL）等，部分有机聚合物介电材料的化学结构式如图 2-10 所示。

然而，与无机绝缘材料相比，聚合物绝缘材料的介电常数通常较小，在 TFT 中表现为工作电压和阈值电压偏大。此外，聚合物绝缘材料还需要考虑溶剂和温度的影响，不同的溶剂及溶液浓度得到的薄膜有着不同的有序度、平整度和连续度，因此会影响 TFT 的性能，特别会影响 OTFT 的性能。在顶栅结构的 OTFT 中，由于栅绝缘层覆盖在有机半导体层上面，所以选择绝缘材料的溶剂时还需要考虑其是否因能溶解半导体材料而破坏半导体层。除溶剂外，聚合物材料的温度特性也是一项重要的指标。聚合物绝缘材料除了 PI 的耐热性较好外，其余大部分的耐热性都不太好，如 PS 的工作温度一般不超过 70℃，超过了这个温度就容易分解，因此 TFT 的后续热处理会对 PS 绝缘层产生影响。当然，对聚合物绝缘层的热处理还会影响到其表面粗糙度、分子有序排列度、交联程度甚至杂质的含量，从而影响其绝缘性能以及稳定性。因此，使用聚合物绝缘材料需要考虑更多的变量，寻找性能稳定、成膜性好、可靠性好的聚合物绝缘材料也是当前的研究热点之一。

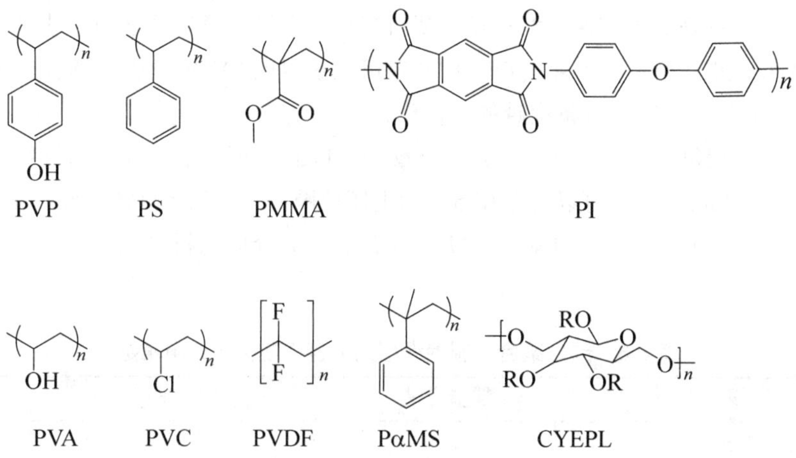

图 2-10 一些常见的有机聚合物介电材料的化学结构

由于大多数聚合物介电材料耐受温度较低，通常与硅基、氧化物 TFT 的工艺不兼容，材料性质也不匹配，所以目前聚合物介电材料主要用于制备 OTFT。在常用的有机介电材料中，PMMA 易溶于有机溶剂，且玻璃化转变温度较低，所以制备的时候易受有源层溶剂的影响；PVP 常温下比较稳定（可交联），且其介电常数可通过与其他材料配合使用而进行调整，但其分子本身具有极性，制成器件后易产生阈值电压漂移和迟滞现象；PVA 介电常数比上述有机绝缘材料都要高，约为 7.8，但成膜特性差。要得到性能优良的 OTFT 器件，高质量的栅绝缘层的制备是十分关键的，首要的是选取纯度较高的材料，其次根据材料特性选取合适的工艺，还可以利用自组装单层或多层对绝缘层进行表面修饰，最终得到表面平滑、粗糙度和陷阱密度低的薄膜。对于底栅结构的 OTFT，在选择半导体层材料溶剂的时候，尽量选取与绝缘层材料溶解度低、极性相差较大的溶剂，以减小对栅绝缘层薄膜的损伤。

聚合物介电材料的介电常数普遍不高，因此在制备性能优良的 TFT 器件时，需要重点考虑与之表面相匹配的半导体材料。下面介绍几种常见的聚合物介电材料。

PMMA 俗称有机玻璃，单体是甲基丙烯酸甲酯，为无色液体，具有香味，沸点 101℃，密度为 0.940g/cm^3（25℃），是迄今为止合成透明材料中质地最优，而价格又比较便宜的有机介电材料。工业上是先用丙酮氰醇法或异丁烯催化氧化法制出甲基丙烯酸，然后酯化而得。它容易聚合，需要在 5℃以下存放，或加入 0.01%左右的对苯二酚阻聚剂来保存。使用前需要将其蒸馏，把阻聚剂分出。PMMA 溶于苯酚、苯甲醚、氯仿等有机溶剂，通过旋涂可以形成良好的薄膜，且具有良好的介电性能，因此十分适合作为OTFT的绝缘层材料。

PVP材料常温下比较稳定，为白色至浅橙色粉末。其相对介电常数为3.9~5。PVP材料常通过交联的方式提高其绝缘性和稳定性。

对于大多数的聚合物绝缘层而言，存在器件工作电压较高、开关电流比较小以及迟滞较大的问题。聚偏氟乙烯（PVDF）因具有较高的介电常数（8.0~13.5）而受到关注。从材料本身来说，PVDF具有良好的电绝缘性，能有效地隔离栅极电场和有机半导体层之间的电荷注入，降低漏电和阈值电压，提高TFT的开关比和场效应迁移率。从制备方式来说，PVDF具有良好的加工性，能通过溶液加工制备出均匀、致密、平滑的绝缘薄膜。更重要的是，PVDF具有良好的柔韧性，能与柔性塑料基板和有机半导体层之间形成良好的界面。将偏氟乙烯（VDF）和六氟乙烯（TrFE）共聚可以获得比PVDF更低拉伸模量但延展性更高的材料P（VDF-TrFE），具备优越的可拉伸性。

采用聚丙烯酸氰乙酯（PCA）和聚异氰酸酯（PAPI）形成混合膜作为栅绝缘膜，单位面积电容达到146nF/cm^2，可以工作在5V的电压范围内。采用PMMA和P（VDF-TrEE）的双层薄膜，可以大大降低TFT器件的开启电压。部分介电材料的电容率或相对介电常数列于表2-3。

表2-3　部分聚合物栅绝缘层的电容率或相对介电常数

绝缘层	制备方法	C_i/(nF/cm)	ε_r
PTAA-FT copolymer	旋涂		2.1
PVP	旋涂		3.9~5.0
CYEPL	旋涂	8.85	12.0
PI	旋涂	7.5	2.7~2.8
P(VDF-TrFE-CFE)	旋涂	330	8.0~13.5
P(VDF-TrFE)	旋涂	约39.5	
SU8	旋涂	2.9	3.9
Chitosan/NR	旋涂		19.0
PVPy/NR	旋涂		3.2
PVA	旋涂		7.8
BCB/SiO$_2$	旋涂	13	3.2
PS	旋涂	4.5	2.0~3.0
PVC	旋涂	10.2	
PMA	旋涂	7	5.4
PMMA	旋涂	4.46	2.5~4.5
PTEE	旋涂	9.7	1.9
PCA/PAPI	旋涂	146	

（3）无机/有机复合介电材料

无机介电薄膜虽然介电常数高，但是薄膜粗糙且机械柔性差。有机聚合物虽然介电常数较低，但具有机械柔性好、平整度高等优点。一般而言，单组分材料很难同时具有优良的介电性能和力学性能。大多数聚合物是良好的绝缘体，且具有可加工性、力学强度高的优势，但介电常数普遍偏低（通常室温下为 2~10），仅少数纯聚合物材料介电常数超过 10（如 PVDF，ε_r=12），但都远远低于铁电陶瓷材料的介电常数。如聚酯（PET）薄膜广泛应用于传统的有机薄膜电容器中，但其介电常数较低，储能密度有限；而 PVDF 薄膜虽介电常数较高，但介电损耗过大。无机材料铁电陶瓷虽然具有很高的介电常数（有些高达2000），但又存在脆性大、加工温度高且与目前电子器件加工技术不兼容等诸多弊端。因此，综合两者的优点，设计无机纳米粒子/聚合物的复合材料，已经成为实际应用中常用的一类高介电可印刷材料。

复合材料的介电常数可以通过很多理论模型模拟计算，其中经常使用的是 Lichtenecker 混合模型。根据这个模型，复合材料的介电常数 ε 可以由下式计算：

$$\ln\varepsilon=V_1\ln\varepsilon_1+V_2\ln\varepsilon_2 \tag{2-24}$$

式中，V_1 和 V_2 分别是两种材料的体积分数；ε_1 和 ε_2 分别是两种材料的介电常数。根据该模型，如果用介电常数为 4 的聚合物和介电常数为 25 的无机粒子形成介电常数为 10 的复合物，无机粒子的体积分数须达到 50%；如果使用介电常数为 4 的聚合物和介电常数为 100 的无机粒子获得介电常数为 20 的复合物，无机粒子的体积分数也须达 50%。

无机粒子和聚合物复合最常使用的方法包括机械混合法、溶液法等。机械混合法是将聚合物加热到熔点之上，加入无机材料，在机械搅拌力作用下混合。溶液法是将聚合物溶解在一定的有机溶剂中，并制成无机粒子的悬浮液。在这两种方法的基础上，通过原位合成可以获得更均匀的复合材料。原位合成可以是无机纳米粒子的原位合成，也可以是聚合物的原位共聚。

通过对粒子表面改性可以让纳米粒子更均匀地分散于聚合物基体中，从而获得更高的无机纳米粒子体积含量。高 ε_r 的无机物通常都是氧化物，常用的氧化物表面（如 TiO_2、Al_2O_3、$BaTiO_3$ 等）功能化基团有磷酸根基团、硅氧基团、羧基等。采用配体交换反应（图 2-11），用带有磷酸根基团的聚苯乙烯（PS）替换 TiO_2 表面的油酸，使得 PS 包裹 TiO_2 纳米粒子，有效地提高了 TiO_2 在 PS 中的分散性，使得 TiO_2 体积分数高达 18.2%，介电常数是 PS 的 3.6 倍，介电强度高达 2×10^6 V/m。

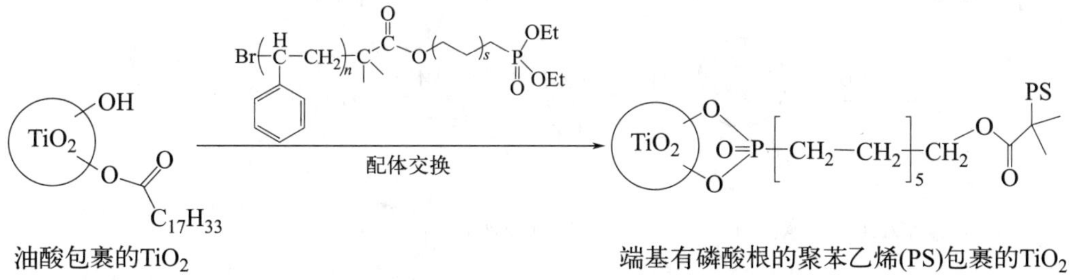

图 2-11　油酸包裹的 TiO_2 和端基为二乙基磷酸的聚苯乙烯（PS）的配体交换反应

钛酸钡具有较高的介电常数，具有很好的介电性质，常被用于制作复合介电材料。使用磷酸化合物（PEGPA）对 $BaTiO_3$ 纳米粒子表面进行修饰并与交联 PVP 复合（图 2-12），可以制备钛酸钡体积分数高达37%的复合材料，介电常数高达14，还可以降低薄膜漏电流，但薄膜的表面粗糙度随钛酸钡含量的增加也有明显的增加。

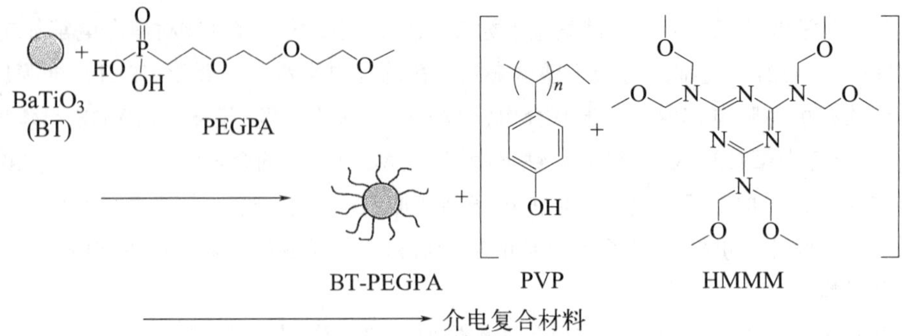

图 2-12 磷酸化合物修饰的 $BaTiO_3$ 和 PVP 的复合材料

(HMMM 为六甲氧基甲基三聚氰胺)

为获得更高的介电常数，一些更高介电常数的聚合物、无机粒子被用于制作复合材料。采用 P(VDF-TrFE) 共聚物和 $Pb(Mg_{1/3}Nb_{2/3})O_3$-$PbTiO_3$ 无机粒子复合制作的介电材料，通过高能辐射可以提高其介电常数。当无机物体积分数为 50% 时，复合材料介电常数达到了约 250，不过该复合材料的力学性能很差。P(VDF-TrFE) 共聚物还用于和钛酸钡复合，$BaTiO_3$（BT）粒子的介电常数相对来说比较高，是典型的铁电材料，属于钙钛矿型晶体结构。当复合材料中钛酸钡体积分数为 50% 时，获得了介电常数达 51.5 的薄膜。这些材料有很宽的电滞回线，一般用于制作低压工作铁电存储晶体管。

为提高粒子分散的均匀性，可以采用原位聚合的方法。首先是在粒子表面包裹一种聚合反应的催化剂（甲基铝氧烷，MAO），随后采用原位聚合聚丙烯，如图 2-13 所示。通过这种方法，可以将纳米 $BaTiO_3$、TiO_2 均匀分散到聚丙烯中，获得的复合物有非常低的泄漏电流密度（$10^{-6} \sim 10^{-9} A/cm^2$）和很高的介电强度（约 4MV/m）。

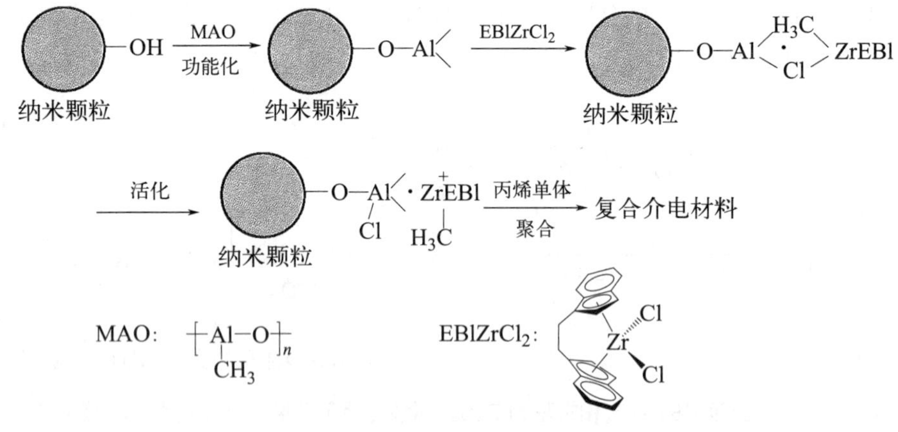

图 2-13 纳米粒子表面引发聚合反应形成复合材料

另外一种方法是原位生成无机材料，或者聚合物单体聚合和无机材料原位合成同时进行。用 TiO_2 的金属有机物前驱体和有机硅氧烷的混合溶液在酸的催化下共同反应，可以获得结构均匀的 TiO_2/硅氧烷的复合材料，如图 2-14 所示。

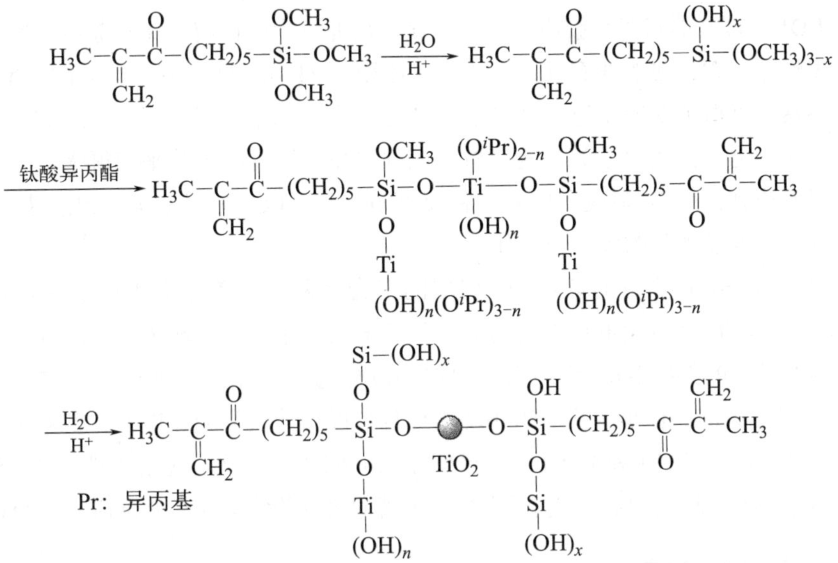

图 2-14 无机/有机复合二氧化钛纳米复合材料的形成

(4) 固态电解质/离子凝胶

固态电解质和离子凝胶都是新型电解质材料。固态电解质的主要材料包括氧化物类电解质(如氧化锂石榴石、氧化锡、氧化铋等)、硫化物类电解质(如硫化锂、硫化钠等)以及其他一些新型材料,如聚合物电解质、氧氯化锆锂等。这些材料具有高离子电导率和良好的化学稳定性。导离子而不导电子的固态电解质可以用于 TFT 的栅介电层,在外电场作用下,阴、阳离子朝相反方向迁移,分别堆叠在介电层界面两端,在栅极/固态电解质以及固态电解质/半导体层界面处形成双电层(electric double layer,EDL)。EDL 通过聚集在固态电解质/半导体层界面的离子感应半导体层中的电子,由于 EDL 很薄,其总厚度一般约为 0.2~20nm,远小于一般绝缘层的厚度,会表现出非常大的电容。例如在微米级的厚度下,可以获得μF/cm² 数量级的单位面积电容,比普通聚合物介电材料高了两个数量级以上,从而能有效地降低 TFT 的工作电压,并能显著提高开态电流。

离子凝胶是一种具有离子导电性的固态混合物,通常是由有机聚合物和可电解为离子的盐类电解质材料混合而成,因其聚合物分子链互相连接或缠绕,形成空间网状结构,结构空隙中充满了作为分散介质的阴、阳离子,与传统凝胶的结构相似,因而称其为"离子凝胶"。组成离子凝胶的高分子多为胶状嵌段共聚物,共聚物会形成交联的网状结构,为离子凝胶提供较高的拉伸强度,同时网状结构也为离子的运动提供了通道。混合在高分子共聚物里的离子液为熔融态强电解质,这种强电解质在熔融态会以阴、阳离子的状态存在于离子凝胶中。由于共聚物的功能团有很多配位位点,所以在没有外加电场的状态下阴、阳离子大多以配位键与共聚物的功能团相连,分散在整个离子凝胶当中。

离子凝胶在 TFT 上的应用在近几年来也受到了越来越多的关注。在 TFT 中,传统栅绝缘层材料电荷不易移动,电荷在材料内部多呈分散态,因而很难移动至栅极/栅绝缘层界面形成 EDL。而在基于离子凝胶介电层的 TFT 中,栅极/离子凝胶的两相界面存在电势,将产生 EDL。电极的金属相为良导体,过剩电荷集中在表面;介电层的电阻较大,过剩电荷部分紧贴相界面,形成 EDL。离子凝胶作为 TFT 的栅介电层,在栅极电压作用下会形成十分明显的 EDL。TFT 的离子凝胶栅介电层会表现出非常大的电容。离子凝胶薄膜自身具有非常好的柔性和对溶液法的兼容性，所以离子凝胶 TFT 在柔性/可拉伸电子应用中具有非常广阔的前景。以离子凝胶作为 TFT 的栅介电层，一方面引入了非常大的电容，有效地降低了工作电压；另一方面由于离子凝胶材料无须用减小厚度的方式来取得大电容，因而其不会成为溶液法制备 TFT 的制约因素，相反离子凝胶可以非常好地集成到溶液法 TFT 器件当中，从而实现晶体管的低电压工作。

将 EMIM-TFSI 掺入 PVDF-HDP 构成的聚合物网络，单位面积电容率可以增大到 $1\mu F/cm^2$ 以上，TFT 在巨大电容的驱动下实现低电压工作，且实现了较大的开关比和迁移率。更重要的是，PVDF-HDP/离子液体构成的介质层具有本征可拉伸性，这在构建柔性可拉伸 TFT 上具有天然的优势。质子的移动同样也可以形成较大的比电容，多糖是一种天然无害的物质且具有良好的生物相容性，壳聚糖在无机 TFT 上的成功应用让研究者看到了它在 OTFT 上广阔的应用前景，目前，基于壳聚糖或者葡聚糖的绝缘层也逐渐应用于 OTFT 上。

2.3.3 薄膜晶体管的电极材料

随着显示屏的面积越来越大、像素越来越精细，对电极的电导率要求越来越高，此外，电极与半导体之间的接触对 TFT 性能也很关键。因此，电极材料的选择成为 TFT 制备中必须考虑的问题（表 2-4 列出 TFT 产线常用的电极材料性能参数）。通常电极的选择需要考虑如下因素：①从显示面板整体要素考虑，电极材料需要高电导（低传导电阻、低信号延迟）、高均匀性、高可靠性（长寿命）、高附着性（不易脱落）、应力匹配、易刻蚀（图形化）、低污染；②从 TFT 性能要素考虑，电极材料需要低接触电阻（与半导体材料功函数匹配）、低扩散、沉积及刻蚀时不破坏半导体层。

表 2-4 TFT 产线常用的电极材料性能参数

电极材料	理想电阻率/($\mu\Omega \cdot cm$)	实际电阻率/($\mu\Omega \cdot cm$)	熔点/°C	晶格结构
Ag	1.6	2.1	961	面心
Cu	1.7	2.3	1083	面心
Al	2.7	3.1	660	面心
Al-Nd	—	4～5	660	面心
Mo	5.4	11.5	2610	体心
Ti	42	86.5	1668	六方

理论上，电极材料电导率越高越好，如银、铜、金、铝等都是良好导体，但是实际应用中它们有各自的问题。金的功函数较大，与 p 型有机半导体的接触较好，通常用于 p 型 OTFT 的研究，但金是贵金属，难以想象在显示面板产线中大规模使用；银价格也相对较高，另外还存在附着性差、扩散（特别是在氧化物半导体的扩散会严重影响氧化物 TFT 的性能）等问题；铜存在扩散、附着性差、刻蚀安全生产控制难等问题；铝存在接触电阻大、表面氧化、表面小丘（容易使其上的保护层击穿）等问题。实际应用时要综合考虑各方面的影响来选择电极。例如，显示面板常采用 Mo/Al/Mo 的叠层结构来解决铝电极的接触电阻大、表面氧化和表面小丘问题。目前，铜布线的生产工艺越来越成熟，被越来越多地使

用。上述电极的问题也可以使用合金化的方法部分解决。例如采用铝钕合金（Al-Nd）可以解决铝电极表面的小丘问题；采用 Cu/Mo 双层电极结构可以增加结合强度，采用铜铬合金（Cu-Cr）可以增加结合强度、减少扩散、增加刻蚀性以及提高表面平整度等。不同铜电极与氧化物半导体（IGZO）的接触性能参数列于表 2-5，可以看出，采用 Cu/Mo 双层电极结构和 Cu-Cr 合金均可以增加结合强度、减少扩散，但是这是以增加粗糙度和电阻率为代价的。因此，实际应用时需要考虑产品的具体参数来选择电极。

表 2-5 不同铜电极与氧化物半导体（IGZO）的接触性能

不同电极 TFT 性能指标	Cu/IGZO	Cu/Mo/IGZO	Cu-Cr 合金/IGZO
结合强度	差	优	优
界面扩散	强	弱	弱
粗糙度/nm	1.1	3.1	1.9
背沟道蚀刻	易	难	易
电阻率/($\mu\Omega \cdot$ cm)	2.3	2.48	4.8

近年来，随着透明电子、印刷电子的兴起，对于透明电极材料和可印刷电极材料的研究也越来越多。在透明导电材料方面，透明导电氧化物（TCO）成为首选。透明导电氧化物薄膜电阻率通常在 $10^{-4}\mu\Omega\cdot$ cm 以上，可见光区域光透过率通常在 80% 以上，禁带宽度在 3eV 左右。到目前为止，In_2O_3:Sn(ITO)、ZnO:Al(AZO)、ZnO:Ga(GZO) 等透明导电材料已进入实际使用中。通常，化学计量配比的氧化物一般是不导电的。需要在薄膜中引入包括氧空位、间隙原子或外来杂质等，形成掺杂才能改善其导电性。以 ITO 为例，当在 In_2O_3 中引入 SnO_2 时，Sn^{4+} 替代原有的 In^{3+}，形成一个施主能级，这个施主能级位于主晶格 In5s 形成的导带下面，与 ITO 中的氧空位共同贡献出电子。Sn^{3+} 和氧空位这两种施主所形成的缺陷能级与导带重叠，使费米能级进入导带内，从而使薄膜出现金属态。选择透明导电氧化物薄膜材料，通常需要满足以下几个条件：①所采用的氧化物的禁带宽度需在 3.0eV 以上；②薄膜需有金属导电性；③所采用的氧化物应该易于进行简并掺杂改性；④薄膜中载流子浓度不得过大（通常小于 $2.6\times10^{21}cm^{-3}$），否则会降低可见光区的透过率；⑤采用的金属氧化物的阳离子需具备 $(n-1)d^{10}ns^0$（$n=4,5$）的电子构型，如 Zn^{2+}、Ga^{3+}、Sn^{4+} 和 In^{3+} 等。ITO 导电氧化物中由于含有价格昂贵且日益稀缺的 In 元素，其应用成本不断升高，因此，其他的透明导电氧化物的研究受到了越来越多的关注，包括 AZO、GZO 以及 F 掺杂 SbO_2 等。此外，采用银纳米线、银纳米网格或银-氧化物共掺的透明电极材料也受到较多的关注，但其是以牺牲部分透明性为代价的。

传统的 TFT 电极大多采用真空设备制备，特别是磁控溅射技术，存在设备成本高、靶材利用率低、成分固定以及需要多个光刻步骤等缺点。近年，人们提出了制备全溶液加工、大面积 TFT 的想法，以满足显示生产的经济和工艺效益的要求。这就要求采用溶液法来加工具有良好导电性和接触性能的 TFT 电极。溶液法工艺简单，不需要掩模步骤，且加工温度低，具有传统方法不可比拟的优势。目前，溶液法的 TFT 电极材料主要有金属及金属氧化物纳米粒子或纳米线、碳纳米管材料、有机导电高分子材料等。其中，银墨水是现今性能最好、应用最多的导电墨水，具有导电性好、抗氧化、易制备的优点，但缺点是价格较高。相比之下，铜的价格较低，且电阻率相近，但铜易氧化，制备成墨水时需要加入防止氧化的添加剂，故增加了复杂性。此外，碳纳米管由于可以同时实现高性能和低温工艺，也被广泛研究，但提纯工艺较复杂。石墨烯有良好的导电、导热性质，有可能成为价格更低、性能优越的导电电极材料，其相关研究目前尚处于起步阶段。PEDOT：PSS 作为一种高分子聚合物导电材料而被广泛用于 OLED 和有机光伏（OPV）器件中。

 习 题

1. 请以 n 沟道 TFT 为例说明 TFT 的工作原理。
2. TFT 的主要参数有哪些？
3. 请分别写出 TFT 饱和区和线性区的 I_{DS} 表达式。
4. TFT 的稳定性指标主要有哪些？
5. TFT 主要有哪些结构？请画出每一种结构的示意图，并说明其特点。
6. TFT 的半导体材料主要有哪几类？请简单描述每一类材料的优缺点。
7. 亚阈值摆幅的玻尔兹曼极限大约是多少？请推导证明。
8. 评价介电材料的主要参数有哪些？

非晶硅薄膜晶体管

非晶硅薄膜晶体管是最早成功实现薄膜晶体管液晶显示（TFT LCD）产业化应用的薄膜晶体管技术。由于非晶硅材料本身有许多缺陷态，其杂质掺杂效率比较低，载流子输运机理也同传统单晶硅的漂移扩散不同，为达到应用要求一般需要通过氢钝化技术来降低材料的缺陷态密度。非晶硅薄膜晶体管一般采用底栅交叠型的器件结构，常见的有刻蚀阻挡（etching stopper layer，ESL）型和背沟道刻蚀（back channel etching，BCE）型，在器件特性上需要考虑存在前导电沟道和后导电沟道的情形。器件可靠性是器件产业化应用时需要重点考虑的因素，故本章还重点介绍了非晶硅薄膜晶体管的偏压稳定性和热稳定性。

3.1 非晶硅材料

从固体结构的角度来划分，固体可分为晶体、多晶体和非晶体。非晶硅又称无定形硅，微观结构具有短程有序、长程无序的特征。本节首先介绍非晶硅的材料结构，其能带结构的核心特点就是其带隙存在大量的缺陷态，因此需要引入氢钝化技术来降低缺陷态密度。非晶硅材料的掺杂和输运机理都同传统的单晶硅明显不同。

3.1.1 材料结构

我们知道，硅是地壳中含量十分丰富的化学元素之一，而非晶硅是较常用的非晶体材料之一，可以用作 TFT 的有源层和薄膜太阳能电池中的半导体层等。事实上，在短程范围内非晶硅的结构与单晶硅是基本相同的，且单晶硅是到目前为止人类研究最透彻的一种材料。图 3-1 是单晶硅晶体结构的示意图，单晶硅属于金刚石结构，其惯用晶胞包括 8 个原子。其中，8 个顶点上各有 1 个原子，分摊计算后相当于每个晶胞有 1 个顶点原子；6 个面心各有 1 个原子，分摊计算后相当于每个晶胞有 3 个面心原子；晶胞内部还有 4 个原子。这样将顶点原子、面心原子和晶胞内部原子加和后计算出每个晶胞包含 8 个原子。如果考虑单晶硅最基本的结构单元，则如图 3-1 右上角所示，4 个硅原子构成正四面体结构。事实上，这也正是单晶硅的共价键结构，其中键长为 0.235nm，键角为 109°28'。

当想要计算两个原子在给定位置下的电子分布时，首先需要知道它们的位置。但在同样距离下的两个原子既可以相互吸引也可以相互排斥。能让它们相互吸引的电子分布就是成键轨道，让它们始终相互排斥的就是反键轨道，如图 3-2 所示。

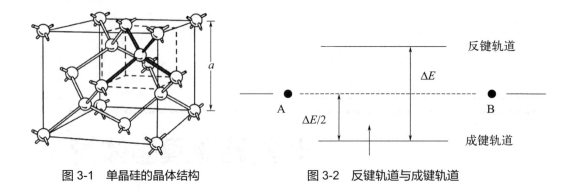

图 3-1 单晶硅的晶体结构　　　　图 3-2 反键轨道与成键轨道

硅的原子序数是 14,最外层包括 4 个电子。这 4 个电子中分别有 2 个电子属于 s 亚层,另外 2 个电子属于 p 亚层。但当硅原子组合成硅晶体后,因轨道杂化,这 4 个电子会参与形成对称的价键结构。假设单晶硅晶体的原子数目为 N,则 $4N$ 个电子会形成两种状态,即反键态(antibonding state)和成键态(bonding state),前者扩展成导带,后者扩展成价带,如图 3-3 所示。

单晶硅的禁带位于导带和价带之间,宽度约为 1.10eV。实际上单晶硅的能带结构比较复杂,如图 3-4 所示。本征单晶硅的电子和空穴浓度相同,均约为 10^{10}cm^{-3}。如果在单晶硅中掺杂 P、As 等元素,将使其电子浓度显著高于空穴浓度,从而形成 n 型单晶硅;如果在单晶硅中掺杂 B 等元素,将使其空穴浓度显著高于电子浓度,从而形成 p 型单晶硅。单晶硅中缺陷浓度极低,所以禁带中基本上没有缺陷态存在。

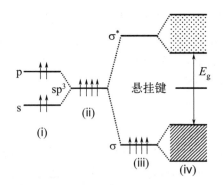
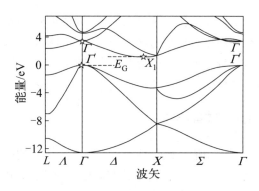

图 3-3 单晶硅的反键态与成键态　　　图 3-4 单晶硅的能带结构

(E_G 表示禁带宽度)

除了种类繁多的晶体材料之外,很多非晶态材料也具有优良的半导体性质,称这些材料为非晶态半导体。非晶态半导体与相应的晶态半导体具有相类似的基本能带结构:导带、价带和带隙。这是因为无论是非晶态还是晶态,它们的基本结合方式没有改变。以硅为例,都是四个价电子经 sp^3 杂化与邻近原子的价电子形成共价键,其成键态对应于价带,反键态对应于导带。然而,与单晶硅相比较,非晶硅(a-Si)的晶体结构发生了较大的变化。如图 3-5 所示,非晶硅的原子分布从总体上看是杂乱无章的,即长程无序。但是从某一个原子出发,观察其最近邻原子的分布状况,则很容易发现存在着与单晶硅类似的情况,这便是所谓的短程有序。与单晶硅类似，a-Si 原子的周围一般也包括 4 个最近邻原子并形成共价键。但与单晶硅不同之处在于非晶硅的共价键往往是不理想的。单晶硅共价键的键长是 0.235nm，键角为 109°28'，而非晶硅的键长和键角则围绕上述值在一定范围内浮动。

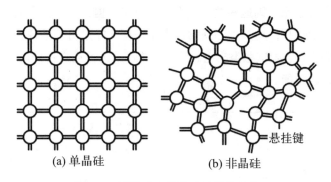

图 3-5　单晶硅和非晶硅的晶体结构

非晶态半导体中的电子态与晶态相比有着本质的区别。图 3-6 展示了单晶硅和非晶硅能带结构的区别。首先，非晶硅与单晶硅一样具有清晰的禁带 (E_g)，但是非晶硅的禁带宽度（约 1.8eV）略大于单晶硅（约 1.1eV）。其次，与单晶硅一样，非晶硅的共价键也会形成扩展态 (extended states)，包括导带 (conduction band) 和价带 (valence band)，扩展态中的载流子（导带中的电子和价带中的空穴）是可以自由移动的。另一方面，非晶硅的能带态密度 (density of states，DOS) 与单晶硅也存在显著的不同，这主要表现在禁带中的态密度分布特点上。本征单晶硅的禁带中基本上没有缺陷态的分布；但是非晶硅的情况则完全相反，在禁带内会存在大量的缺陷态或局域态 (localized states)。在非晶硅的共价键中存在很多键角偏差较大的弱键，这些弱键分别在导带底能级 E_C 和价带顶能级 E_V 附近导致大量的带尾态 (band tail states)。此外，非晶硅中存在大量的悬挂键，导致了费米能级附近存在深能级态 (deep states)。

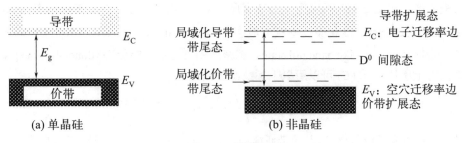

图 3-6　能带结构

图 3-7 是非晶硅能带 DOS 的示意图。可以发现，非晶硅的能带结构最大的特点是在其禁带中存在大量的缺陷态，这些缺陷态依照其起源的不同可以划分为带尾态（由弱键引起）和深能级态（由悬挂键引起）。此外，还可以从另外的角度对这些缺陷态进行划分。首先可以以费米能级为界将禁带划分为上下两个部分。在禁带上半部分的缺陷态一般在没有电子填充时是电中性的，被电子填充时带负电，因为其与受主的特性比较类似，所以通常被称

为"类受主态"(acceptor-like states); 在禁带下半部分的缺陷态一般在没有电子填充时是带正电的, 被电子填充时呈电中性, 因为其与施主的特性比较类似, 所以一般被称为"类施主态"(donor-like states)。类受主态通常没有被电子占据, 如果由于某种原因导致费米能级相对上移并越过类受主态, 则这些类受主态将被电子占据, 因此我们认为类受主态具有捕获电子的功能。与此相反, 类施主态通常被电子占据, 如果由于某种原因导致费米能级相对下移并越过类施主态, 则这些类施主态将失去电子(或被空穴占据), 因此我们认为类受主态具有捕获空穴的功能。

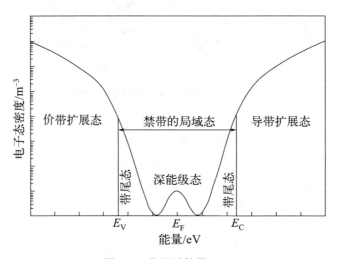

图 3-7 非晶硅能带 DOS

实验证明, 非晶硅禁带中的缺陷态符合指数函数分布或高斯函数分布。为简单起见, 这里都采用指数函数加以描述。据前述, 非晶硅禁带中的缺陷态可分为类受主态和类施主态, 而这两种态又分别可划分为带尾态和深能级态。因此, 需要描述的缺陷态密度 $g(E)$ 应包含类受主态态密度 $g_A(E)$ 和类施主态态密度 $g_D(E)$。前者又包含类受主带尾态 (acceptor-like band tail states) 态密度和类受主深能级态 (acceptor-like deep states) 态密度; 后者又包含类施主带尾态 (donor-like band tail states) 态密度和类施主深能级态 (donor-like deep states) 态密度。综上所述, $g_A(E)$ 可以用以下指数函数描述:

$$g_A(E) = g_{tc}\exp\left(\frac{E-E_C}{E_{tc}}\right) + g_{dc}\exp\left(\frac{E-E_C}{E_{dc}}\right) \tag{3-1}$$

式中, E 为能级位置; E_C 为导带底能级; g_{tc} 和 E_{tc} 是与类受主带尾态态密度相关的参数; g_{dc} 和 E_{dc} 是与类受主深能级态态密度相关的参数。类似地, $g_D(E)$ 也可以用以下指数函数描述:

$$g_D(E) = g_{tv}\exp\left(\frac{E_V-E}{E_{tv}}\right) + g_{dv}\exp\left(\frac{E_V-E}{E_{dv}}\right) \tag{3-2}$$

式中, E_V 为价带顶能级; g_{tv} 和 E_{tv} 是与类施主带尾态态密度相关的参数; g_{dv} 和 E_{dv} 是与类施主深能级态态密度相关的参数。

被类受主态捕获的电子浓度可根据以下方程计算：

$$n_\text{t} = \int_{E_\text{V}}^{E_\text{C}} g_\text{A}(E)f(E)\text{d}E = n_\text{ti}\exp\left(\frac{\psi}{\upsilon_\text{nt}}\right) + n_\text{di}\exp\left(\frac{\psi}{\upsilon_\text{nd}}\right) \quad (3\text{-}3)$$

式中，$f(E)$ 是费米分布表达式；$\psi=(E_\text{F}-E_\text{i})/q$，为费米能级与本征能级的能量差所对应的电势差；$n_\text{ti}$ 和 υ_nt 是与类受主带尾态分布相关的参数；n_di 和 υ_nd 是与类受主深能级态分布相关的参数。同理，在类施主缺陷态中捕获的空穴浓度则可以表示为：

$$p_\text{t} = \int_{E_\text{V}}^{E_\text{C}} g_\text{D}(E)[1-f(E)]\text{d}E = p_\text{ti}\exp\left(-\frac{\psi}{\upsilon_\text{pt}}\right) + p_\text{di}\exp\left(-\frac{\psi}{\upsilon_\text{pd}}\right) \quad (3\text{-}4)$$

式中，p_ti 和 υ_pt 是与类施主带尾态分布相关的参数；p_di 和 υ_pd 是与类施主深能级态分布相关的参数。

3.1.2 氢钝化

前面内容中提到过，非晶硅的键长和键角分别在 0.235nm 和 109°28′附近浮动。其中键长浮动范围较小，小于±1%；键角的浮动范围则相对较大，约为±10%。键角偏离 109°28′越大，共价键的结合力越弱。我们通常称键角偏离较大的共价键为弱键（weak bonds）。

非晶硅在价键结构上还有一点与单晶硅显著不同。单晶硅原子必须与周边 4 个硅原子形成共价键，非晶硅则不一定。如图 3-8 所示，一个非晶硅原子可能只与周边 3 个原子形成共价键，剩下的一个价键处于悬空状态，我们形象地称之为悬挂键（dangling bond）。在非晶硅中悬挂键大量存在并使非晶硅的电学特性变得极差。非晶硅的悬挂键会在禁带中形成大量的缺陷态，这些缺陷态都是局域态，即处于其中的电子都是无法自由移动的。为了解决这一问题，通常加入氢原子以修补这些缺陷态。氢原子最外层有 1 个电子，悬挂键最外层也只有 1 个电子，两者结合后恰好可以达到互补的效果。如图 3-9 所示，掺氢的非晶硅（氢化非晶硅，a-Si:H）禁带中的缺陷态显著减少。

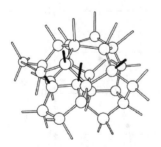

图 3-8　非晶硅的价键结构（一部分悬挂键用黑色标识）

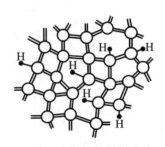

图 3-9　氢原子修补缺陷态

在实际生产中，我们一般采用的都是 a-Si:H，通常氢原子的掺入量为 10%（原子分数）以下。如图 3-10 所示，如果氢原子掺入量超过 14%的话，可能出现一个硅原子与两个氢原子结合的情况，这种价键结构的 a-Si:H 是非常不稳定的；如果氢原子的掺入量超过 20%的话，非晶硅薄膜中可能会出现氢集中析出并导致孔洞，这样的材料显然是无法使用的。因此，在实际生产中必须严格控制氢原子的掺入量。

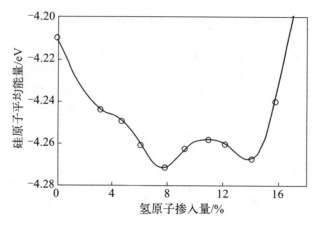

图 3-10 氢原子掺入量与硅原子平均能量的关系

3.1.3 掺杂

本征非晶硅呈弱 n 型，但在实际生产中，往往还需要强 n 型非晶硅，即 n⁺a-Si，所以需要对非晶硅进行掺杂。起初科研人员认为非晶硅是不能进行掺杂的，因为非晶硅的共价键不像单晶硅一样受到键角、键长和价键数量的约束。但实验证明非晶硅是可以进行掺杂的，例如在非晶硅中掺磷即可以获得 n⁺a-Si。在晶体半导体中可以通过掺杂控制导电类型和电导率，这在半导体技术应用中是十分重要的。Spear 等人于 1975 年利用硅烷分解的辉光放电技术首先实现了非晶硅中的掺杂效应。他们在硅烷中加入适量的磷烷和硼烷，通过调节磷烷和硼烷的比例，可以在很大范围内控制非晶硅的室温电导率，成为非晶硅研究中的突破。图 3-11 给出了他们的实验结果。

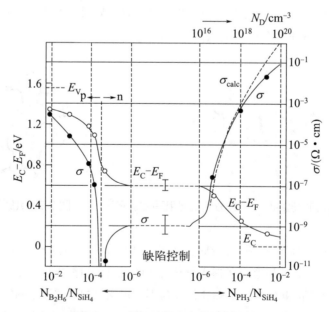

图 3-11 非晶硅样品中的掺杂效应

(σ 为实验测得的电导率；σ_{calc} 为计算得到的电导率)

关于非晶态半导体的掺杂有两个基本问题。第一，杂质原子掺入非晶态半导体的无规网络后，究竟处于什么状态？以硅中的磷为例，当磷原子掺入晶体硅中，替代硅原子的位置，由于受晶体原子严格规则排列的限制，磷原子也被迫形成 sp³ 杂化的四面体键，磷原子多余的一个价电子就不再成键，而填入能量较高的反键态，这就是磷原子在导带底附近形成的浅施主态。若磷原子掺入非晶硅中，由于非晶态半导体是无规网络结构，杂质原子可以通过调整近邻原子的数目而满足成键的要求。也就是说，掺入非晶硅中的磷可以处于四配位的施主态，也可以位于三配位的成键态，这一点与晶体情况很不相同。Spear 等人根据他们的实验结果，认为起施主作用的磷原子大约占总数的 1/3。第二，非晶态半导体中存在着大量的缺陷态，引入密度为 N_D 的施主杂质以后，它们提供的电子必须填充空的缺陷态能级才能使费米能级向导带底移动 ΔE_F，可以粗略估计：

$$\Delta E_F = \frac{N_D}{N(E_F)} \tag{3-5}$$

式中，$N(E_F)$ 为费米能级处的缺陷态密度。只有当掺杂能使费米能级位置有明显的移动，才能使导带中的电子浓度有显著的改变。非晶硅中的缺陷主要是悬挂键，正是由于硅烷辉光放电制备的非晶硅中含有大量的氢，它们与悬挂键结合，而使缺陷态密度大大降低，为实现掺杂效应提供了基础。

在实际生产中，非晶硅的掺杂一般采用原位掺杂的方法，即在非晶硅成膜时通入含有掺杂原子的气体（如磷烷、乙硼烷等），在成膜的同时也一并完成掺杂工艺。

3.1.4 输运机理

在半导体中，电子和空穴的净流动将产生电流。载流子的这种运动过程称为输运。半导体晶体中存在两种基本输运机制：漂移运动，即由电场引起的载流子流动；扩散运动，即由浓度梯度引起的载流子流动。

单晶硅具有有序的晶体结构，其中硅原子排列得非常整齐而有序。这种高度有序的结构使得电子在晶格中能够相对容易地移动，形成电子传导带。相比之下，非晶硅具有无序的非晶体结构，其硅原子排列没有明显的长程有序性，这导致了电子在非晶硅中的移动较为困难，因为缺乏明确定义的电子传导路径。同时，在单晶硅中，由于有序晶格结构，载流子（电子和空穴）在传导过程中受到的散射较少，电子能够相对自由地移动，电导率较高。由于非晶硅的无序结构，载流子在晶体中会频繁受到散射，使得电导率较低。这也导致非晶硅的电子迁移率较小。此外，一方面非晶硅在短程结构上与单晶硅基本相同，因此本征非晶硅也与本征单晶硅一样呈现典型的半导体特性；另一方面，因为非晶硅的禁带内存在大量的缺陷态，所以其电学特性与单晶硅也存在显著的不同。

非晶态半导体电子输运的讨论绕不开两个现象：变程跳跃和带尾态输运，如图 3-12 所示。它们都是源于强无序的特殊结果。

跳跃（hopping）是一个电子从一个定域态到另一个定域态借助声子进行的量子力学隧穿过程（phonon-assisted quantum-mechanical tunneling）的简称。跳跃在很宽的温度区间上支配着非晶硅的电导率，直到室温下它仍完全可以与扩展态输运相比拟。

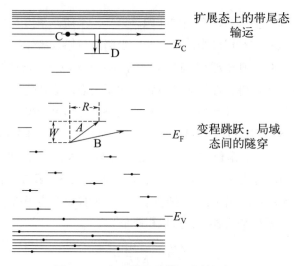

图 3-12 变程跳跃和带尾态输运机理

式 (3-6) 给出了在温度 T 下,距离为 R 的能量 W 升高跳跃所发生的概率 p 对 R、W、T 的依赖关系。

$$p \propto \exp\left(-2\alpha R - \frac{W}{k_B T}\right) \quad (3\text{-}6)$$

式中,α 为描述电子波函数在大距离上指数衰减的定域长度的倒数;指数的第一项实质上是在离电子原来位置的距离为 R 处找到该电子的概率;第二项的存在是因为电子在克服能量失配时要借助声子来满足能量守恒。

温度越低,克服给定能量 W 的势垒越困难,越是要求电子跳得更远以寻找较低的 W。在遇到较低的 W 时,由于允许电子可在终态位置的更大选择对象中挑选而使跳跃概率增加,此时终态位置包含在一个更大的邻域中,即围绕最初位置半径为(增加了的)R 的球中,这一现象可表示为关系式:

$$\frac{4\pi}{3} R^3 W(R) n(E_F) = 1 \quad (3\text{-}7)$$

式中,$n(E_F)$ 是能量接近于费米能级处每单位体积、每单位能量的陷阱态密度。$W(R)$ 是这样一个能量,它使空间中定在半径为 R 的球内、在能量上定在零到 $W(R)$ 区间内的状态数平均地等于 1。在 d 维情况下 $W(R)$ 正比于 R^{-d}。找到 p 的极大值便得到最概然的跳跃距离:

$$R \approx [\alpha k_B T n(E_F)]^{-\frac{1}{4}} \quad (3\text{-}8)$$

此式说明了跳跃路程随温度如何变化,因而叫"变程跳跃"。假设最概然跳跃支配了跳跃电导率,则可以得到:

$$\sigma \propto \exp\left(-\frac{A}{T^{\frac{1}{4}}}\right) \quad (3\text{-}9)$$

其中

$$A \approx \left[\frac{\alpha^3}{k_B n(E_F)}\right]^{\frac{1}{4}} \quad (3\text{-}10)$$

式 (3-9) 便是 Mott 给出的描述 $\sigma(T)$ 的公式。

在极低温（接近 0K）的情况下，单晶硅材料基本上是不导电的，因为此时电子的能量极低，无法实现从价带跃迁到导带并形成自由载流子。非晶硅的情况则有所不同，因为其禁带内存在大量的缺陷态，所以在极低温时可以通过变程跳跃的物理机制实现导电。如图 3-13 所示，在非晶硅的费米能级以下（同时非常接近费米能级）的深能级态上的电子所具有的能量与费米能级以上（同时非常接近费米能级）的深能级态的电子能量非常接近，所以在外电场的作用下，上述电子可以实现从前一种缺陷态跃迁到后一种缺陷态，在宏观上表现为有微小的电流产生。

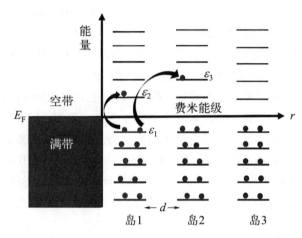

图 3-13　变程跳跃导电的物理机制

当温度继续升高，例如在室温左右时，电子的能量已经高到可以从类施主带尾态跃迁到类受主带尾态；进入类受主带尾态的电子被局域化在弱键附近，同时在类施主带尾态会留下被局域化在弱键附近的空穴。上述电子和空穴在外加电场的作用下，可以从一个缺陷态跳跃到另一个缺陷态，从而在宏观上表现为有一定大小的电流产生。这种导电物理机制称为带尾态跳跃（band tail hopping），如图 3-14 所示。非晶硅在中等温度范围内的电导率可由以下方程表达：

$$\sigma_t = \sigma_{t0} \exp\left(-\frac{E_{Ct} - E_F}{k_B T}\right) \tag{3-11}$$

式中，E_{Ct} 是类受主带尾态的平均能级；σ_{t0} 与带尾态内跳跃概率有关。

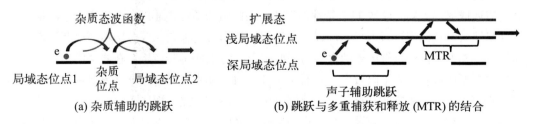

图 3-14　两种可能的带尾态跳跃导电的物理机制

需要特别强调的是，非晶硅室温电导率取决于带尾态跳跃机制，所以其数值较低，约为 $10^{-8}\Omega^{-1}\cdot m^{-1}$。

当温度继续升高，例如在 500K 左右时，在价带内的电子具有足够的能量跃迁至导带内，从而在扩展态内形成较多的电子和空穴。在扩展态内的载流子不再被局域化，属于自由电子和自由空穴。因此，此时非晶硅的导电为扩展态导电物理机制。宏观表现的导电电流要远大于前面提到的两种物理机制。

需要着重强调的是，尽管非晶硅高温时是自由载流子参与导电，但因其晶格结构呈现长程无序，电子或空穴运动时极易遭到晶格散射，所以非晶硅的载流子迁移率相对较低。与单晶硅的情况[电子迁移率约 $1350cm^2/(V\cdot s)$，空穴迁移率约 $480cm^2/(V\cdot s)$]不同，非晶硅的电子迁移率不到 $1cm^2/(V\cdot s)$，空穴迁移率更是只有 $0.02cm^2/(V\cdot s)$。

另一方面，与所有的非晶体材料一样，非晶硅的电学特性也处于亚稳态。外界环境条件一旦发生变化，其电学特性也会发生变化。最典型的例子便是 SWE（Staebler-Wronski effect）效应，即随着光照强度的增加，非晶硅的电阻率会显著下降。非晶硅电学特性的不稳定归根结底来自其内部缺陷态的不稳定。外界环境的变化可以为非晶硅提供一定的能量，在此能量的作用下，非晶硅内的缺陷态密度将发生变化。例如，链状结构，即一个硅原子同时与两个氢原子连接的结构，是非常不稳定的，当外界环境发生变化时，非常可能与周边的价键发生反应而产生新的悬挂键，即 SiHHSi+Si—Si $\rightleftharpoons$ 2SiHDSi，其中 D 表示悬挂键。需要强调的是，上面的反应是可逆的。当外加光照时反应由左至右进行，缺陷态产生；当对非晶硅进行退火处理时，反应由右至左进行，即缺陷态因消灭而数量减少。

3.2 非晶硅薄膜晶体管器件

从器件工作原理角度，非晶硅薄膜晶体管与传统的硅 MOSFET 并无本质区别，都是利用场效应形成导电沟道。对于传统的硅 MOSFET，单晶硅材料既作为衬底也作为半导体有源层。而对于非晶硅薄膜晶体管，一般以玻璃材料作为衬底，非晶硅材料作为半导体有源层制备在玻璃上。非晶硅薄膜晶体管一般采用底栅型器件结构，又可进一步划分为背沟道刻蚀（BCE）型和刻蚀阻挡（ESL）型。除了讲解非晶硅薄膜晶体管器件结构外，本节还进一步介绍了非晶硅薄膜晶体管的器件特性，包括转移特性、输出特性和噪声特性等。

3.2.1 器件结构

背沟道刻蚀型结构的阵列工艺简单，少一次光刻工艺，但直接在背沟道上刻蚀可能对背沟道造成损坏，从而导致 TFT 特性的退化。刻蚀阻挡型结构通过在背沟道上方添加一层刻蚀阻挡层对背沟道进行保护。同时，由于刻蚀阻挡层的存在，有源层不必如背沟道刻蚀型结构一样为了保证足够的刻蚀余量而需要相当厚的本征 a-Si:H 层。在器件中，具有一定厚度的有源层可能引入电阻效应，从而使 a-Si:H TFT 非本征场效应迁移率退化，同时有源层的膜厚也会影响光吸收从而决定光泄漏电流的大小。因此，相比于背沟道刻蚀型结构，刻蚀阻挡型结构的有源层更薄，串联电阻更低，光吸收更弱，光泄漏电流更小。刻蚀阻挡型和背沟道刻蚀型的器件结构如图 3-15 所示，两种形式 TFT 结构的比较见表 3-1。

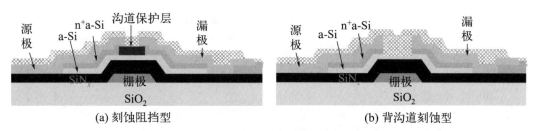

(a) 刻蚀阻挡型　　　　　　　　　　(b) 背沟道刻蚀型

图 3-15　刻蚀阻挡型和背沟道刻蚀型的器件结构

表 3-1　两种形式 TFT 结构比较

项目	刻蚀阻挡型	背沟道刻蚀型
工艺	刻蚀 n⁺a-Si 层时，SiN_x 层也被刻蚀，腐蚀选择较大	刻蚀 n⁺a-Si 层时，a-Si 层也被刻蚀，腐蚀选择较小
厚度/Å①	300～500	2000～3000
阻值	小	大
光吸收	小	大
光泄漏电流	小	大

① 1Å=0.1nm。

3.2.2　器件特性

如图 3-16 所示，对于 a-Si TFT 而言，当在栅电极（gate）加载足够大的正电压时，一般在有源层和栅绝缘层的界面处，即前沟道（front channel）位置，会感生出高浓度电子的导电通道。如果源极接地的同时在漏极施加正电压，电子便会由源极通过导电沟道源源不断地流向漏极从而产生导电电流。如果在栅电极上施加负电压，则除了可能在前沟道形成导电通道外，还可能在背沟道（back channel），即有源层与保护层（passivation layer）的界面处感生出导电通道。

根据栅极电压取值范围的不同，非晶硅器件的转移特性曲线可以划分为三大部分，包括过阈值区域、亚阈值区域、关断区域，如图 3-17 所示。根据有源层材料中的多子载流子是电子还是空穴，将 TFT 分为 n 型和 p 型。根据栅极电压与源漏电压的大小关系，过阈值区又可进一步划分为线性区和饱和区。

TFT 的开关与否是通过栅压进行调控的，这也是 TFT 所谓的"开关特性"。因为 TFT 是三端器件，电流同时受栅极、源极和漏极的影响，所以会在固定栅压的前提下探究电流与源漏电压关系，称为输出特性曲线；另一方面，也会在固定源漏极之间电压的条件下探究电流与栅压关系，称为转移特性曲线，如图 3-18 所示。

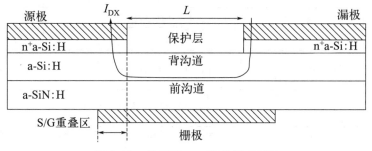

图 3-16　非晶硅 TFT 器件导电路径

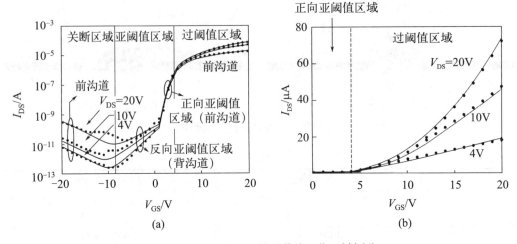

图 3-17 非晶硅 TFT 转移曲线工作区域划分

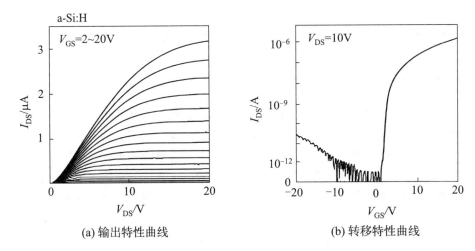

(a) 输出特性曲线　　(b) 转移特性曲线

图 3-18 非晶硅 TFT 的典型输出特性曲线和转移特性曲线

以上，TFT 各工作区间下完整的模型总结在表 3-2 中。

表 3-2　TFT 各工作区间下电流模型

V_{GS}	V_{DS}	I_{DS}	工作区间
$<V_{off}$	—	$WI_{off,0}$	关断区
$<V_{th}$	—	$I_{DS,0}\exp\left(\dfrac{V_{GS}-V_{th}}{\eta V_t}\right)$	亚阈值区
$>V_{th}$	$<V_{GS}-V_{th}$	$\dfrac{W}{L}\mu_n C_{OX}\left[(V_{GS}-V_{th})V_{DS}-\dfrac{1}{2}V_{DS}^2\right]$	线性区
$>V_{th}$	$>V_{GS}-V_{th}$	$\dfrac{W}{2L}\mu_n C_{OX}(V_{GS}-V_{th})^2$	饱和区

注：W 为沟道宽度；L 为沟道长度；μ_n 为场效应迁移率；V_t 为热电压；η 为理想因子；C_{OX} 为单位面积栅绝缘层电容。

几乎所有的半导体器件在工作时都存在噪声。半导体器件的噪声来源于某一物理量(如电流、电压等)的随机起伏,其产生机制与器件的材料和具体结构密切相关。噪声的频域特性一般用噪声功率谱密度描述,其反映的是在单位频带宽度内随机起伏量的均方值,用来衡量变量起伏的强弱。

半导体器件中的噪声一般可分为白噪声(white noise)、产生-复合(generation-recombination, G-R)噪声、低频(low frequency)噪声和高频(high frequency, HF)噪声。因为TFT器件多用于低频场景,所以低频噪声最受重视。低频噪声的功率谱密度通常与频率成反比,因此也称为$1/f$噪声。对于MOSFET器件中低频噪声的物理机制主要有三种解释。1957年,Mcwhorter首次提出了表面载流子数涨落模型(ΔN模型),认为$1/f$噪声来源于半导体载流子通过隧穿与表面氧化层中的陷阱态发生随机电荷交换。1969年,Hooge等通过总结各种金属和半导体电阻中$1/f$噪声的测量结果,提出了迁移率波动模型($\Delta \mu$模型),将其归因于载流子的随机散射,并提出了噪声功率谱密度的经验关系式,即Hooge方程。ΔN-$\Delta \mu$模型认为在Si/SiO_2界面及其附近几个纳米栅氧中的陷阱态会随机捕获和发射反型沟道中的载流子,引起载流子数目的涨落(ΔN)。同时栅氧陷阱态捕获发射电荷后也会造成自身电荷的涨落,通过库仑散射引起载流子迁移率的涨落($\Delta \mu$)。因此,载流子数涨落和载流子迁移率涨落同时造成沟道电流的涨落,从而引起$1/f$噪声。

对于非晶硅TFT,为了保证具有良好的系统性能,必须认真研究其低频噪声特性。到目前为止,对非晶硅TFT的噪声数据和行为的解释通常基于经典的ΔN-$\Delta \mu$模型,其描述如下。

$$\left(\frac{S_{I_{DS}}}{I_{DS}^2}\right)_{sub} = \left(1 + \alpha \mu_{eff} C_{OX} \frac{I_{DS}}{g_m}\right)\left(\frac{g_m}{I_{DS}}\right)^2 S_{V_{fb}} \quad (3-12)$$

式中,$S_{I_{DS}}$为漏极电流I_{DS}的功率谱密度(PSD);μ_{eff}为有效迁移率;α为与库仑散射相关的拟合参数;g_m为跨电导;$S_{V_{fb}}$标记为平带电压PSD,与通道长度成反比,其表达式为:

$$S_{V_{fb}} = \frac{S_{Q_{OX}}}{WLC_{OX}^2} = \frac{q^2 k_B T \lambda N_{OX}}{WLC_{OX}^2 f} \quad (3-13)$$

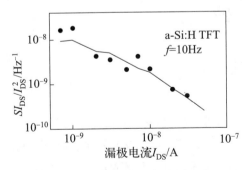

图3-19 标准化的噪声功率谱密度与漏极电流I_{DS}的变化关系

式中,$S_{Q_{OX}}$为单位面积谱密度的界面电荷波动,$C^2/(cm^2 \cdot Hz)$;q为基本电荷,为$1.6 \times 10^{-19} C$;λ为隧穿衰减距离;N_{OX}为有源层/栅极-绝缘子界面附近的阱密度,在实验中可以得到非晶硅TFT的N_{OX}远大于单晶硅(c-Si) MOSFET,因此非晶硅TFT的噪声水平比单晶硅MOSFET的高2~3个数量级。图3-19展示了在频率f=10Hz下测量的归一化漏极电流谱密度随漏极电流I_{DS}的变化。

源漏电极与有源层之间的接触电阻则可通过传输线方法(transmission line method, TLM)提取出来,即在低的源漏电压下,用一系列沟道长度不同的TFT器件来提取,因此可以忽略空间电荷限制电流(space-charge-limited current, SCLC)。TLM方法示意如图3-20所示。TFT的总电阻是:

$$R_{\text{on}} = \left. \frac{\partial V_{\text{DS}}}{\partial I_{\text{DS}}} \right|_{V_{\text{DS}} \to 0}^{V_{\text{GS}}} = r_{\text{ch}}(L + 2\Delta L) + 2R_{\text{S/D}} \tag{3-14}$$

式中，ΔL 为沟道长度的调变值；$R_{\text{S/D}}$ 表示源极和漏极的接触电阻；r_{ch} 表示单位长度的沟道电阻。因此，作 $R_{\text{on}}W$ 与 L 的关系曲线，截距为接触电阻阻值与沟道宽度 W 的乘积，斜率为单位长宽比（L/W）的沟道电阻。根据线性区的漏极电流模型可以得出，理想情况下：

$$r_{\text{ch}} = \frac{1}{\mu C_{\text{OX}} W (V_{\text{GS}} - V_{\text{th}})} \tag{3-15}$$

因此进一步作 $1/r_{\text{ch}}$ 与 V_{GS} 的关系曲线，截距为本征阈值电压，斜率则能计算出本征场效应迁移率。

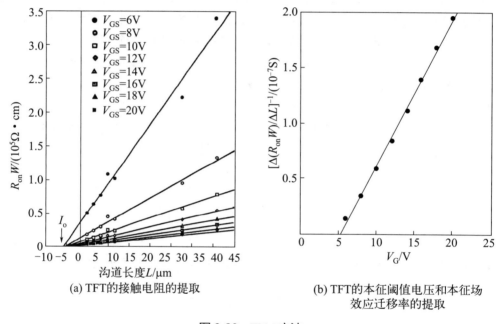

(a) TFT的接触电阻的提取

(b) TFT的本征阈值电压和本征场效应迁移率的提取

图 3-20　TLM 方法

3.3　非晶硅薄膜晶体管器件稳定性

薄膜晶体管的稳定性是指在长时间的偏置电压或外界环境条件的作用下，器件的电学特性发生的变化情况。TFT 的稳定性与操作特性两者之间既有区别又有联系。简单来说，操作特性指的是 TFT 器件短时间测试时的电学特性，若短时间反复测量时，前后的电学特性曲线保持一致；而稳定性强调的是 TFT 器件在长期应力作用下的电学特性，表现为随着施加应力的不同，前后两次测量的电学特性也不相同。另一方面，TFT 器件的稳定性必须借助操作特性才能宏观表征，对于直流特性而言，最显著的表现是阈值电压出现漂移。本节将分别介绍非晶硅 TFT 器件在偏压应力和热应力作用下的稳定性。

3.3.1 偏压稳定性

如果在 TFT 的电极加载一定的直流偏置电压或偏置电流，经过一段时间后，其电学特性曲线将会发生变化，偏压稳定性指的是在电压应力作用下 TFT 的电学性能保持稳定的能力。最常见的偏压应力测试方案如图 3-21（a）所示，在非晶硅 TFT 的栅极加载恒定的直流电压，然后每隔一段固定的时间间隔测试其转移特性曲线，并观察转移曲线的漂移情况。正常情况下，转移特性曲线会逐渐发生偏移，如图 3-21（b）所示。通常利用阈值电压的变化量 ΔV_{th} 来表征偏压稳定性的好坏，ΔV_{th} 越小，说明非晶硅 TFT 器件的偏压应力稳定性越好。

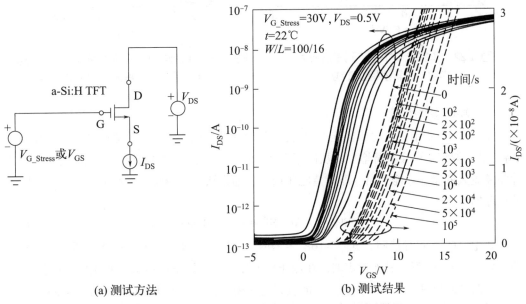

(a) 测试方法　　　　　(b) 测试结果

图 3-21　TFT 电压偏置稳定性的测试方法和测试结果

由于非晶硅材料处于短程有序、长程无序的亚稳态，当外界条件（如电压、光照和温度等）发生改变，材料内部的状态和性质也会发生变化。图 3-21（b）展示了随着偏压应力作用时间的增加，非晶硅 TFT 的阈值电压逐渐发生漂移。具体来说，决定阈值电压漂移的因素除了施加偏压的时间，还有施加偏压的大小。图 3-22 展示了当其他条件一定时，偏压应力 V_{GB} 分别为 35V 和 70V 时的转移特性曲线。可以看出，当偏压应力 V_{GB} 增大时，阈值电压的漂移量 ΔV_{th} 显著增加。

图 3-23 展示了阈值电压漂移量 ΔV_{th} 与偏压应力 V_{GB} 关系图。其中，A、B、C、D 四条曲线表示采用不同配比的氮化硅作为绝缘层的 TFT 器件，它们的禁带宽度分别为 3.8eV、4.3eV、4.7eV 和 5.0eV，它决定了临界电压 V_{GC} 的大小。从图中可以看到，当偏压应力 V_{GB} 低于临界电压 V_{GC} 时，阈值电压漂移量 ΔV_{th} 增加缓慢；而当偏压应力 V_{GB} 高于临界电压 V_{GC} 时，阈值电压漂移量 ΔV_{th} 迅速增加。说明在临界电压的两侧分别是不同的物理机制导致了阈值电压的偏移。实验和理论分析证明，这两种影响稳定性的物理机制分别为缺陷态产生（defect state creation）和电荷捕获（charge trapping）。当偏压应力较小时，缺陷态产生机制是影响稳定性的主要原因；而当偏压应力较大时，电荷捕获机制是影响稳定性的主要原因。下面将详细介绍这两种物理机制。

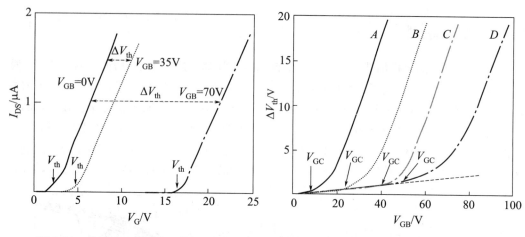

图 3-22 非晶硅 TFT 在不同偏压应力
作用下的转移特性曲线

图 3-23 非晶硅 TFT 在不同绝缘层下的阈值
电压漂移量与偏压应力的关系

（1）缺陷态产生

如图 3-24 所示，当对非晶硅 TFT 施加长时间的偏压应力时，非晶硅禁带中的缺陷态（特别是深能级态）会显著增加，从而导致了自由载流子的比例降低，进而导致了 TFT 器件需要更大的栅压才能开启，即阈值电压增大。通常认为偏置电压作用下产生新的陷阱态的机理如下：

$$SiHHSi + Si\text{—}Si \rightleftharpoons 2SiHDSi \tag{3-16}$$

式中，D 表示悬挂键。式（3-16）表示两个氢原子与硅原子的成键状态通常是不稳定的，而弱 Si—Si 键也是不稳定的，在偏压应力作用下氢原子更容易与周围的硅原子结合，并形成两个悬挂键。因为悬挂键与深能级态密切相关，所以深能级缺陷密度将增加。

图 3-25 展示了非晶硅 TFT 在对数横轴和纵轴坐标下的阈值电压漂移量 ΔV_{th} 和时间 t 的关系。当偏压应力 V_{GB} 为 20V 时，此时缺陷态产生机制占主导，可以看到此时的 ΔV_{th} 与时间 t 呈幂函数关系。

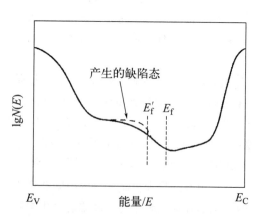

图 3-24 非晶硅 TFT 中缺陷态产生物理机制

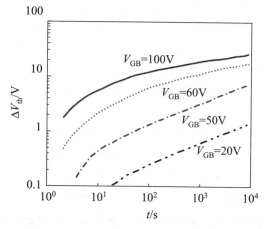

图 3-25 非晶硅 TFT 在不同偏压应力下的阈值
电压漂移量与应力作用时间的关系（对数坐标）

科研人员利用缺陷池模型（defect pool model）定量地描述了缺陷态产生物理机制，认为悬挂键的形成具体包括三个物理过程：①弱 Si—Si 键断裂；②弱键必须被一个电子占据；③氢原子必须扩散到弱键的位置。按照这个理论，悬挂键的形成速率与弱键的密度 N_{WB}、弱键的电子占据概率（与带尾态的占据概率相同）和氢的扩散系数 D_H 成正比。带尾态的电子占据概率为 n_{BT}/N_{BT}，n_{BT} 为带尾态的电子密度，N_{BT} 为带尾态密度。扩散系数可以用幂律形式表示为 $D_H = D_0 t^{\beta-1}$，其中，D_0 为温度依赖扩散系数。综上，悬挂键密度（N_{DB}）的形成速率可表示为

$$\frac{dN_{DB}}{dt} \propto N_{WB} \frac{n_{BT}}{N_{BT}} D_0 t^{\beta-1} \tag{3-17}$$

利用沟道电容 C，可以得到

$$\begin{cases} C(V_{GB} - V_{th}) = n_{BT} \\ C\Delta V_{th} = \Delta N_{DB} \end{cases} \tag{3-18}$$

由于 n_{BT} 变化非常小，可以忽略不计。将式（3-18）代入式（3-17）并积分，可以得到归一化的阈值电压位移拉伸指数形式

$$\Delta V_{th} = A(V_{GB} - V_{th})t^{\beta} \tag{3-19}$$

式中，A、β 为模型相关的参数。根据公式（3-19）可以得到，缺陷态产生物理机制导致的阈值电压漂移量 ΔV_{th} 与偏压应力 V_{GB} 呈近似线性关系，与时间 t 呈幂函数关系，这与图 3-23 和图 3-25 的现象一致。

（2）电荷捕获

当加载在非晶硅 TFT 的栅极偏压应力较大时，会有显著的电荷捕获机制发生。从原理上讲，长时间加载在栅极电压上的偏置电压会在非晶硅 TFT 的前沟道（非晶硅/栅绝缘层）界面产生大量的载流子，其中载流子会在电场的作用下进入栅绝缘层（通常为氮化硅薄膜）中，相关的物理机制如图 3-26 所示。当偏置电场撤除后，这些位于栅绝缘层中的载流子并不能马上重新回到非晶硅中，因此在接下来的电学性能测试中，这些电荷便会对栅极偏置电压起到一定的屏蔽作用，导致非晶硅 TFT 器件的阈值电压发生漂移。

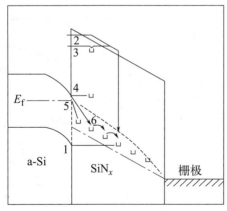

图 3-26　非晶硅 TFT 中电荷捕获机制
1—价带隧穿；2—Fowler-Nordheim 注入；
3—缺陷辅助注入；4—导带固定能量隧穿；
5—从导带至费米能级隧穿；6—费米能级上跳跃

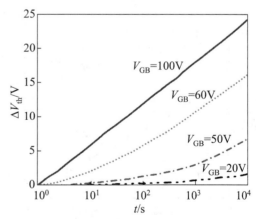

图 3-27　非晶硅 TFT 在不同偏压应力下的阈值电压漂移量与应力作用时间的关系（线性坐标）

图 3-27 展示了非晶硅 TFT 在对数横轴坐标下的阈值电压漂移量 ΔV_{th} 和时间 t 的关系。可以看到，当偏压应力 V_{GB} 为 100V 时，电荷捕获机制占完全的主导作用，缺陷态产生机制可以被忽略，此时可以观察到，阈值电压漂移量 ΔV_{th} 和时间 t 呈现对数函数关系。

理论研究表明，非晶硅 TFT 的电荷捕获机制与时间的关系可以用如下方程表述：

$$\Delta V_{th}(t) = r_d \lg\left(1 + \frac{t}{t_o}\right) \quad (3-20)$$

式中，r_d 和 t_o 为模型相关的参数。式（3-20）给出了图 3-27 中所示的电荷捕获机制中阈值电压漂移量 ΔV_{th} 与时间 t 的定量关系，两者呈现对数函数关系，这与前面介绍的缺陷态产生物理机制完全不同。

3.3.2 热稳定性

热应力作用下的稳定性，即热稳定性，是指当加载在非晶硅 TFT 栅极上的偏置电压大小和加载时间保持一定时，改变周围的环境温度，会发现随着温度的升高，阈值电压漂移的程度也不相同。从图 3-28 中可以看出，在对数纵轴坐标下，缺陷态产生机制和电荷捕获机制对温度的敏感程度不同：缺陷态产生机制与温度呈现规律的相关性，而电荷捕获机制却与温度的相关性很弱。

缺陷态产生机制的温度依赖性与弱 Si—Si 键的断裂和氢原子的扩散速率相关，两者的作用效果一致，可以体现在式（3-19）的 β 项中，随着温度的升高，β 逐渐增大，导致了缺陷态产生机制的强温度依赖性。

电荷捕获机制的弱温度依赖性可以被预测，它来自式（3-20）中的 t_o 项。这种弱温度依赖性的物理机制可以用以下物理过程解释。当施加偏压应力时，a-Si:H 在电场作用下向氮化硅绝缘层注入电荷，电荷在半导体界面附近被捕获，然而这些被捕获的电荷在氮化硅中并没有重新分布，这限制了阈值电压漂移的速率，导致了电荷捕获机制的弱温度依赖性。

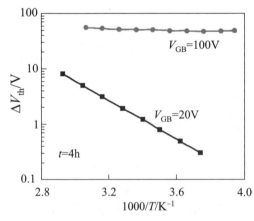

图 3-28 在不同物理机制作用下非晶硅 TFT 阈值电压漂移量的温度依赖特性

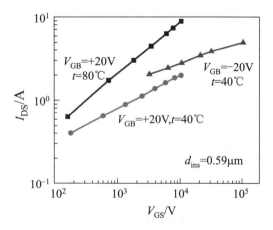

图 3-29 在不同温度或者偏压极性作用下非晶硅 TFT 阈值电压漂移量与应力作用时间的关系

在非晶硅 TFT 的偏置应力稳定性测试中，虽然缺陷态的产生机制和电荷捕获机制主要发生在不同的偏置电压范围，但大多数情况下，两种物理机制是混杂在一起发生的。那么如何区分两种物理机制呢？目前有两种常用的方法可以对这两种物理机制加以区分。如图 3-29 所示，第一种方法是测试在不同温度下的非晶硅 TFT 电压偏置稳定性，并利用本节讨论的两种物理机制在热稳定性上的差异加以区分判断。第二种方法是通过改变偏置电压的极性测试非晶硅的稳定性：缺陷态产生物理机制无论在正极性还是负极性的偏置电压下都会导致非晶硅 TFT 阈值电压的增大；电荷捕获机制在正极性偏置电压下导致非晶硅 TFT 的阈值电压增大，而在负极性偏置电压下导致非晶硅 TFT 的阈值电压减小，利用这个差异也可以对两种物理机制加以区分和判断。

习 题

1. 请简述非晶硅中的电子为何会被局域化。
2. 实际使用中非晶硅为何必须掺氢？对氢元素的含量有什么要求？
3. 请简述悬挂键的形成机制。
4. 请简述非晶硅掺杂的物理机制。
5. 请定性画出非晶硅材料的态密度与能量 E 之间的关系曲线，并在图中标出各部分曲线的含义。
6. 请定性描述非晶硅在不同温度范围内导电的物理机制。
7. 请简述变程跳跃导电机制的特点。
8. 请简述非晶硅的稳定性，并分析原因。
9. TFT 亚阈值电流的表达式是什么？如何求亚阈值斜率？
10. 请说明线性区和饱和区电流的表达式。
11. 请示意地画出一个 TFT 的转移特性曲线，并提取该 TFT 的开关比。
12. 请简述非晶硅 TFT 中背沟道刻蚀型结构和刻蚀阻挡型结构的区别。
13. TFT 的主要性能指标有哪些？
14. 如何提取阈值电压、场效应迁移率和接触电阻？
15. 非晶硅 TFT 在可见光照射下产生的最主要的效应是什么？

4

多晶硅薄膜晶体管

从固体材料结构而言，多晶材料介于非晶材料和单晶材料之间。多晶硅可以粗略地理解成单晶硅和非晶硅交替连接的一种材料。多晶硅由于晶粒间界的存在会影响掺杂效率，在晶粒间界处存在势垒，势垒的高低会影响载流子输运。由于存在非晶硅晶化成多晶硅这个工艺步骤，所以多晶硅薄膜晶体管一般采用顶栅器件结构。在器件特性上，本章重点介绍了多晶硅薄膜晶体管的泄漏电流特性、迟滞效应和噪声特性。在器件稳定性上，重点介绍了自加热效应和热载流子效应。

4.1 多晶硅材料

多晶硅是一种重要的电子材料，广泛应用在光伏电池、集成电路、平板显示中。在显示领域，一般是通过晶化技术把预先沉积的非晶硅转变为多晶硅，其中准分子激光退火是产业界最常用的晶化技术。多晶硅材料的掺杂一般采用离子注入技术。多晶硅材料的结构特点是存在大量的晶粒和晶粒间界，晶粒内部可以简单理解成就是单晶硅材料，因而其载流子输运已经比较接近传统的单晶硅了。需要注意的是，多晶硅中的载流子会被晶粒间界的缺陷捕获从而在晶粒间界处形成势垒，势垒会影响载流子输运。晶粒间界处的势垒高度受掺杂浓度调控。本节主要介绍多晶硅材料结构、晶化技术、掺杂和输运机理。

4.1.1 材料结构

多晶硅是一种由硅原子以固态形式组织的材料，它在光伏发电和半导体产业中占据了核心地位。与其同类的单晶硅相比，多晶硅由数量众多、方向各异的微小硅晶体聚合而成，这种结构的差异性不仅赋予了多晶硅独特的物理和化学性质，而且在电子器件的功能表现上也展示了显著差异。特别是在集成电路（IC）、太阳能电池等关键技术领域，多晶硅的应用是不可或缺的。在材料科学的分类中，多晶硅被归类为多晶体的一个分支，继承了多晶体材料的通用结构特性和物理属性。这些属性包括晶格的有序性和无序性的共存，以及晶界对电子传导特性的重要影响。然而，多晶硅也表现出其独有的特性，这些特性对其在特定应用中的性能起着决定性作用。为了深入理解多晶硅材料的结构及其物理特性，将首先对多晶体的基本概念及其结构特征进行简要介绍，随后详细探讨多晶硅的结构特性

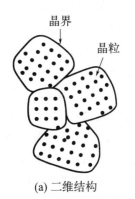 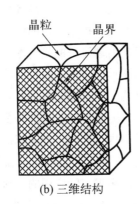

图 4-1 多晶体的结构

和其他性质。

多晶体与单晶体均归属于晶体的广泛类别之下,尽管如此,多晶体在自然界的广泛分布与存在显著地超越了单晶体。多晶体由众多晶粒及其相互交界的晶界共同构成,具体结构如图 4-1 所示。在这种结构中,晶粒内部的原子排列呈现出与单晶体相同的长程有序性。相对而言,晶界内部的原子排列则显现出高度的无序性。晶界的形成是结晶过程中自然发生的现象,其根源在于结晶过程不是由单一结晶中心引发,而是多个结晶中心同时作用,当这些结晶中心随着生长最终相互接触时,在它们的汇合点便形成了晶界。由此观之,多晶体中晶粒的尺寸(或者说晶界所占的体积比例)与结晶过程中结晶中心的数目存在密切的相关性。若结晶过程中产生了大量的结晶中心,则可能导致形成较小的晶粒(或相对较大的晶界体积比例);相反,若结晶中心较少,则倾向于形成较大的晶粒(或较小的晶界体积比例)。这种结晶动力学过程的微观机制,对于理解和控制材料的宏观性质,尤其是在多晶材料的电子和光学性质方面,具有根本的意义。

从结构角度深究,多晶体的一个显著特征便是存在大量的晶界。因而,深入了解晶界的结构是精确把握多晶体结构特性的关键。实质上,鉴于晶界两侧晶粒中原子的排列取向存在明显差异,这导致各自尝试调整晶界上原子的排列,以使之与各自的取向相协调。当这一动态过程达到平衡态时,便形成了一种特定的过渡排列模式。在多晶体结构研究的初期阶段,科学家们提出了多种理论模型以描述晶界的复杂结构,这些模型试图解释晶界内部原子排列的非均质性及其对多晶体物理性质的影响。这些理论模型具体包括:

① 倾斜晶界模型(tilt boundary model):该模型基于晶粒间的微小旋转差异构建,解释了晶粒之间通过倾斜来接合形成晶界的过程。

② 扭转晶界模型(twist boundary model):此模型考虑晶粒间的扭转错位,通过晶粒之间的相对旋转来描述晶界的结构。

③ 混合晶界模型(mixed boundary model):结合倾斜和扭转两种错位方式,提供了一种更复杂的晶界结构描述,适用于分析晶粒间复杂的相互作用。

④ 位错模型(dislocation model):侧重于晶界中位错的分布和排列,以此解释晶粒间排列差异导致的结构不连续性。

这些模型为理解晶界对多晶体材料性质的影响提供了理论基础,促进了材料科学领域对多晶体材料性能优化的研究。通过对晶界结构的深入研究,科研人员能够更好地控制多晶体的微观结构,从而影响其在电子、光伏以及其他高科技应用领域的宏观性能。

多晶硅作为一种特别重要的多晶体材料,同样也在太阳能电池、微电子器件等多个高科技领域发挥着重要作用,其独特的材料结构,尤其是其晶界的特性,对其电学和光学性质有着决定性的影响,如图 4-1 (b) 的三维结构可以清晰见到多晶硅的晶界以及晶粒大小。

晶界在多晶硅材料中起到了"双刃剑"的作用：一方面，晶界可以捕获杂质和缺陷，减少它们在晶粒内部的分布，这在一定程度上有助于提高材料的纯度和性能；另一方面，晶界作为电子和空穴的散射中心，显著增加了电荷载流子的复合率，降低了材料的电导率和光电转换效率。简而言之，多晶硅是由数以千计的微小硅晶粒组成，这些晶粒在空间取向上呈现随机分布。每个硅晶粒本身是单晶结构，内部原子排列具有长程有序性。然而，晶粒之间的界面，即晶界，原子排列则显得相对无序。TFT器件需要尽可能减少有源层内的缺陷态，因为多晶硅的缺陷态主要分布在晶界内。因此，为了降低多晶硅的缺陷态密度，需要尽量减少晶界的体积占比，而大尺寸的晶粒有利于实现这一目标。另外，不同TFT器件之间的特性差异应该控制在合理范围内，以满足实际应用的需求。如果多晶硅的晶粒尺寸过大，可能会导致在TFT的沟道范围内（通常约为4μm）只覆盖一两个晶粒，这将影响多晶硅TFT的特性均一性。因此，综合考虑以上因素，一般倾向于将多晶硅薄膜的晶粒尺寸控制在数百纳米的范围内。

对比非晶硅材料，多晶硅薄膜的缺陷态特性同样展现出带尾态和深能级态。然而，多晶硅与非晶硅之间在缺陷态的分布特性上存在着明确的差异性。首要的区别在于，非晶硅中的缺陷态呈现出在整个薄膜结构中的均匀分布，而多晶硅的缺陷态主要集中于晶界区域，晶粒内部几乎观察不到缺陷态的存在。此外，考虑到晶界所占多晶硅总体积的比例仅为一小部分，从而导致多晶硅的总缺陷态密度显著低于非晶硅。为了深入并直观地理解多晶硅中缺陷态的分布特征，引入了本征多晶硅能带结构的示意图（图4-2）。为了便于分析和讲解，示意图中的多晶硅晶粒被统一表示为尺寸一致的六面体结构，虽然这种简化在实际情形中并不完全准确，但这不影响从原理上进行分析和理解。值得注意的是，多晶硅的禁带宽度（1.20~1.60eV）位于单晶硅（约1.10eV）和非晶硅（1.75~1.85eV）之间。在本征多晶硅中，费米能级大致位于禁带宽度的中央，实际上本征多晶硅同样呈现出弱n型特性，这表明禁带中的类受主缺陷态与类施主缺陷态并非完全对称。在这一特性上，多晶硅显示出与非晶硅的相似性，而非与单晶硅的一致性。更为关键的是，正如前文所强调，多晶硅的缺陷态几乎完全集中于晶界内，晶粒内部几乎观察不到缺陷态的分布。如图4-2所示，在热平衡状态下，本征多晶硅中各处的费米能级保持一致。位于费米能级以下的类施主缺陷态（包括带尾态和深能级态）基本上处于充满状态；而位于费米能级以上的类受主缺陷态（同样包括带尾态和深能级态）则基本上处于空置状态。与此同时，晶粒内部在禁带中几乎不存在自由载流子，这一现象与单晶硅完全一致。总的来说，多晶硅晶界内缺陷态的存在导致本征多晶硅的自由载流子浓度低于本征单晶硅。然而，由于多晶硅内的缺陷态密度低于非晶硅，本征多晶硅的自由载流子浓度预期高于非晶硅。据此推断，本征多晶硅的电阻率也应介于本征单晶硅和本征非晶硅之间。

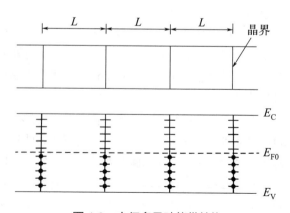

图4-2 本征多晶硅能带结构

4.1.2 晶化技术

多晶硅的结晶度与晶粒尺寸是多晶硅薄膜取得良好性能的关键因素，直接制备的多晶硅薄膜一般晶粒尺寸较小、晶界较多，所以常采用非晶硅晶化法制备出晶粒尺寸较大的多晶硅薄膜。多晶硅的晶化技术是指将非晶硅转变为多晶硅的过程，这一转变通常通过诸多物理和化学方法实现，以提高硅材料的晶体质量和电学性能。多晶硅成膜方法一般包括直接制备法、热退火法、金属诱导晶化和准分子激光退火，其中准分子激光退火是 TFT 面板技术里面最成熟和常用的技术方法。

（1）直接制备法

直接制备法是指通过改变反应条件，控制初始晶粒的形成和长大，在基片上直接得到多晶硅，这种方法一般指的就是化学气相沉积法，包括等离子体增强化学气相沉积法、热丝化学气相沉积法和低压化学气相沉积法。相对来说工艺较为简单，但其制备的多晶硅薄膜晶粒尺寸较小（≤50nm），且晶粒之间的间隙较大，导致薄膜存在较多缺陷。如图 4-3 展示的是不同温度下沉积的多晶硅薄膜 X 射线衍射（XRD）谱图，可以看出不同温度下沉积的薄膜结晶率均不相同，其受温度的影响区别较大。

（2）热退火法

热退火法是指通过热激发使固态下的非晶硅薄膜在低于其熔融后结晶的温度下转化为多晶硅薄膜的晶化技术。采用热退火法制备的多晶硅薄膜表面扫描电子显微镜（SEM）图如图 4-4 所示。目前常用的方法有常规高温热退火以及快速热退火。

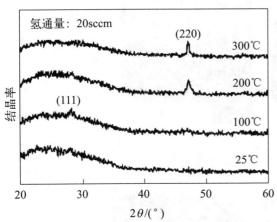
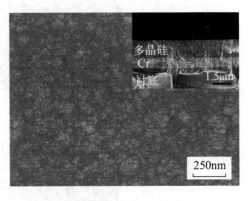

图 4-3　在不同温度下沉积的多晶硅薄膜 XRD 谱图　　图 4-4　采用热退火法制备的多晶硅薄膜表面 SEM 图

（sccm 为标准立方厘米每分钟，为体积流量单位）

常规高温热退火是人们最早采用的一种最直接的退火方法。其以硅烷作为气源，550℃时在衬底上沉积 a-Si 层，然后在 600℃以上的高温条件下将 a-Si 薄膜熔化，随后缓慢降温。常规高温热退火法存在升降温速率低、处理时间过长的缺点。快速热退火采用光加热方式进行退火。相较于常规退火，快速热退火除了具备热效应外，还包含量子效应，使得材料能够在数十秒内升温到 1000℃ 以上的高温，并迅速降温，极大地缩短了处理周期。

(3) 金属诱导晶化

金属诱导晶化（MIC）是一种通过金属与非晶硅（a-Si）之间的相互扩散来促进晶化的方法。在 MIC 过程中，通过在 a-Si 薄膜上镀一层金属薄膜或在金属衬底上沉积 a-Si 薄膜，然后经过热处理，金属原子和非晶硅原子会相互扩散，从而导致非晶硅向多晶硅（p-Si）的转变。这一方法以其低温制备、高效晶化和对衬底材料要求低等优点，在大面积薄膜制备中备受关注。铝诱导晶化法（AIC）是其中一种常用的方法，其特点在于使用铝作为诱导金属。AIC 的退火温度通常低于 a-Si 与铝的共晶温度（577℃），从而在较低温度下实现晶化，同时降低了铝与硅之间的扩散速率，有利于形成较大晶粒。如图 4-5 所示，经过一定的退火时间，可以观察到 p-Si 层的逐渐形成。在过去的研究中，AIC 法已被证明是制备大晶粒 p-Si 薄膜的有效方法。研究者们深入探讨了影响 AIC 法制备 p-Si 薄膜结构和性能的各种因素，如退火温度和时间、衬底特性以及金属与 a-Si 层的厚度比等。光学显微镜下 p-Si 层的照片如图 4-6 所示。除了铝外，还有其他金属（如镍、锗、铜、钯、铂等）也被尝试用于金属诱导晶化，不同金属的选择会对晶化效果产生影响。然而，使用 MIC 法可能会引入金属污染，降低 p-Si 薄膜的电学性能，因此研究者们正在致力于深入探究晶化机理，并探索去除表面金属-Si 层的方法，以及对金属含量和去除金属后迁移率的测量等。这些工作将为金属诱导晶化技术的进一步发展提供重要的理论和实践指导。

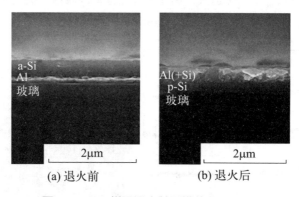

图 4-5　a-Si 样品退火前后横截面 SEM 图

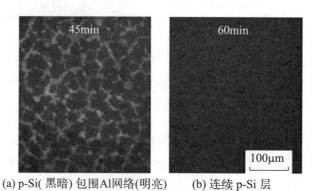

图 4-6　光学显微镜下 p-Si 层的照片

(4) 准分子激光退火

准分子激光退火（ELA）是一种利用激光加热的技术，通过将非晶硅薄膜局部迅速加热至熔点以上，从而实现其晶化的方法。激光的短波长和高能量使得非晶硅能够在极短的时间内（数十到数百纳秒）达到晶化温度，快速晶化成晶硅。当前认为，随着激光能量密度的增加，晶化过程主要经历以下几个步骤，如图4-7所示。

① 激光辐射使薄膜温度升高。
② 薄膜部分熔化，导致晶粒尺寸和熔化深度增大。
③ 温度接近完全熔化，形成大晶粒多晶硅。
④ 完全熔化，非晶硅完全熔化并形成核，逐渐生长为晶粒细化的多晶硅。
⑤ 激光烧蚀，随着能量继续增加，会出现表面烧蚀现象。过高的能量会导致材料表面形态和结构的破坏。

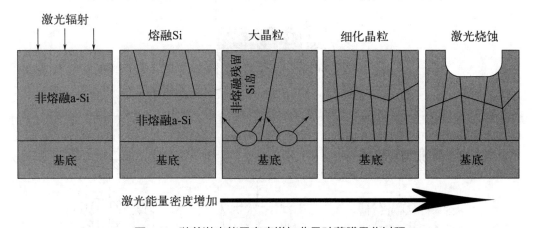

图4-7 随着激光能量密度增加非晶硅薄膜晶化过程

在准分子激光退火中，激光束的能量密度将显著影响多晶硅的结晶情况。实验发现，只有采用适中的激光束能量密度才能获得最大的多晶硅晶粒。如图4-8所示，对于多晶硅薄膜的晶粒大小而言，只有采用最佳的ELA能量密度（100%）才能获得最理想的大晶粒；降低ELA能量密度（90%）或提高ELA能量密度（105%）都将显著减小多晶硅的晶粒尺寸。与之相对应，p-Si TFT的特性也与ELA的能量密度密切相关。当采用最佳ELA能量密度（100%）时，p-Si TFT将表现出最大场效应迁移率[$204cm^2/(V·s)$]和亚阈摆幅SS（0.20V/dec）。降低ELA能量密度（90%）或提高ELA能量密度（105%）都将显著恶化p-Si TFT的操作特性。

如图4-9所示，当ELA能量密度较低时，形核发生在a-Si和液体硅（l-Si）的界面处，形核率较高。随着温度进一步降低，晶核长大的过程中在横向相遇后将主要沿纵向生长，最终形成晶粒较小的状晶。在中等的ELA能量密度的情况下，非晶硅基本熔化完毕，只残留非常少的残余恰好作为晶核，所以成核率极低。当温度进一步下降时，这些晶核将开始生长；在迅速到达薄膜顶端后，晶粒将主要沿横向生长并最终获得非常大的多晶硅晶粒。当ELA能量密度很高时非晶硅将完全熔化，因此在这种情况下会随机产生大量的晶核。当温度进一步降低时，这些晶核都开始随机生长，最后获得晶粒很小的多晶硅薄膜。

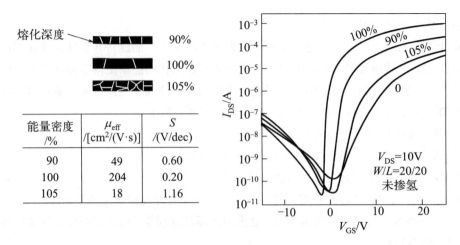

图 4-8　多晶硅薄膜晶粒大小及 TFT 器件特性受 ELA 能量密度的影响

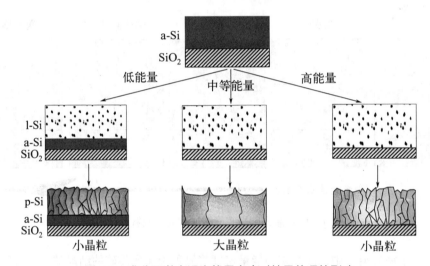

图 4-9　准分子激光退火能量密度对结晶状况的影响

要想获得较好的多晶硅薄膜，在激光退火前还需要特别注意获得最理想的非晶硅薄膜，一方面需要改善 a-Si 成膜设备和工艺能力，另一方面在 ELA 工艺实施前必须对非晶硅薄膜进行预处理。这主要涉及两种处理方法。

① ELA 前清洗。主要为了去除非晶硅薄膜表面的有机污染物和无机灰尘，同时在薄膜表面形成氧化物薄层，以利于 ELA 工艺中薄膜对激光能量的吸收。

② 去氢处理。为了防止在 ELA 中发生氢爆现象，必须在 ELA 前采用高温加热的方法减少非晶硅薄膜中的氢含量。

在 ELA 完成后也需要进行一些处理，p-Si 晶界是晶粒相碰获得的，因为液态硅与固态硅密度不同，导致 p-Si 晶界会有凸起发生。在实际生产中，通常采用 $K_2Cr_2O_2$ 和 HF 的混合溶液对多晶硅表面进行处理，从而获得平整的多晶硅薄膜表面。

另外，也需要对 ELA 的工艺规格以及工艺参数有一些必要的了解。ELA 工艺规格包括晶粒大小和均一性、膜透过率和反射率、膜应力、膜电阻率及 TFT 器件特性等。其中晶粒大小主要采用扫描电子显微镜进行观察和表征。ELA工艺形成的多晶硅薄膜作为TFT的有源层将显著影响器件的操作特性和稳定特性。因此，ELA工艺是否合乎规格最终还需通过TFT器件的特性测量予以确定。工艺参数主要包括激光波长、激光束能量密度、激光束发射频率、基板温度和基板扫描速度等，其中激光束能量密度最为关键。不同机台、不同膜厚和不同设备状态都会导致最佳的能量密度发生变化。因此，在实际生产中必须对最佳能量密度进行动态监控和管理，才能获得理想的ELA工艺结果。

4.1.3 掺杂

在讨论多晶硅的掺杂之前需先了解硅晶体的掺杂，硅掺杂是半导体技术中非常关键的一个步骤，主要用于调整半导体材料的电子特性，以便制造电子设备如晶体管、二极管和集成电路。硅是最常用的半导体材料之一，纯硅是一种内禀半导体，这意味着它在热力学零度时几乎不导电，但在室温下可以适量导电。通过掺杂过程，硅的电导率可以得到显著提升。

(1) 硅掺杂的基本原理

在纯净的单晶硅中引入少量的杂质，可以得到一种极性的载流子在数量上超过另一种的半导体。这种半导体相对于纯净、完整的单晶的本征情况，称为非本征半导体。这些掺杂元素的原子与硅原子的价电子数不同，这一点是掺杂改变硅电性能的关键。硅晶体的掺杂主要分为两种形式：一种是n型掺杂，另一种是p型掺杂。n型掺杂是通过添加五价元素（比硅多一个价电子）到硅中，从而改变其电子性质。这些五价元素通常包括磷（P）、砷（As）或锑（Sb）。p型掺杂是通过添加三价元素（比硅少一个价电子）到硅中，从而改变其电子性质。这些三价元素通常包括B族元素，最常用的是三价硼，通过掺入三价硼能够在晶格中形成一个空穴。

(2) 多晶硅掺杂的基本原理

多晶硅掺杂的基本原理与单晶硅相似，但由于多晶硅存在晶粒边界和晶界，故其掺杂过程稍有不同。首先是晶粒内掺杂：是指在多晶硅晶粒的内部进行掺杂，这个过程与单晶硅的掺杂原理相似，但由于晶粒之间存在晶界，因此在掺杂过程中需要考虑这些因素对掺杂效果的影响。掺杂过程通常是通过在多晶硅中引入外部掺杂源，例如磷、硼等元素来实现的。这些掺杂源会取代多晶硅晶格中的一部分硅原子，从而改变晶体的电子结构和导电性能。在晶粒内部进行掺杂时，掺杂元素的扩散是一个关键过程。掺杂源通常通过扩散过程在晶粒内部移动，并替代部分硅原子，形成掺杂材料。在这个过程中，掺杂元素的浓度分布会受到温度、时间和掺杂源浓度等因素的影响。另一个需要考虑的因素是晶粒内部的晶体结构。多晶硅由许多小的晶粒组成，每个晶粒内部的晶体结构比较规整，类似于单晶硅。因此，在掺杂过程中需要考虑晶粒内部晶体结构的影响，以确保掺杂效果的一致性。

另外需要解释晶界和晶粒边界对电荷分布和传导的影响。首先会导致局部缺陷增多，晶界和晶粒边界是由不同晶粒之间的原子排列不完全匹配形成的，因此这些区域往往存在局部缺陷，如位错、空位等。这些缺陷会影响电子和空穴的运动，导致局部电阻增加。另外也会影响电子和空穴的复合，晶界和晶粒边界的局部缺陷会促进电子和空穴的复合过程，降低光伏器件的效率，尤其是在光生载流子通过晶界或晶粒边界时，易受到局部缺陷的影响而发生复合；其次还会导致电荷分布不均匀，由于晶界和晶粒边界的存在，多晶硅中的电荷分布会不均匀，在掺杂过程中，掺杂原子可能在晶界和晶粒边界处发生偏向性吸附或扩散，导致在这些区域的掺杂浓度有所不同，从而影响了电荷的分布和传导。

（3）TFT 面板制备工艺的离子注入

在多晶硅 TFT 的制备过程中，沟道和源/漏区域需要进行掺杂处理。常见的掺杂方法包括热扩散和离子注入两种。如图 4-10（a）所示，热扩散技术通过高温（超过 900℃）加热使掺杂原子扩散进入待掺杂材料中，因此只能使用如 SiO_2 等耐高温材料作为掩模。这种方法属于各向同性掺杂。基于这些特点，热扩散不适合用于 p-Si TFT 的制备。相反，离子注入是一种低温掺杂技术。如图 4-10（b）所示，离子注入可以使用光刻胶作为掩模进行掺杂，是各向异性掺杂的典型例子。与热扩散相比，离子注入更为精确可控。在此过程中，离子束被加速并注入多晶硅晶体中，从而引入所需的掺杂物质。常用的掺杂元素包括磷（P）、砷（As）和硼（B），以实现 n 型或 p 型掺杂。离子注入过程包括准备离子源、加速和定向离子束、注入多晶硅样品以及后续的热处理。首先，离子源产生所需类型和能量的离子束。然后，通过加速器加速离子束，并使用定向装置控制其注入位置和深度。一旦离子束进入多晶硅样品，离子与晶格原子相互作用，形成掺杂区域。最后，通过热处理激活掺杂剂并修复晶格结构，使掺杂区域具备所需的电学特性。多晶硅离子注入掺杂具有许多优点，包括精确控制掺杂剂浓度和深度、高度可控的掺杂过程以及适用于多种掺杂元素。离子注入技术还能够单独控制杂质浓度和结深度，这是热扩散无法实现的。事实上，离子注入技术在 p-Si TFT 的制备中广泛应用。下面将介绍离子注入的基本原理。

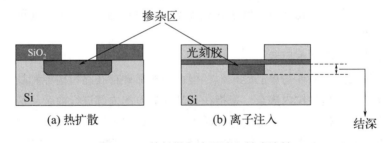

图 4-10　热扩散和离子注入技术比较

离子注入的基本原理并不复杂。如图 4-11 所示，离子注入是通过强电场加速待掺杂的离子，使其射入没有掩模保护的薄膜表面，从而在薄膜内形成特定的离子浓度分布。实验表明，离子注入后的杂质浓度峰值通常位于薄膜表面下一定距离处，这段距离称为离子注入的射程（R_p）。以射程为中心，杂质浓度主要分布在一定范围内，通常用射程分布（ΔR_p，即杂质浓度达到峰值 67% 的两点之间的距离）来描述这种分布。R_p 和 ΔR_p 这两个技术参数取决于杂质的种类和入射离子的能量。如图 4-12 所示，不同杂质原子的射程和射程分布不同。通常，离子注入的 R_p 和 ΔR_p 随着原子序数的增加而减小。换句话说，较轻的离子注入更深，分布更广。如果杂质种类已确定，离子注入的射程和射程分布主要取决于注入离子的能量。通常，随着注入离子能量的增加，离子注入的 R_p 和 ΔR_p 也会增加，但具体对应关系需通过实验确定。在实际生产中，通常会测量常见杂质离子在不同注入能量下的射程和射程分布，并制作相应的工作表格以备查阅。虽然离子注入的 R_p 和 ΔR_p 随着注入离子能量的增加而增加，但这种关系并不线性。多晶硅薄膜的基本规律与单晶硅材料类似，但具体数值会有所不同。此外，不同的离子注入设备，甚至同一设备在不同阶段，也可能对具体数值产生影响。因此，工艺工程师必须随时监控设备状态，并及时更新工作表格，以确保多晶硅薄膜的精确离子注入。此外，离子注入剂量的计算也依赖于准确的 R_p 和 ΔR_p 数据，因此建立并及时完善多晶硅离子注入能量和工艺规格对照表具有重要意义。

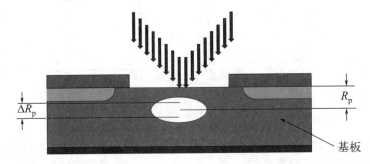

图 4-11　离子注入基本原理

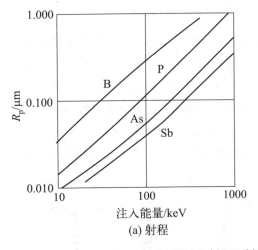
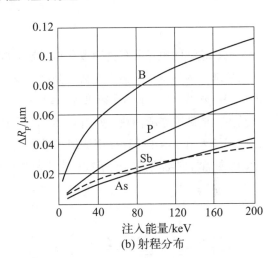

图 4-12　离子注入射程和射程分布与离子注入能量之间的关系

4.1.4　输运机理

单晶硅的载流子迁移率随着载流子浓度的增加而降低，因为较高的载流子浓度可以增强对载流子的散射作用。多晶硅的载流子迁移率与其掺杂浓度之间则呈现比较复杂的关系。如图 4-13 所示，随着掺杂浓度的增加，多晶硅的空穴迁移率开始降低，在掺杂浓度为 10^{18}cm^{-3} 左右时达到最低值，之后随着掺杂浓度的增加，多晶硅的载流子迁移率将迅速增加并逐渐接近于单晶硅的迁移率数值。

为了理解多晶硅材料的迁移率与载流子浓度之间呈现这种复杂关系的原因，下面先以 n 型多晶硅材料为例，对这一规律作出定性的解释。如图 4-14 所示，当施主掺杂浓度较低时，晶粒内电离出的电子都被晶界内的缺陷态所捕获，因此晶粒内留下正离子，而晶界处

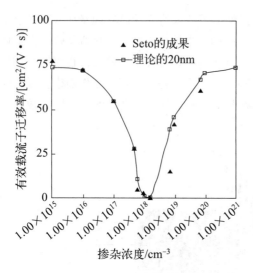

图 4-13 多晶硅载流子迁移率与
掺杂浓度之间的关系

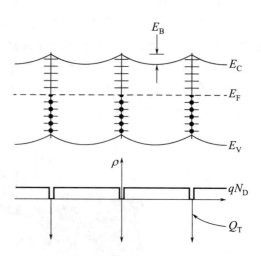

图 4-14 轻微掺杂时多晶硅的
能带图和电荷分布

(ρ 为电荷密度；q 为基本电荷；Q_T 为被
陷阱捕获的电子电量)

带负电。这样的电场分布会导致在晶界处形成势垒 E_B，而且 E_B 的高度随着掺杂浓度的增加而增加。因为电子迁移率与势垒高度成反比，所以在此情况下电子迁移率随着掺杂浓度的增加而降低。当施主掺杂浓度增加到某一临界值 N_D^* 时，晶粒电离出的电子数量恰好完全被晶界内的缺陷态所捕获，如图 4-15 所示，此时晶粒内的施主恰好全部电离而势垒的高度达到了最大值，即电子迁移率达到了最小值。如果继续增加施主的掺杂浓度，如图 4-16 所示，因为晶粒内电离出的电子数目大于晶界内的缺陷态数目，所以只要在晶界附近区域 (耗

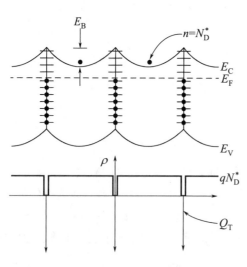

图 4-15 中等掺杂时多晶硅的
能带图和电荷分布

(n 为电子浓度)

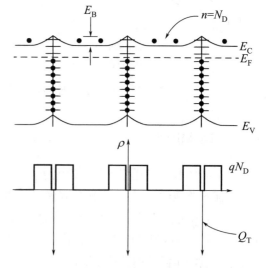

图 4-16 重度掺杂时多晶硅的
能带图和电荷分布

尽区）的施主电离出的电子便可满足完全填满晶界内缺陷态的要求，而晶粒中间位置仍然呈电中性。随着施主掺杂浓度的增加，电中性区域的体积越来越大，从而导致势垒 E_B 的高度变小，即电子迁移率也随之增大。另外，如图 4-14 至图 4-16 所示，随着施主掺杂浓度的增加，费米能级 E_F 逐渐接近 E_C，即表示自由电子的数目也逐渐增加。因为电阻率同时取决于载流子浓度和迁移率，所以可以推测多晶硅的电阻率与掺杂浓度之间也将呈现比较复杂的关系。

Seto 等在 1975 年首先建立了理论模型（简称 Seto 模型）用于定量解释多晶硅的迁移率与掺杂浓度之间的关系。该理论模型的基本假设如下：

① 多晶硅晶粒较小，且都呈完全一致的立方体形状。
② 多晶硅中的掺杂是均匀的且所有掺杂原子全部电离。
③ 晶粒内的能带结构与单晶硅一致。
④ 晶界内存在缺陷态，n 型薄膜的缺陷态是类受主型，p 型薄膜的缺陷态是类施主型。
⑤ 缺陷态为大致位于禁带中央的单能级，起始为电中性，捕获载流子后带电。

图 4-17 为该模型提出的多晶硅电荷分布示意图。其中，N_D 为掺杂的施主浓度，cm^{-3}；N_T 为晶界的缺陷态密度，cm^{-2}；L_G 为晶粒尺寸，cm；X 为电荷耗尽区宽度，cm。

在空间电荷耗尽区（$0 \leq x \leq X/2$），Poisson 方程的表达式为：

$$\frac{d^2\phi}{dx^2} = -\frac{qN_D}{\varepsilon_s\varepsilon_0} \qquad (4-1)$$

式中，ϕ 为静电势；ε_0 为真空介电常数；ε_s 为多晶硅的相对介电常数。

在空间电荷区之外（$X/2 < x < L_G/2$），Poisson 方程的表达式为：

$$\frac{d^2\phi}{dx^2} = 0 \qquad (4-2)$$

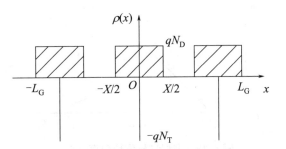

图 4-17　Seto 模型中的多晶硅电荷分布

如果对式（4-1）进行积分求解，很容易获得在空间电荷区的电势表达式，即当 $0 \leq x \leq X/2$ 时：

$$\phi(x) = -\frac{qN_D}{2\varepsilon_s\varepsilon_0}\left(\frac{X}{2} - x\right)^2 + \phi\left(\frac{X}{2}\right) \qquad (4-3)$$

其中，$\phi(X/2)$ 为空间电荷区边界的电势值。事实上，空间电荷区之外的区域的电势均为此值，即当 $X/2 < x < L_G/2$ 时，求解式（4-2）可得：

$$\phi(x) = \phi\left(\frac{X}{2}\right) \qquad (4-4)$$

联立式（4-3）和式（4-4），可以得到多晶硅晶界处的势垒高度：

$$E_B = -q\left[\phi(0) - \phi\left(\frac{X}{2}\right)\right] = \frac{q^2 N_D X^2}{8\varepsilon_s\varepsilon_0} \qquad (4-5)$$

根据前面定性分析的结果，存在一个临界的掺杂浓度 N_D^*，当 $N_D = N_D^*$ 时，晶粒内电离出的电子恰好完全填满晶界内的类受主缺陷态，即：

$$N_D^* = \frac{N_T}{L_G} \tag{4-6}$$

当 $N_D < N_D^*$ 时，$X = L_G$，代入式（4-5）中可得：

$$E_B = \frac{q^2 N_D L_G^2}{8\varepsilon_s \varepsilon_0} \tag{4-7}$$

当 $N_D > N_D^*$ 时，$X = N_T/N_D$，代入式（4-5）中可得：

$$E_B = \frac{q^2 N_T^2}{8\varepsilon_s \varepsilon_0 N_D} \tag{4-8}$$

根据式（4-7），当掺杂浓度低于 N_D^* 时，势垒高度随着掺杂浓度的增加而增加；根据式（4-8），当掺杂浓度高于 N_D^* 时，势垒高度随着掺杂浓度的增加而降低。将式（4-7）和式（4-8）相结合，可得出势垒高度与掺杂浓度的完整关系曲线，如图 4-18 所示。可以发现随着掺杂浓度的增加，晶界处势垒高度呈现先增加后降低的变化规律。

显然，图 4-18 给出的多晶硅晶界势垒高度与掺杂浓度的关系与图 4-13 所示的多晶硅载流子迁移率与掺杂浓度的关系完全相符，因为晶界处势垒高度与载流子迁移率之间呈现反比的关系，即势垒越高载流子迁移率越低。如图 4-18 所示，最高的势垒出现在掺杂浓度为临界掺杂浓度时。将式（4-6）代入式（4-7）或式（4-8）中均可得到最大的势垒高度值为：

$$E_B^* = \frac{q^2 N_T L_G}{8\varepsilon_s \varepsilon_0} \tag{4-9}$$

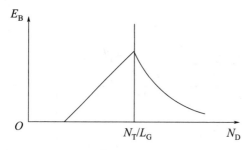

图 4-18　多晶硅晶界势垒高度与掺杂浓度的关系曲线

此外，采用 Seto 的模型还可以计算多晶硅中载流子浓度的空间分布。

一般而言，可以用热发射理论描述多晶硅的导电现象，其基本方程为：

$$j = qnv_c \exp\left[-\frac{q}{k_B T}(V_B - V)\right] \tag{4-10}$$

式中，q 为基本电荷电量；n 为载流子浓度；$v_c = \left(\frac{k_B T}{2\pi m}\right)^{1/2}$；$V_B$ 为势垒高度；V 为施加的电压。根据式（4-10）可以推导出正向电流密度为：

$$j_F = qnv_c \exp\left[-\frac{q}{k_B T}\left(V_B - \frac{1}{2}V\right)\right] \tag{4-11}$$

负向电流密度为：

$$j_R = qnv_c \exp\left[-\frac{q}{k_B T}\left(V_B + \frac{1}{2}V\right)\right] \tag{4-12}$$

根据式（4-11）、式（4-12），可以得到多晶硅中的电流密度为：

$$j = j_F - j_R = 2qnv_c \exp\left(-\frac{qV_B}{k_B T}\right)\sinh\left(\frac{qV}{2k_B T}\right) \tag{4-13}$$

上式简化后可以得到多晶硅电导率的表达式为：

$$\sigma = \frac{j}{E} = \frac{Lj}{V} = \frac{q^2 n v_c L}{k_B T} \exp\left(-\frac{qV_B}{k_B T}\right) \quad (4\text{-}14)$$

由式（4-14）可知，多晶硅的电导率随着晶界势垒高度的增加而降低。此外，电导率与温度之间呈现比较复杂的关系。根据式（4-14）可以得到多晶硅晶界载流子迁移率为：

$$\mu_{\text{eff}} = \frac{qv_c L}{k_B T} \exp\left(-\frac{qV_B}{k_B T}\right) = \mu_0 \exp\left(-\frac{qV_B}{k_B T}\right) \quad (4\text{-}15)$$

从式（4-15）可以知道多晶硅晶界载流子迁移率与晶界势垒高度成反比关系。晶粒内的载流子迁移率 μ_G 则与单晶硅类似，因此多晶硅材料总的载流子迁移率可表示为：

$$\frac{1}{\mu} = \frac{1}{\mu_G} + \frac{1}{\mu_0 \exp\left(-\frac{qV_B}{k_B T}\right)} \quad (4\text{-}16)$$

此外，多晶硅晶界在强电场的作用下会因 Fowler-Nordheim 效应而产生大量的电子空穴对，从而形成较大的泄漏电流，这正是 p-Si TFT 泄漏电流明显高于 a-Si TFT 的原因之一。

另一方面，多晶硅的电学稳定性要优于非晶硅，但在外界偏置电压或光照下，多晶硅的电学特性仍然会发生较大的变化。以光照为例，当多晶硅薄膜在光照的条件下，光生载流子通过晶粒间界陷阱，经历 Shockley-Read-Hall（SRH）捕获和发射过程，从而调变晶粒间界的电荷，使晶界势垒 V_B 降低，因此晶界势垒控制的多子电流得到增强。这是多晶硅光电导现象的物理本质。需要强调的是，V_B 的降低与光生载流子的产生率有关，因而与位置有关。

4.2 多晶硅薄膜晶体管器件

多晶硅薄膜晶体管具有迁移率高、缺陷态少、稳定性好等优点，广泛应用于 TFT LCD 显示和 AMOLED 显示中。由于多晶硅薄膜晶体管存在晶化这一工艺步骤，所以其器件结构一般采用顶栅结构。在器件特性方面，本节重点介绍了泄漏电流、迟滞效应和噪声特性等。尤其需要指出的是，多晶硅薄膜晶体管的泄漏电流特性和迟滞效应对显示屏显示质量有重要影响，要在像素电路等面板设计环节加以分析考虑。

4.2.1 器件结构

由于 LTPS 在制备过程中需要使用准分子激光退火工艺（ELA）将沉积的非晶硅薄膜转化为多晶硅，为了避免 ELA 过程中高温（约 1000℃）对其他层薄膜造成的影响，LTPS 采用的器件结构与 a-Si TFT 的底栅结构不同，采用的是有源层位于器件底部的正常平面型结构。为了进一步规避 ELA 对玻璃基板的影响，甚至还会在玻璃基板与有源层之间沉积缓冲层（buffer layer），完整的 LTPS 器件结构如图 4-19 所示。值得一提的是，由于多晶硅中存在大量的晶粒间界和缺陷，在强电场作用下，被捕获的载流子会被释放出来，同时更容易产生缺陷辅助的隧穿和带间隧穿现象，使得泄漏电流增加。又因为电子迁移率大于空穴迁移率，n 沟道 LTPS 比 p 沟道 LTPS 的现象更明显。因此通过在 S/D 重掺杂区与本征多晶硅中引入轻掺杂的 n-区域能有效降低界面处的电场强度，从而降低 n 沟道 LTPS 的泄漏电流。

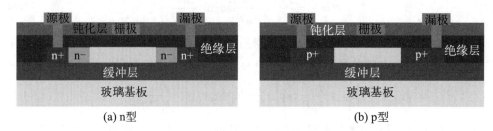

图 4-19 LTPS 器件结构

4.2.2 器件特性

多晶硅 TFT 普遍存在的一个问题是较大的泄漏电流，这也是制约其在更广泛的领域应用的关键因素。多晶硅 TFT 的泄漏电流受偏置电压和温度的显著影响。目前已经开发了几种能够抑制其泄漏电流的技术方法，但都无法完全消除泄漏电流对偏置电压和温度的强烈依赖。图 4-20 展示了多晶硅 TFT 漏极电流与偏置电压的关系。可以看到漏极电压偏置越负，泄漏电流越大。同时，栅极电压偏置越正，对应的漏极电流 I_{DS} 越大。

多晶硅 TFT 的泄漏电流可以用下式表示：

$$I_{off} = I_0 \exp\left(-\frac{E_a}{k_B T}\right) \quad (4\text{-}17)$$

式中，I_0 为常数，且不受温度影响；E_a 为泄漏电流活化能，E_a 的大小与漏极偏压的大小有关。当器件处于关态时，漏极偏压的大小决定了泄漏电流产生的主要机制。在低漏极偏压（−0.1V）下，缺陷态中的载流子如果要参与导电过程，需要较大的活化能，因此，低漏极偏压下，热电子发射是主要的泄漏机制，如图 4-21 中的路径①。在高漏极偏压下（>−5.0V），活化能 E_a 很低，对载流子的运动几乎没有任何阻挡作用，此时，隧穿是泄漏电流的主要产生机制。而在中等漏极偏压下，泄漏电流的主要产生机制可以视为热电子发射与隧穿的共同作用，称之为热电子场发射，如图 4-21 中的路径②。

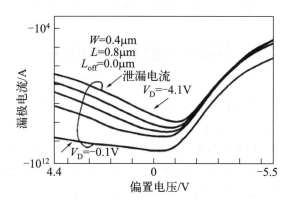

图 4-20 多晶硅 TFT 漏极电流与偏置电压的关系

迟滞效应是 TFT 的固有特性，以 p 型 TFT 为例，其迟滞效应如图 4-22（a）所示。当栅源电压 V_{GS} 沿不同方向变化时，相应的漏极电流 I_{DS} 的变化曲线并不重合。对多晶硅 TFT 而言，其迟滞特性是 AMOLED 显示过程中产生图像残像的主要原因。当 AMOLED 显示如图 4-22（b）所示黑白相间的图像时，如其中黑色方块 A 的亮度为 0nt❶，白色方块 B 的亮度为

---

❶ nt 是光亮度的单位，1nt=1cd/m²。

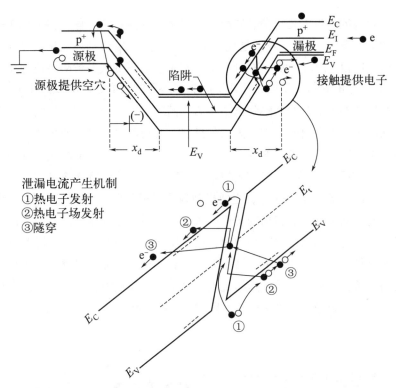

图 4-21　多晶硅 TFT 泄漏电流机理

(E_t 为陷阱能级)

200nt，经过较长时间以后再显示亮度为 100nt 的全屏图像。此时，虽然加到 TFT 栅源极的电压 V_{GS} 相同，但原来图像较亮的 B 区域，相应 TFT 的漏极电流 I_{DS} 沿 $C \to B' \to A$ 曲线段方向变化，电流值 I_{DS1} 较小，原来图像较暗的 A 区域，相应 TFT 的漏极电流 I_{DS} 沿 $A \to B \to C$ 曲线方向变化，电流值 I_{DS2} 较大，从而形成图 4-22（c）所示亮暗相间的图像。假设 A'区域的亮度为 100nt，而 B'区域的亮度只有 90nt，这就是前一幅图像的残像，这种残像是暂时的可恢复性的图像残像。

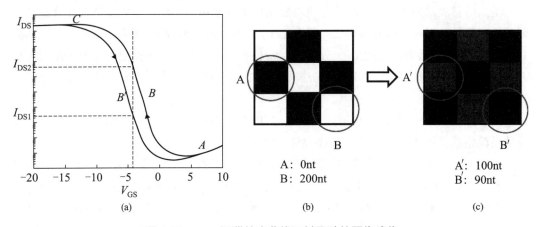

图 4-22　TFT 迟滞效应曲线及其导致的图像残像

TFT 迟滞效应的产生主要与多晶硅沟道中载流子的捕获发射有关。图 4-23 是迟滞效应发生过程的能带示意图，其中，W_{dep} 是耗尽层宽度；T_{OX}，T_{Si} 分别为氧化层厚度和有源层厚度。下面以栅压反扫（BS）为例，在耗尽区，费米能级下的大多数陷阱位都充满了感应电子。当栅源电压 V'_G 由低到高变化时，耗尽区能带的弯曲程度逐渐减缓，往平带状态变化。与此同时，被捕获的电子开始从陷阱态中脱离，而脱离过程一共有三种路径。第一种是热离子发射，从陷阱态中发射到导带。第二种是陷阱态与陷阱态之间的传递。电子从耗尽区移动到晶界的中性区，与中性区的空穴结合。第三种是电子在内部区域的脱陷。从各种路径所消耗的能量上看，第一种和第三种的能量大于第二种，第二种路径的概率更高。因此，在具有较厚有源层的多晶硅 TFT 中，主要机制为第二种路径，这种情况下由高往低扫描的转移曲线能及时跟随由低往高扫描的转移曲线，因而没有迟滞现象。然而，由于沟道厚度一般都小于耗尽层宽度，第二种路径被氧化层所阻挡，产生距离不足，因此只剩下第一种路径和第三种路径，这两种路径下，被深能级捕获的电子都需要足够的能量或者更长的时间来实现发射或转移，从而导致了迟滞现象的产生。换句话说，是短时间内仍有一定数量的电子被存储在深能级陷阱态中未被及时发射，导致了迟滞现象的产生，最终对应了 V_{th} 和 SS 的降低。

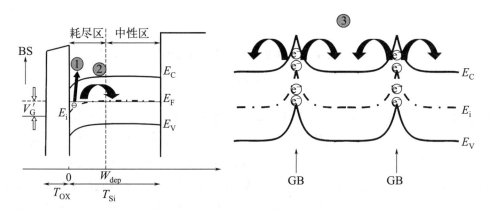

图 4-23　迟滞效应发生过程的能带图

多晶硅薄膜晶体管的低频噪声是电路应用中的一个重要指标，也可以作为评价器件质量的诊断工具。以往的研究表明它一般遵循 $1/f$ 行为。为了模拟 $1/f$ 噪声，很多人在研究其 $1/f$ 噪声时都是直接沿用上述 ΔN、$\Delta \mu$ 和 ΔN-$\Delta \mu$ 模型，而实际上这些模型对噪声的预测经常与实验数据出现明显偏差，因为 ΔN-$\Delta \mu$ 模型运用在多晶硅 TFT 上时没有考虑多晶硅晶粒间界（grain boundary，GB）的作用。

由多晶硅 TFT 器件的结构可知，多晶硅 TFT 的沟道是由一连串的由晶粒间界分隔开来的晶粒组成，图 4-24 是一个 n 型多晶硅 TFT 沟道能带图。

其中 GB 中存在大量的陷阱态，栅压在诱导沟道反型的过程中，反型载流子要先填充 GB 陷阱态，形成 GB 势垒和 GB 耗尽区。载流子通过热电子发射越过 GB 势垒，在源漏电势下漂移形成沟道电流。对于多晶硅 TFT 而言，几乎整个亚阈值区和开态区都是这种漂移电流机制，而传统的 MOSFET 亚阈值区是以扩散电流为主。根据以上多晶硅 TFT 载流子输运机制，

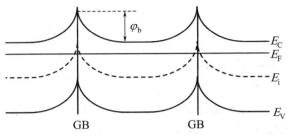

图 4-24　n 型多晶硅 TFT 沟道能带图

Dimitriadis 等人考虑到 GB 的作用，提出了基于 GB 陷阱态的多晶硅 TFT 的 $1/f$ 噪声模型。该模型认为，在漏极电流（或栅极偏压）比较低时，多晶硅 TFT 沟道反型层比较厚，反型载流子距离 Si/SiO_2 界面较远。相比于栅氧陷阱态，沟道载流子更容易与 GB 陷阱态发生电荷交换。GB 陷阱态捕获发射载流子，引起 GB 电荷涨落（δQ_{gb}），同时导致 GB 势垒的涨落（$\delta \varphi_b$）。根据热电子发射理论，随即载流子有效迁移率也要发生涨落，从而导致沟道电流的涨落（δI_d），引起电流噪声。并且，参与电荷交换的陷阱态在空间上分布在 GB 耗尽区的不同位置，所以通过隧穿与其交换电荷的载流子的隧穿距离 x（图 4-25 所示的沟道长度方向）也不同。理论上 x 的变化范围为 0 到 w_d，由隧穿理论可知对应的时间常数 τ 可以在很多个数量级之间变化，从而解释了 $1/f$ 噪声中电荷交换时间常数的宽范围分布的特点。

与传统的 ΔN-$\Delta \mu$ 模型不同，这里所说的有效迁移率涨落并没有涉及任何载流子散射机制。因为多晶硅 TFT 的载流子输运是由热电子发射机制占主导的，载流子必须通过热电子发射越过 GB 势垒才能对电流有贡献，而实际上却只有部分载流子可以获得足够能量越过势垒，所以用相对所有载流子的"有效"迁移率 μ_{eff}（与晶粒内部载流子实际迁移率不同）来概括 GB 势垒对载流子的这种阻挡效应。这是多晶硅 TFT 与 MOSFET 最主要的区别。该模型最早是由 Dimitriadis 等人建立，漏极电流噪声的功率谱密度为：

$$\frac{S_{I_{DS}}}{I_{DS}^2} = N_g \left(\frac{q}{k_B T}\right)^2 \frac{\varphi_b}{2\varepsilon_{Si} C_{OX} W (V_G - V_t)} S_{Q_{gb}} \tag{4-18}$$

式中，N_g 为晶粒数目；$S_{Q_{gb}}$ 为参与电荷交换的 GB 陷阱电荷功率谱密度；ε_{Si} 为硅的相对介电常数；V_G 为栅极电压；V_t 是沟道晶粒内部开始反型时对应的栅极电压。可见，电流功率谱密度与 $S_{Q_{gb}}$ 直接相关，反映出 $1/f$ 噪声来源于 GB 陷阱态。Dimitriadis 等人分别用两种不同工艺的多晶硅 TFT 器件（器件 A 和器件 B）的噪声数据做模型拟合，如图 4-26 所示。图中所示的是器件工作在线性区时的噪声数据，且测量频率为 10Hz，在低电流区域用式 (4-18) 拟合效果较好，说明在该区域 $1/f$ 噪声来源于载流子与 GB 陷阱态的电荷交换；高电流区域用传统的 ΔN-$\Delta \mu$ 模型拟合效果较好，说明该区域 $1/f$ 噪声主要是由载流子与氧化层陷阱态的电荷交换引起的。图中实线是两个模型拟合曲线叠加在一起得到的，可以很好地拟合整个电流区间。

对于模型的适用性，该模型适用于漏极电流 I_{DS} 比较低的区域，此时 $1/f$ 噪声主要源于 GB 耗尽区中的晶粒陷阱态对沟道载流子的随机捕获和发射。并且对于多晶硅 TFT 而言，几乎在整个亚阈值区内沟道晶粒都已经反型且部分耗尽，所以模型也适用于此区域。然而当 V_G 非常低以至于晶粒完全耗尽时，沟道中没有自由载流子且电荷交换无法进行，此时器件基本工作在关态区，模型变得不适用。在 I_{DS} 比较高时，传统的载流子与栅氧化层中的陷阱态交换电荷成为引起 $1/f$ 噪声的主导机制，此时模型也不适用。

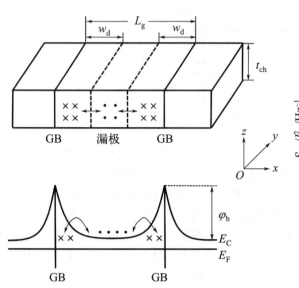
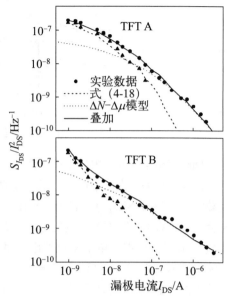

图 4-25 载流子与 GB 耗尽区晶粒陷阱态
交换电荷的过程

(L_g 为晶粒尺寸;w_d 为 GB 耗尽区宽度;
t_{ch} 为反型层厚度)

图 4-26 标准化的噪声功率谱密度与
漏极电流 I_{DS} 的变化关系

4.3 多晶硅薄膜晶体管器件稳定性

由于多晶硅中的缺陷态密度明显少于非晶硅,因此多晶硅薄膜晶体管的电压偏置稳定性要远远优于非晶硅 TFT。然而,电压偏置稳定性对于多晶硅 TFT 同样具有十分重要的意义。在产业中,非晶硅薄膜晶体管主要用于液晶显示的有源矩阵驱动中。根据液晶显示驱动波形的特点,作为开关的 TFT 器件的电压偏置不稳定性对像素电路的正常工作并不会产生严重影响。而多晶硅 TFT 主要用于 AMOLED 的像素电路或周边驱动电路中,在工作状态下,多晶硅 TFT 可能受到非常复杂的电压偏置作用,由此导致的阈值电压偏移也可能会对相关电路的正常工作产生较严重的影响。因此,明确多晶硅 TFT 的电压偏置稳定性机理,并采取有效的技术手段改善其稳定特性将具有格外重要的意义。下面将简单介绍多晶硅 TFT 的电压偏置不稳定性物理机制。

多晶硅薄膜晶体管在偏置电压的作用下产生转移特性曲线偏移的物理机制较多,其中最重要的是自加热机制和热载流子机制。

4.3.1 自加热效应

多晶硅 TFT 一般采用正常平面型结构,有源层位于器件的最下面。多晶硅 TFT 工作时可能会长时间在有源层流经较大的电流,根据焦耳定律,有源层可能会产生较多的热量。

如图 4-27 所示，因为多晶硅 TFT 有源层位于器件最下端，其下方基板和上方绝缘层的热导率较低 [约为 1.3W/(m·K)]，这些热量无法及时散发出去，便会对 TFT 器件产生一个累积加热的效果并导致多晶硅层硅氢键的断裂和悬空键的生成，从而造成多晶硅 TFT 器件电学特性的退化。自加热效应与基板材料、有源层厚度和电压偏置条件等都有一定关系。

4.3.2 热载流子效应

在多晶硅 TFT 中，有源层在长期强电场的作用下会发生热载流子效应，引起的器件性能退化包括阈值电压漂移和迁移率下降。多晶硅薄膜晶体管的热载流子效应通常有两种作用机制，如图 4-28 所示：①当在栅极和漏极施加高电场时，漏极附近由于雪崩效应产生具有较大动能的热载流子，它们可能进入栅绝缘层（通常为氧化硅薄膜）并固定在那里。在随后测试多晶硅薄膜晶体管的电学特性时，这些停留在栅绝缘层中的热载流子对 V_{GS} 起到一定屏蔽作用，从而造成多晶硅 TFT 器件特性的退化，即开态电流的降低。②这些较大动能的热载流子会撞击多晶硅的晶界，破坏晶界的化学键，导致晶界处的电子陷阱增加。由此可见，热载流子效应一方面与多晶硅中电场的大小和分布有关，另一方面密切取决于多晶硅晶界中的缺陷态密度和分布。

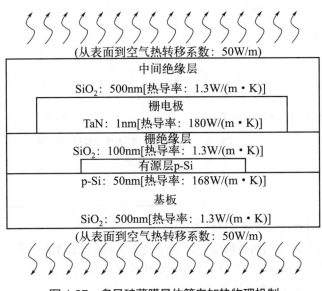

图 4-27　多晶硅薄膜晶体管自加热物理机制

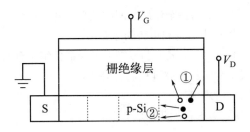

图 4-28　多晶硅薄膜晶体管的热载流子物理机制

为了区分热载流子效应的两种作用机制，研究人员发现，由于机制①中产生的栅极氧化物固定电荷不受外加小信号频率的影响，而机制②晶界陷阱捕获和发射电荷的过程存在弛豫，与频率有关，因此可以测量电容电压（CV）特性区分两种热载流子机制，此外还可以用 C_{GS} 和 C_{GD} 估算陷阱态产生的空间位置。

那么，如何区分多晶硅 TFT 中自加热和热载流子这两种电压偏置不稳定物理机制呢？一般来说，这两种机制起作用的电压偏置条件和不稳定性表现形式都有所不同。如图 4-29 (a) 所示，自加热物理机制一般在偏置电压 V_{GB} 和 V_{DB} 都较大时起主导作用，不稳定性测试结果表现为开态电流和关态电流性能都退化，同时阈值电压发生正向偏移。而热载流子物理机制的表现则有所不同，如图 4-29 (b) 所示，当偏置电压 V_{GB} 较小且 V_{DB} 较大时，热载流子物理机制起主导作用，热载流子主导的偏置电压不稳定性表现为开态电流降低，同时关态电流升高，但器件的阈值电压保持不变。

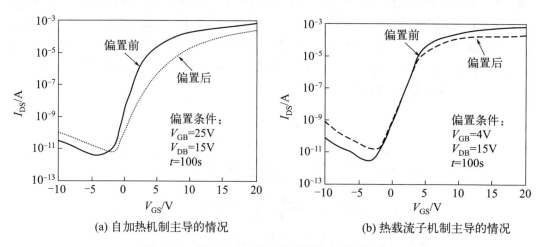

(a) 自加热机制主导的情况　　　　(b) 热载流子机制主导的情况

图 4-29　多晶硅 TFT 的电压偏置稳定性测试结果

习 题

1. 思考多晶硅材料结构与非晶硅的不同。
2. 总结并比较多晶硅不同的晶化技术，并讨论它们在多晶硅生产中的优势和局限。
3. 解释准分子激光退火在多晶硅处理中的作用及其基本原理。
4. 多晶硅掺杂和单晶硅掺杂有什么区别？
5. 为什么 p-Si TFT 掺杂需要采用离子注入？
6. 描述多晶硅载流子迁移率与掺杂浓度之间的关系，并定性分析原因。
7. 请画出 Seto 提出的模型中电场和电势的分布图。
8. n 型多晶硅器件结构在实际制备时与 p 型多晶硅器件结构有何不同？
9. p-Si TFT 电压偏置不稳定性的物理机制有哪些？
10. 谈谈迟滞效应对显示的影响。
11. 为什么 p-Si TFT 需要考虑自加热效应？

有机薄膜晶体管

1977年，美国科学家黑格（Heeger）、麦克德尔米德（MacDiarmid）以及日本科学家白川（Shirakawa）发现聚乙炔掺杂具有很高的导电性。这一突破性的发现，颠覆了传统观念中塑料是绝缘体的观点，也使有机电子学成为一门备受关注的热门学科。他们三人也因此荣获了2000年的诺贝尔化学奖。作为其中一个重要的部分，有机半导体（小分子及聚合物）发展很快。它们有很多潜在的优点，比如：造价便宜、制作简单、柔性、质轻、大面积加工性好等。有机半导体的应用已经覆盖了有机薄膜晶体管（OTFT）、有机发光二极管（OLED）、有机光伏电池（OPV）以及各种传感器等领域。

OTFT是一种以有机材料为半导体层的薄膜晶体管。近年，随着理论研究和材料制备技术的发展，OTFT得到快速发展，性能得到了很大的提高，其已经在显示驱动、电子纸、射频标识等领域表现出重要的应用前景。本章介绍有机半导体材料的载流子传导机制、有机半导体材料的设计、有机半导体材料的分类比较以及OTFT的界面工程。

5.1 有机半导体材料载流子传导机制及分子设计基本原理

近年来，有机小分子与有机高分子的电学性能都取得了长足的发展，然而其传导机制一直是人们争论的焦点。虽然有机半导体器件在很大程度上是受到无机半导体器件的启发，有机半导体的能隙与无机半导体也呈现一定程度的相似性，但是有机半导体在很多方面呈现与无机半导体完全不同的性质。无机半导体核心是硅，原子间通过共价键结合，原子核质量较大；而有机材料通常通过范德瓦耳斯力结合在一起，载流子的波函数较为局域，有机材料通常由较轻的元素组成，材料表现出质轻、柔性的显著特点，原子核的运动会与电子运动紧密耦合。无机材料能形成理想的共价结构，电子做扩展运动，从而成为能带论应用成功的典范。相比于无机材料，有机材料具有多样性的特征，其电荷传导机制将更为复杂。

5.1.1 有机半导体的分子轨道结构

有机半导体或有机导体由特殊的碳原子链组成。碳原子核外有6个电子，其中价电子（分别为两个2s和两个2p电子）参与化学成键，相应的原子组态为$1s^22s^22p^2$。在分子和晶体中，为了能够降低总能量，形成特定空间取向的化学键，碳可以形成两种主要的杂化轨道结构，分别是四面体结构（金刚石和饱和聚合物）和六方结构（石墨和共轭聚合物）。通过原子轨道的杂化来构成具有四面体或六方取向的键，具体步骤如下。

首先一个电子从 2s 轨道激发跃迁到 2p 轨道上，原子组态因此变为 $1s^22s^12p^3$。由于自由空间中的碳原子基态 $1s^22s^22p^2$ 具有最低能量，上述电子占据态的改变需要消耗能量 ΔE（约 180kcal/mol，即 7.8eV）。通过后面化学键的形成，可以得到与所消耗的能量相当或更多的能量。

在正交坐标体系下定义的 s 和 p 原子轨道波函数分别为 s、p_x、p_y、p_z（s 轨道是球形对称的，而 p_x、p_y、p_z 的极轴分别为 x、y、z 轴）。其空间函数 $f_s(r)$ 和 $f_p(r)$ 则描述了以 r 为变量的振幅模，并且每个函数都是归一的（归一化至 $1/\sqrt{4\pi}$）。

$$s = f_s(r) \tag{5-1}$$

$$p_x = \sqrt{3}\sin\theta\cos\varphi f_p(r) \tag{5-2}$$

$$p_y = \sqrt{3}\sin\theta\sin\varphi f_p(r) \tag{5-3}$$

$$p_z = \sqrt{3}\cos\theta f_p(r) \tag{5-4}$$

然后，将 s、p_x、p_y、p_z 线性组合，以形成特定空间取向的轨道：包括 sp^3 杂化和 sp^2p_z 杂化。sp^3 杂化形成具有四面体对称性的成键轨道，如图 5-1（a）所示。sp^2p_z 杂化形成具有六方对称性的成键轨道（p_z 轨道用于形成π键），如图 5-2（a）所示。

sp^3 杂化组合由下式表示。

$$t_{111} = \frac{1}{2}(s + p_x + p_y + p_z) \tag{5-5}$$

$$t_{1\bar{1}\bar{1}} = \frac{1}{2}(s + p_x - p_y - p_z) \tag{5-6}$$

$$t_{\bar{1}1\bar{1}} = \frac{1}{2}(s - p_x + p_y - p_z) \tag{5-7}$$

$$t_{\bar{1}\bar{1}1} = \frac{1}{2}(s - p_x - p_y + p_z) \tag{5-8}$$

由上式可知，t 的组合分别在第一、第八、第六、第三象限，形成正四面体对称性，如图 5-1（b）所示。相邻两个碳原子的 sp^3 杂化轨道相互靠近形成σ键[见图 5-1（b）最右边]，该化学键的形成，可以释放能量促进 sp^3 杂化进程。

sp^2p_z 杂化组合由下式表示：

$$t_z = p_z \tag{5-9}$$

$$t_0 = \sqrt{\frac{2}{3}}\left(\frac{\sqrt{2}}{2}s + \frac{\sqrt{3}}{2}p_x - \frac{1}{2}p_y\right) = \sqrt{\frac{2}{3}}\left[\frac{\sqrt{2}}{2}s + \sqrt{3}\sin\theta\cos(\varphi+30°)\right] \tag{5-10}$$

$$t_{120} = \sqrt{\frac{2}{3}}\left(\frac{\sqrt{2}}{2}s + p_y\right) = \sqrt{\frac{2}{3}}\left(\frac{\sqrt{2}}{2}s + \sqrt{3}\sin\theta\sin\varphi\right) \tag{5-11}$$

$$t_{240} = \sqrt{\frac{2}{3}}\left(\frac{\sqrt{2}}{2}s - \frac{\sqrt{3}}{2}p_x - \frac{1}{2}p_y\right) = \sqrt{\frac{2}{3}}\left[\frac{\sqrt{2}}{2}s + \sqrt{3}\sin\theta\cos(\varphi+150°)\right] \tag{5-12}$$

其中，t_0、t_{120}、t_{240} 在同一平面上，相互之间的夹角为 120°，形成六方对称性，p_z 轨道垂直于该平面，如图 5-2（b）所示。相邻两个碳原子的 sp^2 杂化轨道相互靠近，p_z 轨道也相互靠近形成π-π键[见图 5-2（b）最右边]，并释放能量促进 sp^2p_z 杂化进程。

多个碳原子的 sp^3 杂化轨道聚合可以得到聚乙烯，聚乙烯中碳的价电子全是饱和的，每个聚乙烯结构单元含有两个碳-碳和两个碳-氢共价键（σ键），如图 5-1（c）所示。聚乙烯是最简单而又最基本的饱和聚合物材料。聚乙烯是绝缘体，因为所有的价电子都被束缚在共价键中，所以没有可移动的电子参与导电。

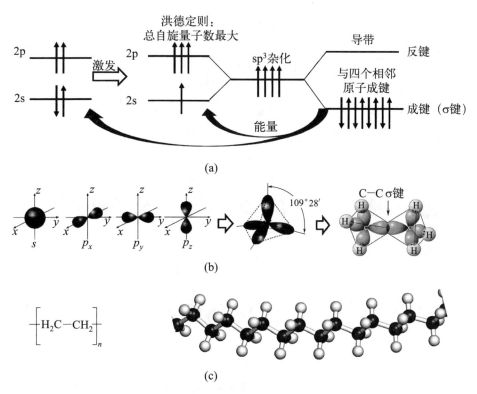

图 5-1 sp³杂化及成键的过程

碳原子的 sp^2p_z 杂化轨道聚合可以构筑成聚乙炔,聚乙炔是最简单的共轭聚合物。三个共面的σ键构成了"骨架",其中两个σ键分别与相邻的两个碳原子相连,而第三个σ键与一个氢原子相连。第四个电子占据 p_z 轨道,垂直于三个σ键所在的平面,如图 5-2(c) 所示。因此在一级近似下,它独立于那些σ键,我们将 p_z 电子和 p_z 轨道分别称为π电子和π轨道。

p_z 电子与组成骨架的σ键彼此分离的特性赋予这类聚合物奇特的电子性质。在图 5-2(a) 所示的 sp^2p_z 杂化构型中,sp^2 轨道中的电子形成了共价键,因而其能量低于 p_z 轨道中的π电子能量。因此,聚乙炔链中每个 sp^2p_z 杂化的碳原子可以类比于"准锂"原子,即含有 1 个充满的内核(sp^2)和 1 个外层电子(π)。其中,某个碳原子上的π电子受到其相邻碳原子核的吸引,从而导致π电子趋向于沿着聚合物链发生离域。假如外层的π电子能够在许多位点上离域(像锂金属中的电子一样),聚乙炔就将变为"金属"。具有 sp^2p_z 杂化构型的碳原子组成的有机分子统称为π共轭分子,它们是半导体,通过掺杂也可以变为导体。

一般来说,π共轭分子的电子结构可分为两部分:σ能带(源自 sp^2 波函数组成的σ成键与σ*反键能级)和π能带(源于离域的 p_z 波函数)。在单电子近似下(即忽略了电子与电子间的库仑相互作用),π能带的子带数目取决于单胞(重复单元)中碳原子的数目。碳碳链由σ键相连而成。在诸如聚乙烯等 sp^3 杂化的碳链中,激发任一个σ成键电子都将使电子跃入一个σ*反键带,从而导致结构失稳。由于σ成键电子在保持聚合物链骨架中扮演了至关重要的角色,电子被激发到σ*反键轨道通常造成聚合物的降解。基于这一原理,饱和聚合物可以被设计为好的光阻材料。因此,饱和聚合物不可能拥有奇特的电学或光学性质。但是π激发带中的电子并不会引起断键,所以π共轭聚合物是"光导体",而不是"光阻体"。尽管σ带与π带相正交,但是它们的能量可以重叠,σ带的顶部可以高于π带的底部。

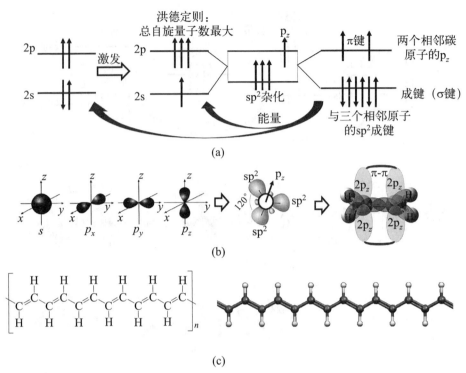

图 5-2　sp^2p_z 杂化及成键的过程

在有机电子中，HOMO 和 LUMO 分别指最高占据分子轨道（highest occupied molecular orbital）和最低未占分子轨道（lowest unoccupied molecular orbital）。根据前线轨道理论，两者统称前线轨道。HOMO 与 LUMO 之间的能量差称为"带隙"，可以用来衡量一个分子是否容易被激发：带隙越小，分子越容易被激发。有机半导体的 HOMO 和 LUMO 是基于分子体系的理论，而无机半导体的导带和价带是基于原子周期性排列体系的理论。但有机半导体的 HOMO 和 LUMO 与无机半导体的导带和价带没有本质区别，这主要是因为当半导体中的原子数量非常多时，原本分立的轨道会变得非常密集，从而形成能带。因此，HOMO 和 LUMO 的概念与导带和价带的概念在本质上是一致的，都描述了电子在不同能级之间的分布和移动。当分子二聚或高聚时，两个分子的分子轨道之间的相互作用会引起 HOMO 与 LUMO 的分裂。当分子相互作用时，每一个能级分裂成彼此能量相距很小的振动能级。当有足够的分子使得这种相互作用足够强烈时（如在高聚物中），这些振动能级的差距变得很小，使得它们的能量几乎可以看成是连续的。这时我们就不再叫它们能级了，而是改称能带。

不同的有机半导体分子有不同的轨道结构，组成 HOMO 的基态可以是简并的，也可以是非简并的。例如：反式聚乙炔的近邻碳原子间有两种等能量的π键结合方式（A 相和 B 相），它们具有相同的基态能量，因此，聚乙炔具有双重简并的基态，如图 5-3（a）所示。1-(1-甲基-1-苯基乙基)哌啶（PPP）具有"芳香式（aromatic）"和"醌式（quinoid）"两种结构。通常，具有完整芳香环的"芳香式"结构的能量低于具有双键的"醌式"结构，如图 5-3（b）所示。因此，PPP 的基态为非简并的。

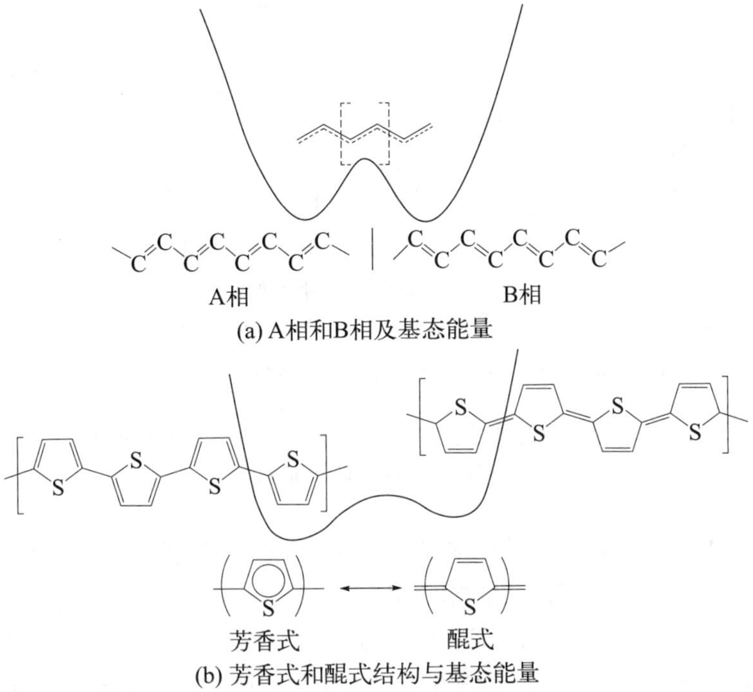

图 5-3 反式聚乙炔的 A 相和 B 相与基态能量以及芳香式和醌式结构与基态能量

5.1.2 有机半导体的载流子形成机制

在无机硅半导体中载流子（多子）的产生主要依靠掺杂（或光、热激发）。例如：对硅进行磷掺杂可以在导带底附近形成施主能级（n 掺杂），该能带上的电子在电场作用下容易跃迁至导带参与导电；对硅进行硼掺杂可以在价带顶附近形成受主能级（p 掺杂），价带顶的电子在电场作用下容易跃迁至该掺杂能级而在价带顶上形成空穴参与导电。与无机半导体不同的是，在有机半导体中，位于 HOMO 与 LUMO 之间能隙中的"孤子（soliton）"或"极化子（polaron）"能级对载流子的产生和输运起着重要作用。

孤子化学上也叫自由基（free radical）。例如，聚乙炔分子如果左端是 A 相、右端为 B 相，就会出现图 5-4（a）所示的情况，A 相和 B 相的边界必定包含一个拓扑缺陷——孤子。孤子类似于非键轨道上的电子，处于能隙中间的能级上 [图 5-4（b）]。当孤子为中性时，能隙中央态是单占据的，具有一个为配对的电子，自旋量子数为 1/2，但整体上是电中性的；当中性孤子被氧化时，能隙中央态会失去一个电子，形成正孤子，正孤子具有+e 电荷但没有自旋；类似地，当中性孤子被还原时，能隙中央态被两个电子占据，形成负孤子，总自旋量子数为 0，具有–e 电荷。聚乙炔中的孤子可以较为轻易地移动，因为聚乙炔基态是简并的，即 A 相与 B 相交换不改变能量。由于这个特性，如果氧化产生了两个带正电的孤子，它们由于静电斥力会迅速分开，因为它们分开过程中的单双键交替能垒很低，很容易进行（和下面介绍的极化子不同）。

带电荷的孤子倾向于与一个电中性的孤子结合，形成一个极化子，极化子与双极化子就是大多数有机半导体材料中载流子的主要来源。

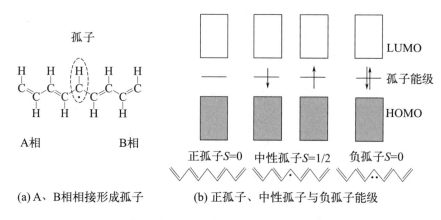

图 5-4　反式聚乙炔分子 A、B 相相接形成孤子以及正孤子、中性孤子与负孤子能级

前面提到，PPP、聚噻吩等的基态不简并，有芳香式和醌式两种，中性的时候倾向于芳香式结构，带电的时候倾向于醌式结构，如图 5-3 所示。这就导致了在失去电子后（芳香性被破坏），产生的阳离子和自由基可以通过结构的变换（变成醌式结构）来降低能量，产生图 5-5 所示的极化子，失去两个电子的情况也类似，产生的是双极化子。这就可以看出孤子和极化子的不同了，就算有静电排斥，双极化子的电荷也不会继续分离，因为破坏更多的芳香式结构以形成醌式结构，需要更多的能量（反式聚乙炔中的 A、B 相基态能量相同，移动不需要太多能量）。因此，极化子里的载流子是"准局域"的，需要施加一定的电场（能量）才能实现长程离域输运，这就是这类分子的"半导体"属性。

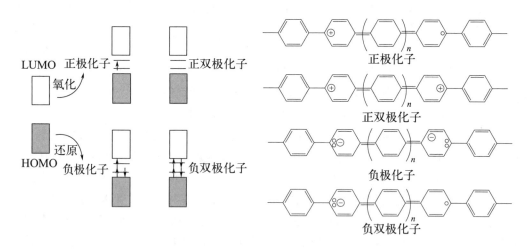

图 5-5　极化子、双极化子产生过程能带结构及化学结构

因此，严格意义来讲，在有机半导体中，参与导电的"电子"或"空穴"应该称为"电子极化子"或"空穴极化子"。载流子使晶格畸变（或化学键变化）而伴生极化，其电场又反作用于载流子，载流子总是带着它所引起的晶格畸变（或化学键变化）一起运动，即所谓的极化子。极化子属于费米子，自旋量子数为 1/2。

5.1.3 有机半导体分子间载流子输运机制

如果π共轭聚合物的链长较短，或者在π共轭有机小分子中，则在分子内部π电子能够准离域传导，但分子与分子之间的传导就得靠其他机制。

在有机半导体材料中，分子之间仅有微弱的范德瓦耳斯力，载流子的离域程度通常仅限于一个分子之内。通常只有在有机半导体的单晶材料中才会出现载流子在几个相邻分子之间离域的情况。因此在非晶态的有机半导体材料中，电荷在不同分子之间的传导要通过"跳跃"方式完成。跳跃传导的有效程度与相邻分子之间的π键重叠程度有关，重叠度越高，跳跃传导的速度越快。各个有机分子的共轭轨道，可以视为载流子的一个个束缚区，而载流子的跳跃传导就是从一个束缚区跳入另一个束缚区。摆脱束缚需要一定的热激发，所以非晶态有机半导体材料中的载流子迁移率会在一定范围内随着温度的增加而提高。在多数情况下，适量的掺杂可以明显地提高有机半导体材料中的载流子迁移率。有研究表明，掺杂物可以充当有机分子之间的桥梁，把一个共轭区域内的载流子快速地引到另一个共轭区域里。

有机半导体材料与传统的无机半导体材料相比有一定的相似性，它们在电导率、载流子迁移率和能带等方面存在着较多的类似点，应用领域也有一定的相似性。但是有机半导体材料又具有许多不同于无机半导体材料的新特点，不能完全用无机材料的能带理论来解释有机材料的载流子传导。

在无机半导体，如硅或锗中，晶体内原子之间通过共价键结合，键能高于 300kJ/mol，因此它们中的载流子传导是通过离域的平面波来实现，载流子迁移率远远大于 $1cm^2/(V·s)$。当晶体中的载流子运动时，会受到热振动的原子散射，称为声子散射。随着温度提高，晶格振动就越剧烈，声子散射的作用就越显著，材料的载流子迁移率会降低。对于有机材料，有机分子之间的结合力为范德瓦耳斯力，它的能量小于 42kJ/mol，和室温下分子的振动能基本在同一个数量级，分子之间无法形成紧密、规则的结合；即使形成分子晶体，晶体内分子之间的距离也相当大，分子之间的电子云几乎不发生重叠，因此有机材料中的载流子在分子间的传导主要通过定域的跳跃来实现。载流子的定域跳跃过程需要声子辅助，在每个定域跳跃过程中都会有损耗，因此提高温度对于有机材料的载流子迁移率通常是有利的。有机半导体分子间载流子的传导模型主要为多重捕获和释放（multiple trapping and release，MTR）模型。在 MTR 模型中，一般一个狭窄的离域能带周围存在高浓度的定域态，这个定域态一般都会充当载流子陷阱。载流子在离域态传导的时候，一般都会受到定域态的影响。这个模型有两个假设：第一，一个载流子到达一个陷阱被马上捕获的概率接近于1；第二，陷阱中载流子的释放受热激发过程控制。基于这种模型，在高温区，电荷是本征传导，迁移率随温度升高而下降；在低温区，电荷是热激活传导，迁移率随温度的升高而升高。

5.1.4 有机半导体的分子设计基本理论

如前所述，π共轭键是有机材料实现电荷离域输运的必备条件。然而，聚乙炔这类材料的电荷只能在主链方向上传导，其他方向上受限。因此，具有平面结构的π共轭单元是有机半导体分子设计的基本原则。芳香环是具有平面（或近平面）结构的π共轭单元，在芳香环上的每一个原子具有一个 2p 轨道，2p 轨道的电子云重叠或几乎重叠，原子间成键并不是不连续的单双键交替，而是被离域π电子云覆盖。芳香环主要包括六元环和五元环，如图 5-6 所示。

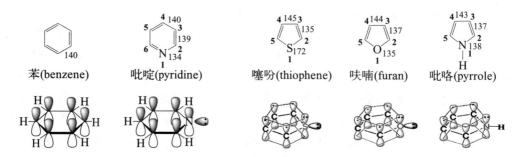

图 5-6　部分六元环和五元环的化学结构式及其π电子云分布

六元环主要包括苯、吡啶、嘧啶等。苯分子早在 1825 年就被发现，分子式为 C_6H_6。在苯环中，碳原子 sp^2 杂化，形成三个σ键；未杂化的六个 p 轨道形成大π键，大π键使电子云平均化，电子发生了"离域"；体系能量降低（主要为共轭能），体系变得稳定。大π键的离域能是 152kJ/mol，体系稳定，能量低，不易开环（即不易发生氧化、加成反应）。处于大π键中的π电子高度离域，电子云完全平均化，像两个救生圈分布在苯分子平面的上下两侧，在结构中并无单双键之分，是一个闭合的共轭体系，如图 5-6 所示。

吡啶在结构上可看作是苯环中的—CH═被—NH═取代而成。5 个碳原子和 1 个氮原子都是 sp^2 杂化状态，处于同一平面上，相互以σ键连接成环状结构。每一个原子各有一个电子在 p 轨道上，p 轨道与环平面垂直，彼此"肩并肩"重叠形成一个包括 6 个原子在内的、与苯相似的闭合共轭体系，如图 5-6 所示。氮原子上的一对未共用电子对，占据在 sp^2 杂化轨道上，它与环平面共平面，因而不参与环的共轭体系，不是 6 电子大π键体系的组成部分，而是以未共用电子对形式存在，其 s 成分较 sp^3 杂化轨道多，受原子核束缚强，因而较难与 H^+ 结合。吡啶分子中的 C—C 键长（0.139～0.140nm）与苯分子中的 C—C 键长（0.140nm）相似；C—N 键长（0.134nm）较一般的 C—N 键长（0.147nm）短，但比一般的 C═N 双键（0.128nm）长。这说明吡啶的键长平均化程度较高，但并不像苯一样是完全平均化的。而又由于吡啶环中氮原子的电负性大于碳原子，所以环上的电子云密度因向氮原子转移而降低，亲电取代比苯难。

五元环主要包括噻吩、呋喃、吡咯、咪唑等，构成环的四个碳原子和杂原子（S、O、N）均为 sp^2 杂化状态，它们以σ键相连形成一个环面。每个碳原子余下的一个 p 轨道有一个电子，杂原子的 p 轨道上有一对未共享电子对。这五个 p 轨道都垂直于五元环的平面，相互平行重叠，构成一个闭合共轭体系，即组成杂环的原子都在同一平面内，而 p 电子云则分布在环平面的上下方。由于共轭体系中的 6 个π电子分散在 5 个原子上，使整个环的π电子云密度较苯大，比苯容易发生亲电取代。同时，α位上的电子云密度较大，因而亲电取代反应一般发生在此位置上，如果α位已有取代基，则发生在β位。

在 OTFT 中，噻吩分子具有重要的地位。由 4 个碳原子和 1 个硫原子组成，周围围绕着一些氢原子，并且它有一个共轭的芳香环结构。在噻吩分子中，硫原子上的一个非共享电子对被排斥到苯环的平面上，并形成了一个π电子云。这个π电子云中的电子是相对自由的，同时它们也可以相互作用并形成分子轨道，使噻吩分子成为一种具有半导体性质的有机分子。

有机半导体中，单环的芳香化合物在室温下通常是液态，因此无法用于制备固态电子器件。设计多环聚合结构能改变分子在室温下的形态，同时改变分子的电学光学性质。例如：两个苯环并在一起形成萘、三个苯环线状排列并在一起形成蒽；类似的四个、五个、六个苯环线状排列并在一起形成分别形成并四苯、并五苯、并六苯，这些都是稠环芳烃化合物，如图5-7所示。该类线型稠环化合物具有平面结构，有利于分子间的π-π堆积，从而有利于分子间的载流子传导。蒽、并四苯和并五苯具有超导性质，超导临界温度分别为4K、2.7K和2K。随着苯环数量的增加，HOMO能级升高（有利于空穴注入）、能隙减小、共轭体系增大、分子间的作用增强，有利于载流子传导。然而，随着苯环的增多，溶解性降低、稳定性变差、合成难度变大。因此，并五苯始终是并苯类化合物中研究得最多的分子，由于其迁移率较高，已经成为有机半导体材料的代表之一，具体介绍见下一节。

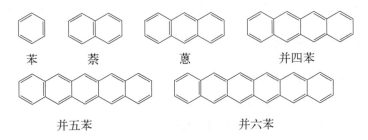

图5-7 苯、萘、蒽、并四苯、并五苯以及并六苯的化学结构式

如前所述，具有平面（或近平面）结构的π共轭单元是有机半导体分子设计的基本原则。因此，有机半导体分子的基本结构单元主要包括六元环和五元环。这些单元的组合以及侧链结构的设计灵活多变，因此有机半导体分子具有多样性的特点。具体设计中应考虑如下要素：分子内π电子的离域性，HOMO、LUMO能级以及能隙，分子内不同基团之间的作用，分子间的作用，共轭体系大小，稳定性，溶解性，合成难度，等等。

5.2 有机半导体材料及分类

导电沟道根据载流子类型的不同可以分为空穴导电和电子导电，空穴作为载流子参与导电的有机半导体材料称为p型有机半导体材料，电子作为载流子参与导电的有机半导体材料称为n型有机半导体材料。有机半导体材料和无机半导体材料区分p型和n型的方式不同：无机半导体是根据掺杂的杂质是施主型还是受主型来判断其半导体材料是p型还是n型，而有机半导体材料是根据电子和空穴哪一个更容易注入电极参与导电来判断。这种分类方式取决于金属源漏电极的功函数：p型有机半导体材料具有较小的电离能，HOMO能级相对高，当金属的费米能级与有机半导体的HOMO能级相接近，我们称此有机半导体与金属接触时呈现p型；n型半导体具有较大的电子亲和能，LUMO能级相对较低，当金属的费米能级与有机半导体的 LUMO 能级相接近，我们称此有机半导体与金属接触时呈现 n 型。大部分有机半导体只呈现一种类型的属性，但有一些分子可以表现出双极性的传导特性，双极性有机半导体对于构筑 p-n 结、逻辑互补电路和实现稳定低功耗工作具有重要的意义。

按照分子大小的不同，有机半导体材料可以分为两类：一类是小分子，比如稠环芳香烃、富勒烯、寡聚噻吩和胺类等。有机小分子半导体最大的特点是具有良好的分子对称性和刚性，通常整个分子就是一个共轭体系，因此，这种类型的小分子比较容易形成有序的薄膜，大大地增强了载流子的传导。这些有机小分子材料可以通过官能团的修饰和分子结构的设计优化性能，物理化学性质相对确定，因此通过真空镀膜的方式可以获得结晶性好和纯度高的薄膜。然而，大多有机小分子的溶液加工性能很差，有些小分子材料甚至很难溶解，增大了开发的难度；近年，随着小分子材料溶解性的提高，一些溶液处理的小分子材料也被开发出来。另一类是聚合物，包括聚噻吩及其衍生物、给受体共聚物、芳香酰亚胺等。相比之下，聚合物半导体材料具有溶液可加工特性，在室温或近室温下能结合工业生产成本低的旋涂或者打印技术成膜，大幅降低生产成本，并实现大面积的柔性制备。

5.2.1 有机小分子半导体材料

5.2.1.1 p 型有机小分子半导体材料

p 型有机小分子的研究起步较早，也比较充分。稠环芳香烃由两个及以上的苯环稠合而成，形成平面内的多环结构。紧密的固态堆积使得稠环芳香烃成为 p 型小分子半导体材料研究的热点，比如芘、苝、蒽等。其中最著名的莫过于并五苯（见图 5-7），并五苯由五个苯环并列形成，不论是单晶薄膜还是多晶薄膜均表现出了很高的载流子迁移率。通过对材料形貌、薄膜沉积条件以及界面相互作用的深入研究，气相沉积的并五苯薄膜的性能不断提高。目前，并五苯单晶构筑的 OTFT 最高的空穴迁移率可以达到 $40\text{cm}^2/(\text{V}\cdot\text{s})$。除了并五苯之外，常见的含有稠环芳香烃的半导体材料还包括芘（picene）、苝（perylene）以及一些稠环芳香烃的衍生物，如图 5-8 所示。

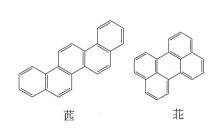

图 5-8 稠环芳香烃有机小分子材料

有机小分子半导体材料溶液的黏度较低，不易加工成高质量的薄膜，因此，溶液加工的有机小分子半导体材料在材料设计和成膜工艺方面面临着巨大的挑战。由于小分子半导体材料的迁移率通常相对较高，也有一些研究组在溶液加工小分子半导体材料的研究方面做了很多工作，取得了很大的进展。例如，通过设计可溶且沉积成膜后不需要化学转变的并五苯和双噻吩蒽衍生物（图 5-9）——6,13-双(三异丙硅基乙炔基)并五苯（TIPS-并五苯）、5,11-双(三乙基硅基乙炔基)蒽二噻吩（TES-ADT）、2,8-二氟-5,11-双(三乙基甲硅烷基乙炔基)蒽噻吩（diF-TES-ADT）可以同时获得可溶性和高迁移率。除了表现出在普通有机溶剂中的高溶解度，中心环的并五苯和双噻吩蒽的功能化还可以被用来调控固体状态下的分子排列，通过降低分子间距离以诱导π-π堆积。这些材料表现出 $1\sim2.5\text{cm}^2/(\text{V}\cdot\text{s})$ 之间的载流子迁移率。

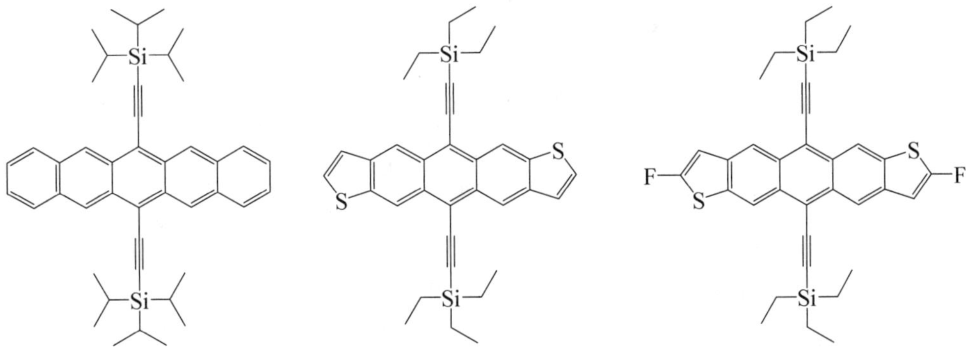

(a) TIPS-并五苯　(b) TES-ADT　(c) diF-TES-ADT

图 5-9 并五苯和双噻吩蒽衍生物的化学结构

尽管并五苯等稠环芳香烃迁移率高，操作性能好，然而空气稳定性不足困扰着此类有机小分子进一步发展和应用。对此类材料进行分子设计是优化性能的重要途径。单键衍生的稠环芳香烃和以不饱和键拓展共轭体系的衍生芳香烃是重要的稠环芳香烃衍生物。前者通过取代或者氧化的方式引入苯环或者烷基等官能团，红荧烯是这类衍生物中最广泛研究的半导体材料；后者利用碳碳双键等不饱和键增大了材料的共轭平面，不仅可以提高材料在空气中的稳定性，还可以增大其迁移率，苯基乙烯基取代蒽就是典型的代表。

此外还有以噻吩稠环和寡聚物为代表的杂环小分子及其衍生物，如图 5-10 所示。这些杂环小分子通常含有 S、N 等原子，S 原子可以提供一对孤对电子并与两个双键形成共轭结构，增强π电子云密度；含 N 原子具有二维的共轭π键结构可以通过配位反应得到高迁移率的衍生物。这类衍生物的代表有噻吩、噻唑、并五噻吩、酞菁和卟啉等。

6T(α-六噻吩)

DH-6T(α,ω-二己基六噻吩)

α,ω-二烷基六噻吩

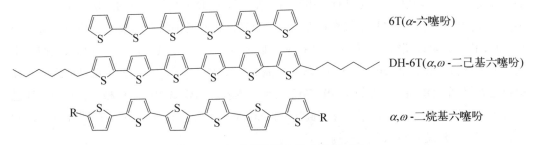

图 5-10 杂环寡聚物有机小分子材料

[1]苯二甲醚[3,2-b][1]苯二甲醚[2,1-b:3,4-b′:6,5-b″:7,8-b‴]四(苯并噻吩)（BTBTTBT）是一种新型的二维有机半导体材料，通过“H”型构型将噻吩并芳烃连接成为二维大共轭框架［如图 5-11（b）］，这种二维分子可以通过物理气相输运法生长出单晶微带。BTBTTBT 单晶薄膜晶体管的空穴迁移率可达 17.9cm^2/(V·s)，开关比大于 10^7。

以苯并噻吩为基础开发的 2,7-二辛基[1]苯并噻吩[3,2-b][1]苯并噻吩［C_8-BTBT，如图 5-11（d）所示］表现出优异的性能，最高迁移率可达 31.3cm^2/(V·s)，开关比 10^5～10^7，并具有良好的稳定性和可重复性。除了以上所述，还有最近报道的高迁移率 p 型小分子半导体，如图 5-11 所示。

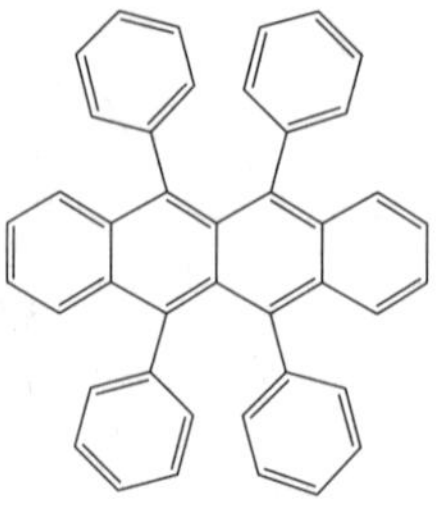

红荧烯
(a)

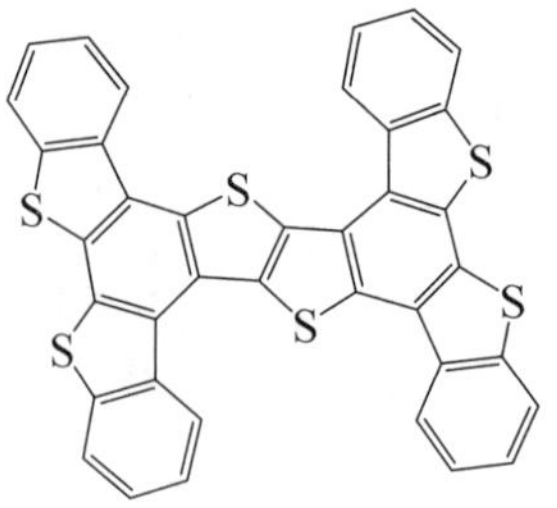

BTBTTBT
(b)

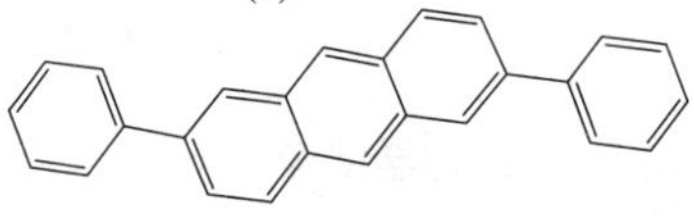

2,6-DPA(2,6-二苯基蒽)
(c)

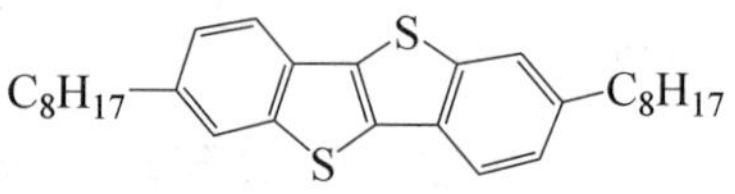

C_8-BTBT
(d)

图 5-11 一些高性能 p 型小分子有机半导体材料

5.2.1.2 n 型有机小分子半导体材料

早期的 n 型有机小分子半导体材料的代表是 C_{60} 及其衍生物，比如(6,6)-苯基-C_{61}-丁酸异甲酯（PCBM）等。研究初期基于 C_{60} 的 OTFT 的电子迁移率便可以达到 11cm²/(V·s)以上。然而，C_{60} 及其衍生物在空气中的稳定性很差，而且只能在高真空下实现制备和测试。

另一类比较重要的 n 型有机小分子是含有羰基的酰亚胺类，这种含有强吸电子基团的材料作为缺电子的受体单元，可以降低 LUMO 能级，提高电子的注入效率，从而提高材料的空气稳定性。苝四酰亚二胺（PDI）和萘四酰亚二胺（NDI）及其衍生物的研究十分广泛。不同官能团取代的衍生物其空气稳定性不同。早期，针对苝四酰亚二胺的 N 位进行烷基取代（PTCDI-R）可以获得较高的电子迁移率（如图 5-12 所示）。其中正十三烷基取代的衍生物的电子迁移率高达 2.1cm²/(V·s)。与苝四酰亚二胺的衍生物相似，N 位烷基取代的萘四酰亚二胺（NTCDI）的衍生物（如图 5-12 所示）也表现出较高的电子迁移率。其中，环己烷取代的萘四酰亚二胺的电子迁移率高达 6.2cm²/(V·s)。然而，这些衍生物材料的 LUMO 能级过高，无法防止与水和氧气的反应。

C_{60} 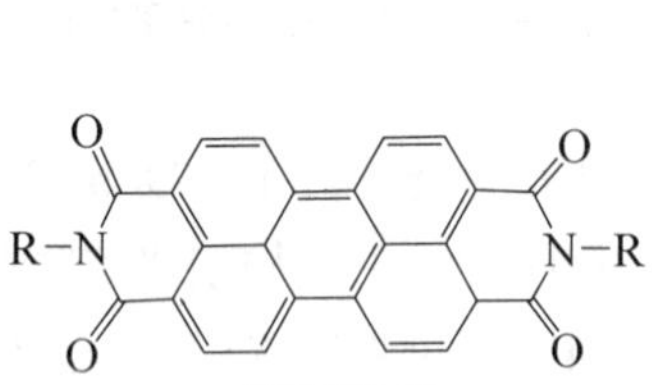   PTCDI-R 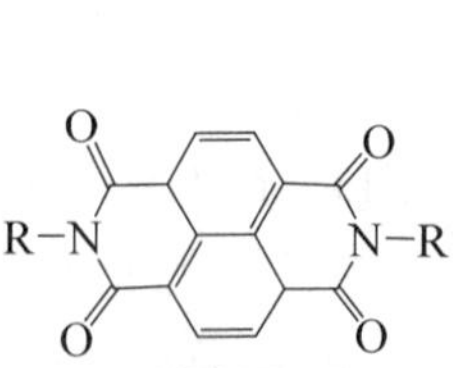   NTCDI-R

图 5-12 一些常见 n 型有机小分子材料

理想情况下，一个高性能的 n 型有机半导体材料应具有以下特征，如：一个平面、刚性分子结构覆盖在整个扩展π电子框架上，从而通过在固态中分子间π-π重叠促进载流子传导；此外，参与电子传导过程的 LUMO 的能级必须低于–4.0eV，以保护材料不被环境中的 O_2 和 H_2O 掺杂。研究者发现可以在苝四酰亚二胺和萘四酰亚二胺的母环上引入吸电子基团再进行 *N* 位烷基的取代，进一步提高了器件在空气中的稳定性。常见的吸电子基为氟基（—F）、氰基（—CN）和硝基（—NO_2），如对二氰取代的苝四酰亚二胺衍生物的电子迁移率可达 0.64cm^2/(V・s)，并表现出良好的空气稳定性。一些 p 型有机小分子半导体材料经氟基或氰基取代后，也能体现 n 型特性，如图 5-13 所示。如全氟取代并五苯能体现出 0.022cm^2/(V・s) 的电子迁移率。

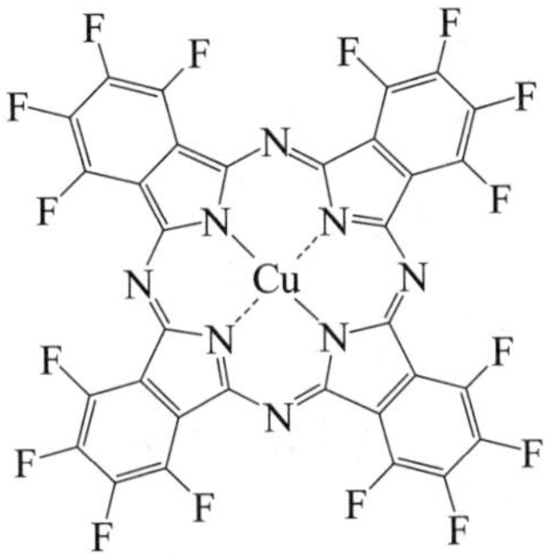

全氟酞菁铜($F_{16}CuPc$)

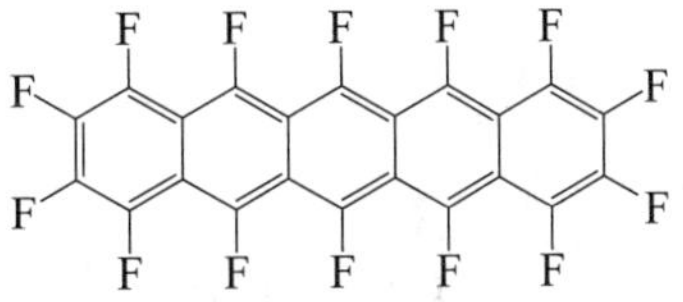

全氟并五苯

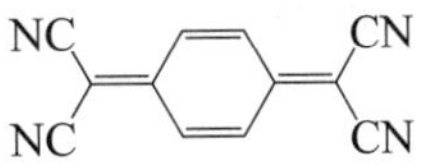

7,7,8,8-四氰基对苯二醌二甲烷(TCNQ)

图 5-13 一些吸电子基团取代的 n 型有机小分子材料

苝核上带有两个或四个氯原子的 NDI 可以增强所得材料的空气稳定性。二氯和四氯 NDI［如图 5-14（a）所示］具有–4.01eV 和–4.13eV 的 LUMO 能级，比未氯化 NDI 化合物（–3.72eV）低得多。在剪切沉积法制备的 OTFT 中显示出 0.57cm^2/(V・s)的电子迁移率，在真空沉积法制备的 OTFT 中显示出 0.86cm^2/(V・s)的电子迁移率。通过简单的亲核芳香取代反应将两个 2-(1,3-二硫代-2-亚烯基)丙二腈基团与 NDI 核融合，所得的核扩展 NDI 具有–4.3eV 的 LUMO 能级，比未取代的 NDI 低得多，并保证了在 n 型 OTFT 中的空气稳定性。在空气中测试获得 0.51cm^2/(V・s)的电子迁移率和 10^5～10^7 的开关比。通过将侧链分支点向 NDI 核外移动一个 CH_2，得到的材料的迁移率大大提高到 3.50cm^2/(V・s)。

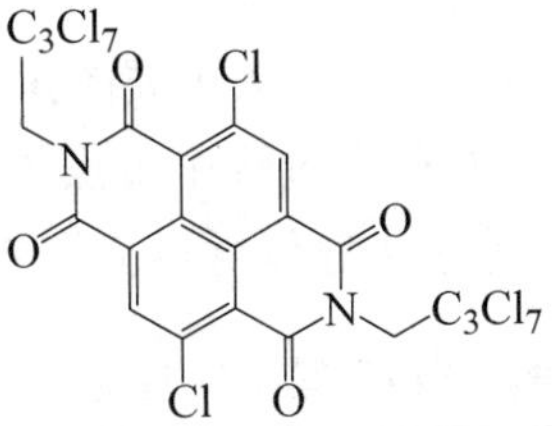

(a)

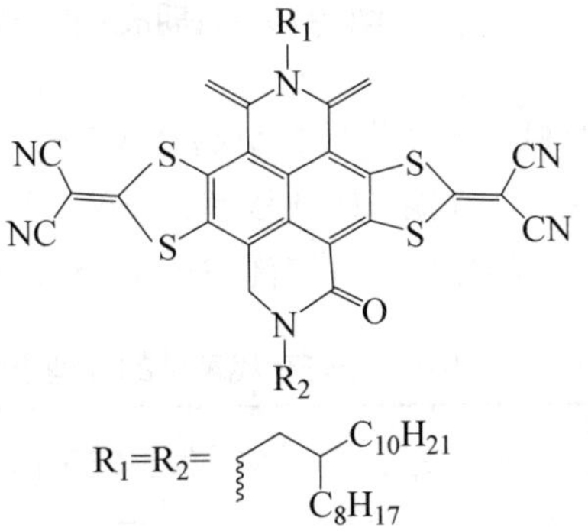

(b)

图 5-14 高迁移率 NDI 衍生物 n 型有机小分子材料

溶液可加工性被广泛认为是有机半导体的一个关键优势，溶剂残留在被加工的薄膜和晶体中是不可避免的。研究表明溶液生长单晶中的微量极性溶剂残留物对电子运动有害，去除这些残留会使电子迁移率增加约 60%。例如：制备高纯的 TIPS-TAP 单晶可实现高达 13.3cm^2/(V·s)的迁移率和 6×10^8 的开关比。一些溶液加工的 n 型小分子半导体如图 5-15（a）和 5-15（b）所示，分别可以获得 1.95cm^2/(V·s)和 4.50cm^2/(V·s)的迁移率。部分最新报道的酰亚胺类衍生物的 n 型小分子半导体材料也在图 5-15 中列出。

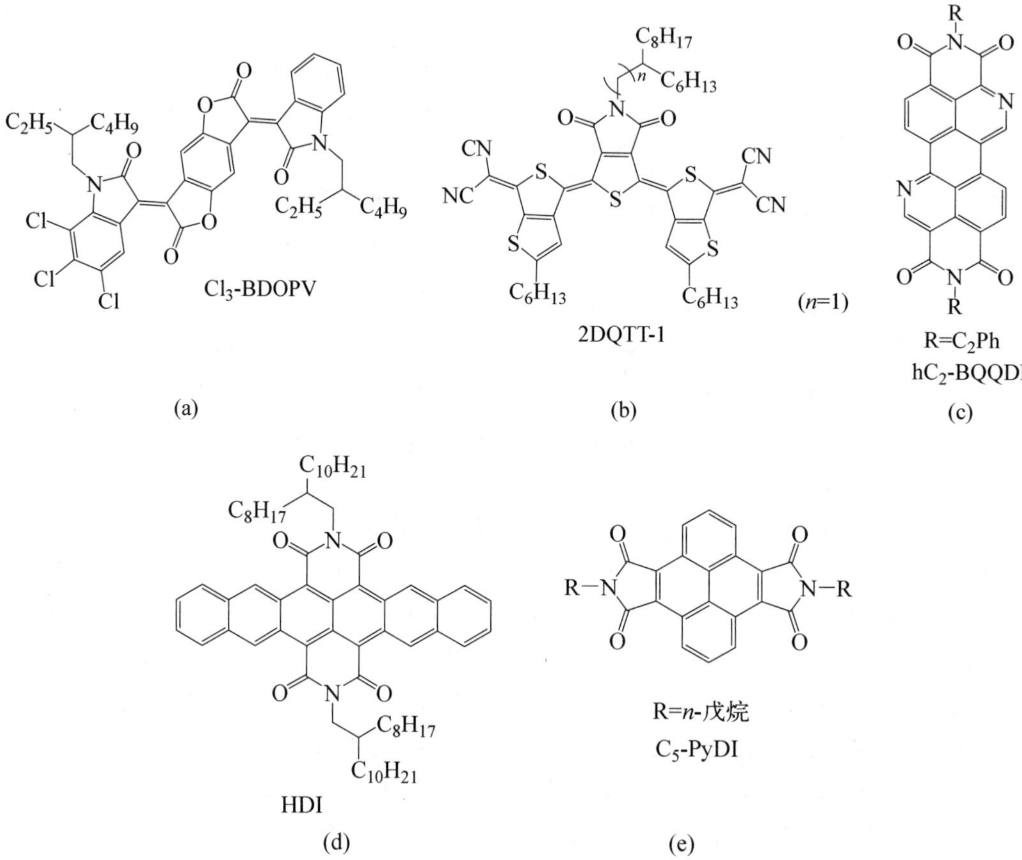

图 5-15 近期报道的一些 n 型有机小分子材料

总之，有机小分子半导体材料在 OTFT 的研究中扮演着至关重要的角色，它的加工特性、典型的器件性能（如迁移率、开关比）等是人们在研究过程中重点关注的指标。表 5-1 和表 5-2 分别列出了一些有代表性的 p 型和 n 型小分子半导体材料及其 TFT 性能。

表 5-1 一些有代表性的 p 型小分子半导体材料及其 TFT 性能

p 型小分子半导体材料名称	半导体层制备方法	介质层	迁移率/[cm^2/(V·s)]	开关比
diF-TES-ADT	PVT[①]	SiO$_2$	6.0	10^8
红荧烯		聚对二甲苯	8.0	10^6
2,6-DPA		SiO$_2$	34.0	—

续表

p型小分子半导体材料名称	半导体层制备方法	介质层	迁移率/[cm²/(V·s)]	开关比
C₈-BTBT	喷墨打印	SiO₂	31.3	10⁵~10⁷
	热蒸发		1.9	10⁸
BTBTTBT	PVT		17.9	>10⁷
C₁₀-DNBDT-NW[②]	边缘浇筑法		12.1~16.0	10⁶
TiOPc（α相）[③]	PVT		10.6~26.8	10⁴~10⁷
并五苯	PVT	菲醌（PQ）	40.0	10⁶
	热蒸发	SiO₂	0.1	10⁶
	热亚胺化反应	聚丙烯酸/聚酰亚胺（PAA/PI）	5.6	1.4×10⁶
TIPS-PPP[④]	热蒸发	CYTOP[⑤]	6.5	10⁵

① PVT 指物理气相传输法；
② C₁₀-DNBDT-NW 指 3,11-二癸基-二萘葶[2,3-d:2′,3′-d′]苯并[1,2-b:4,5-b′]二噻吩；
③ TiOPc（α相）指氧钛酞菁（α相）；
④ TIPS-PPP 指 6,13-双(三异丙硅基乙炔基)并五苯-环戊二烯；
⑤ CYTOP 是一种含氟聚合物。

表 5-2　一些有代表性的 n 型小分子半导体材料及其 TFT 性能

n型有机半导材料名称	半导体层制备方法	栅介质层	迁移率/[cm²/(V·s)]	开关比
Cl₃-BDOPV	旋涂	SiO₂	1.05~1.95	>10⁵
2DQTT-1		SiO₂	3.70~4.50	10⁷~10⁸
anti-3c[①]	PVT	SiO₂	2.90~4.20	1.3×10⁸
PhC₂-BQQDI	—	SiO₂	3.00	—
HDI	—	SiO₂	1.88~2.77	1.8×10⁴
C₅-PyDI	—	—	1.92~3.08	>10⁶
DPP1012-4F[②]	旋涂	—	0.91~1.05	10⁴~10⁵
QBNA[③]	滴涂	SiO₂	1.60	10⁵~10⁶
TIPS-TAP	—	SiO₂/BCB[④]	13.30	6.0×10⁸

① anti-3c 指非结构 3C 蛋白质酶；
② DPP1012-4F 指噻吩二酮吡咯 3-(二氰甲基)茚-1-酮-4 氟；
③ QBNA 指四重 B←N 稠合二苯并氮杂并苯；
④ BCB 指苯并环丁烯。

5.2.2 聚合物半导体材料

5.2.2.1 p 型聚合物半导体材料

聚噻吩是最具有代表性的 p 型聚合物半导体材料，第一个 OTFT 器件就是基于聚噻吩半导体层，通过电化学聚合的方法制备而来，但其迁移率只有 10^{-5} cm²/(V·s)。经过几十年的不断努力，目前无论是半导体材料的设计合成上，还是在 OTFT 器件的制备和性能优化上，均取得了许多突破性的进展，迁移率已经接近或超过了 1.0 cm²/(V·s)，有的甚至超过

了 $10cm^2/(V·s)$。

聚噻吩类的 OTFT 可以利用经典的聚合物构建单元设计和合成，以提高性能、增加溶液加工能力和提高稳定性。聚 3-己基噻吩（P3HT）是研究最为广泛的聚噻吩类 p 型聚合物半导体材料，P3HT TFT 的空穴迁移率与分子取向和区域规整性有很大的关系，其迁移率可以在 $10^{-5} \sim 10cm^2/(V·s)$ 的范围内变化。研究发现溶液剪切涂覆可以显著提高载流子迁移率，由于溶液剪切的作用导致了 P3HT 分子序列排列更为规整，迁移率可达 $0.32cm^2/(V·s)$。使用 Au/Ni 作为源漏极，对基材进行臭氧表面处理后旋涂 P3HT，在 80℃ 下退火 2 小时，其迁移率可达到 $5.04cm^2/(V·s)$。此外，P3HT 分子量的大小、侧链的长短、成膜方式、溶剂的选择和热退火处理也会显著影响聚合物链的有序排列和材料的物理性质。其中，溶剂的选择是一个重要的方面，已有大量的工作研究不同的溶剂对局域有序的 P3HT 薄膜的影响，其中有氯仿、1,1,2,2-四氯乙烷、氯苯、甲苯、邻二甲苯和四氢呋喃等。不同的溶剂得到的薄膜有着不同的有序排列度、薄膜平整度和连续度，所得到的迁移率也有很大的差别。由于 P3HT 的电离能较小（4.8~5.0eV），即 HOMO 较高，容易被氧掺杂，因此其薄膜暴露在空气中时，将会引起电导的增加，从而降低器件的电流开关比；而在氧气存在的环境下，深紫外光会在 P3HT 中引入羰基缺陷，而使其失去共轭性质，迁移率降低。

通过将未取代的噻吩、二噻吩并噻吩（TT）和噻吩乙烯（TV）单元引入聚噻吩的主链可以设计得到空气稳定性更好的吡喹酮（PQT）、聚[2,5-双（3-十四烷基噻吩-2-基）噻吩并 3,2-b 噻吩]（PBTTT）、聚噻吩乙烯（PTVT）材料。比如侧链取代或者在分子的主链上引入吸电子的稠环单元形成的 PBTTT 材料，不仅提高了 P3HT 的电离能，加强氧化稳定性，而且还能够保留 P3HT 的微晶结构、薄层自组织和高迁移率的特性。PBTTT 的电离能比 P3HT 的提高 0.3eV，利用 PBTTT 和 PS 产生垂直相分离，在绝缘体上产生高度有序的共轭聚合物链的二维超薄层，制备的具有单聚合物传输层的 OTFT 的场效应迁移率高达 $2.1cm^2/(V·s)$，这种形成二维超薄层获得高迁移率的方式也适用于 PQT 等材料。

聚噻吩乙烯及其衍生物是另一类经典的聚噻吩半导体材料。其中由烷基取代的聚噻吩乙烯噻吩基共聚物 PC12TV12T 具有优良的溶液溶解性和加工性，所制备的 OTFT 迁移率可达到 $1.0cm^2/(V·s)$；利用烷基取代的方法还可以设计出共面性极好的聚（噻吩乙烯）衍生物 PTVTT-TT，其衍生物中 PTVT-TT 的迁移率最高可以到 $4.6cm^2/(V·s)$。上述的 P3HT、PQT、PBTTT、PTVT 都可以被视为全给体型聚合物，这些聚合物通常具有相对较宽的带隙，因此有利于单极性空穴传导。

相比之下，给体单元（D）受体单元（A）共聚物同样是有机聚合物半导体研究的热门（称为 D-A 型共聚物），表现出了更高的迁移率。常见的 A 单元有苯并噻二唑（BT）、吡咯并吡咯二酮（DPP）、苯并二噻二唑（BBT）、萘二酰亚胺（NDI）和异靛青（IDG）。围绕这些单元所设计的有机半导体聚合物制备得到的 OTFT 性能优越。目前，基于 D-A 型共聚物的 OTFT 可以达到 $10.0cm^2/(V·s)$ 以上的空穴迁移率，有的甚至可以达到 $20.0cm^2/(V·s)$ 以上。比如，DTT-DPP 是一种基于二噻吩并[3,2-b:2′,3′-d]噻吩-N-烷基酮吡咯吡啶共轭聚合物，具有高达 $10.5cm^2/(V·s)$ 的空穴迁移率；含长链侧基的给体-受体型聚合物 PDVT-10 具有 $11.0cm^2/(V·s)$ 的空穴迁移率。一些代表性 p 型聚合物半导体材料在图 5-16 中列出。

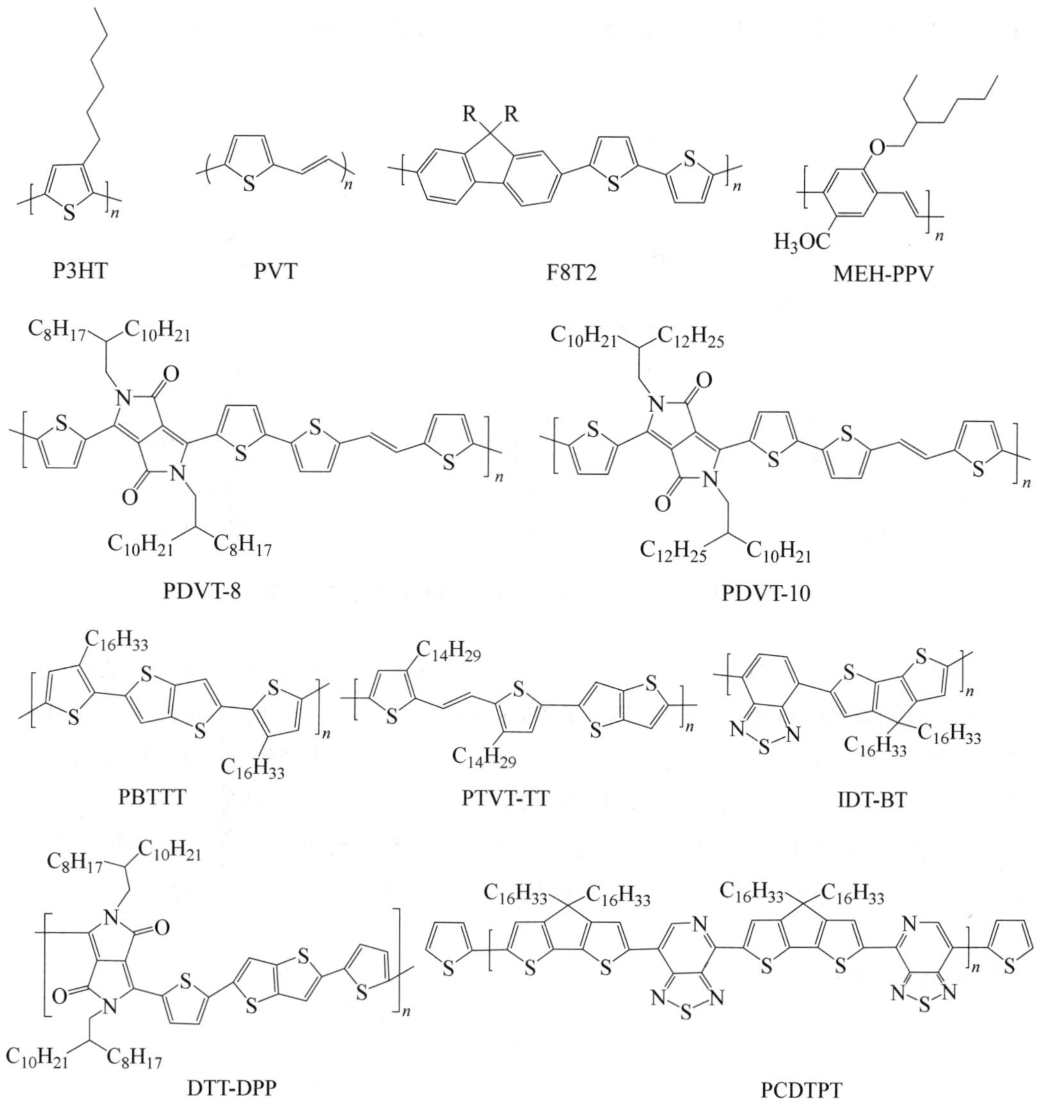

图 5-16　一些代表性 p 型聚合物半导体材料

5.2.2.2　n 型聚合物半导体材料

n 型聚合物半导体材料是所有有机半导体材料中最少的，其开发的难度也是最大的。早些时候，梯形聚合物 BBL（图 5-17）的研究最为深入。与之相似的还有非梯形结构的 BBB（图 5-17），也是相同时期表现良好、空气中稳定的 n 型聚合物半导体代表。通过优化制备方法获得高度有序的薄膜，BBL 的迁移率最高可达 $0.1cm^2/(V·s)$。然而 BBL 的溶解度差，只能溶于一些特殊的溶剂，这严重限制了其应用。

芳香酰亚胺共聚物的溶解性可以通过调节酰亚胺 N 原子上的基团得以提高，且可以获得相对较高的电子迁移率。其典型的代表包括苝酰亚胺、萘酰亚胺和噻吩酰亚胺。采用直接芳香化法和 Stille 偶联法对比合成的系列数均分子量相当的 NDI 类共聚物 P（NDI2OD-T2），最高迁移率可以达到 $3.0cm^2/(V·s)$ 以上，如图 5-17 所示。此外，用并三噻吩（DTT）为电子给体和苝酰亚胺（PDI）为电子受体的 n-型共聚物 P（PDI-DTT）（图 5-17）表现出良好的溶液加工特性、优良的热稳定性，用其制备的 OTFT 器件的电子迁移率为 0.013cm²/(V·s)。

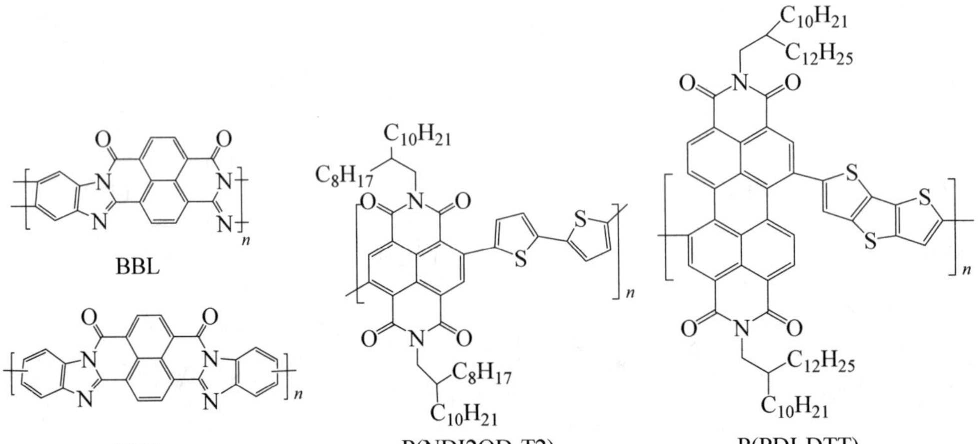

图 5-17 一些 n 型聚合物半导体材料的化学结构

将噻吩乙烯噻吩（TVT）单元引入到 NDI 类共轭聚合物的主链中，并合成大π共轭型聚合物 P(NVT-8)❶和 P(NVT-10)❷，其中 P(NVT-10)可以获得高达 1.57cm²/(V·s)的迁移率。在此基础上，对 PNVT 共聚物进行了侧链修饰，如含硅烷氧基侧链的 P(NDI2SiC6-TVT)（如图 5-18 所示），通过优化器件 P(NDI2SiC6-TVT)电子迁移率达到 1.04cm²/(V·s)。后来经过进一步的优化，P(NDI2SiC6-TVT)的电子迁移率达到了 5.64cm²/(V·s)，相比之下，具有类似结构的 P(NDI2SiC6-T2)获得了更高的电子迁移率，最高达到了 6.50cm²/(V·s)。

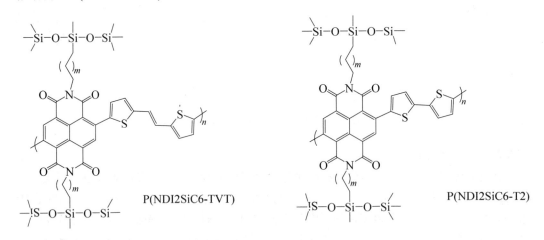

图 5-18 高电子迁移率的 n 型聚合物半导体材料

---

❶ P(NVT-8)为聚{*N,N*′-二(烷基)-1,4,5,8-萘二酰亚胺-2,6-二酰亚胺-取代-5,5′-二(噻吩-2-基)-2,2′-(*E*)-2-[2-(噻吩-2-亚基)乙烯基]噻吩}。

❷ P(NVT-10)为聚{*N,N*′-二(烷基)-1,4,5,10-萘二酰亚胺-2,6-二酰亚胺-取代-5,5′-二(噻吩-2-基)-2,2′-(*E*)-2-[2-(噻吩-2-亚基)乙烯基]噻吩}。

近几年来，p型、n型聚合物半导体材料的研究在不断深入，不断取得新进展，表5-3和表5-4归纳了近几年代表性聚合物半导体材料的相关性能。

表5-3 近几年代表性p型聚合物半导体材料

p型半导体层	半导体层制备方法	介质层	迁移率/[cm²/(V·s)]	开关比
P3HT	旋涂	SEGI①	5.04	>10³
	剪切涂层	SiO₂	0.20～0.32	—
PBTTT/PS	旋涂	PS、SiO₂	2.10	约10⁵
PTVT-TT		CYTOP	2.80～4.60	约10⁵
IDT-BT	同轴聚焦电液射流打印	PMMA	1.10	1.93×10⁵
	旋涂	CYTOP	3.60	>10⁶
PCDTPT	—	SiO₂	36.30	—
PCDTPT/SEBS②	旋涂		2.31	
CDT-BTZ	—		3.30	10⁵～10⁶
	SVED③	SiO₂	4.30～5.50	10⁶
			18.50	—
DTT-DPP	旋涂	SiO₂/OTS④	5.40～10.50	≥10⁶
PDFDT⑤		P(VDF–TrFE)	9.05	>10³
IIDDT-C3⑥		SiO₂	2.98～3.62	>10⁶
PIIF-C9Si⑦			4.50～4.80	约10⁶

① SEGI表示聚合物固态电解质栅极绝缘体；
② SEBS为苯乙烯-乙烯-丁烯-苯乙烯嵌段共聚物；
③ SVED指表面气相刻蚀与沉积；
④ OTS为十八烷基三氯硅烷；
⑤ PDFDT为二氟苯并噻二唑-二硫代硅烷醇共聚物；
⑥ IIDDT-C3表示基于异靛蓝的共轭聚合物；
⑦ PIIF-C9Si表示连接碳数为9的硅氧烷链分叉位置对呋喃桥连异靛基共聚物。

表5-4 近几年代表性n型聚合物半导体材料

n型半导体层	半导体层制备方法	介质层	迁移率/[cm²/(V·s)]	开关比
DPPPhF4①	旋涂	SiO₂	2.00～2.36	约10⁴
PNBSF②			2.80～3.50	—
PNBTF③		PMMA	1.70～2.20	—
PNBO④			2.43	>4.50×10³
BDPPV⑤			0.84～1.10	>10⁵
FBDPPV⑥-1		CYTOP	1.39～1.70	10⁵～10⁶
FBDPPV-2			0.62～0.81	10⁴～10⁵
N-CS2DPP-OD-TEG⑦			3.00	>10⁴
P(NDI2SiC6-T2)		PMMA	1.04	10³
P(NDI2SiC6-TVT)			0.93	10³
P(NDI2HD-T2)⑧	滴涂	SiO₂	1.78	6.63×10⁴

续表

n 型半导体层	半导体层制备方法	介质层	迁移率 /[cm^2/(V·s)]	开关比
P(NDI2OD-T2)⑧	滴涂	SiO$_2$	1.02~1.22	6.92×10^5
	单向浮膜转移	SiO$_2$/CYTOP	0.56~0.78	>10^5
PNDIF-T2⑧	旋涂	SiO$_2$	5.73~6.50	约10^5
PNDIF-TVT⑧			4.92~5.64	约10^5
PNDI-RO⑧			1.12~1.64	10^5
AzaBDOPV-2T⑨		CYTOP	1.63~3.22	10^4~10^5
PAIIDBT⑩		PMMA	1.00	10^6

① DPPPhF4 为四氟-(2-二苯基膦)苯;
② PNBSF 为硝基苯磺酰氟;
③ PNBTF 为三氟硝基苯;
④ PNBO 为萘苯并异噁唑;
⑤ BDPPV 为苯并二呋喃酮基聚亚乙烯基;
⑥ FBDPPV 为向 n 型聚合物 BDPPV 骨架上引入氟原子获得的 n 型聚合物;
⑦ N-CS2DPP-OD-TEG 是将两种不同烷基链的缺电子体系并吡咯二酮(DPP)片段进行聚合得到的 D-A 共聚物;
⑧ P(NDI2OD-T2)、P(NDI2HD-T2)、PNDIF-T2、PNDIF-TVT、PNDI-RO 都为萘二亚胺基聚合物;
⑨ AzaBDOPV-2T 为一种给受体(D-A)共轭聚合物;
⑩ PAIIDBT 为采用高度缺电子的叠氮靛蓝核制备的交替共聚物。

5.3 有机薄膜晶体管的界面工程

OTFT 是由多层薄膜构筑而成的,相邻薄膜之间存在界面。在一定的栅极电压下,载流子在栅绝缘层/有机半导体层界面积累而形成导电沟道;同时,载流子在源漏电压的驱动下,从源极注入经过导电沟道而进入漏极。栅绝缘层/有机半导体层界面和源漏电极/有机半导体层界面的性质对 OTFT 的性能有很大的影响。

5.3.1 栅绝缘层/有机半导体层界面工程

OTFT 工作时,导电沟道通常位于有机半导体层靠近栅绝缘层的一个或者几个分子层厚度的薄层中,这个极薄层的性能深受栅绝缘层/有机半导体层界面性质的影响。栅绝缘层的介电常数、缺陷杂质、致密度等会影响其电容、泄漏电流等;栅绝缘层的表面粗糙度和表面能会对 OTFT 的性能有很大的影响,良好的栅绝缘层表面决定了与它依附的半导体层的质量,这有利于控制有机半导体层的表面形貌、晶粒大小、分子的取向和有序程度。因此,改善栅绝缘层/有机半导体层的界面接触成为提高 OTFT 器件性能的重要途径之一。

在 OTFT 中,栅绝缘层的表面修饰或直接自主装就是利用分子与基板或电极表面的化学键的相互作用而使分子自身进行有序排列形成的自主装单分子层(SAM)或自主装多分子层(SAMT)。通常,可以将 SAM 或 SAMT 直接作为栅绝缘层,也可以用 SAM 或 SAMT 来修饰传统栅绝缘层的表面来改善传统栅绝缘层与有机半导体层之间的接触。

将 SAM 或 SAMT 直接作为栅绝缘层时，由于这种薄膜的厚度一般只有几纳米，特别适合电子器件微型化的需求。不仅如此，自组装绝缘层薄膜的电容率通常比传统薄膜的大两个数量级以上，因此能获得超低工作电压的 OTFT 器件。将 2.8nm 厚的十八烷基三氯硅烷（octadecyltrichlorosilane，OTS）移植到含有 1.0～1.5nm 自然氧化层的 p 掺杂的硅片的表面上，在高达 5.8MV/cm 的电场强度下泄漏电流只有 $10^{-8}A/cm^2$，比没有 OTS 的低了约 5 个数量级。其电容率约为 $150nF/cm^2$，介电强度高达 9～12MV/cm。虽然 SAM 绝缘层具有有序的结构以及极高的电容率，但是由于这种有序的排列并不是很紧密，拥有较多的孔洞，造成较高的缺陷密度。采用双官能团的烷基链、高极性的苯乙烯基吡啶盐和硅氧烷构建的 SAMT 绝缘层，可以改善绝缘性能。此外，有研究人员利用特殊的制备方法，制备得到自组装纳米介质（SAND），它是由交替的有机和无机单层组成，具有高介电常数和低泄漏电流等优点，通过在 SAND 分子间氢键的相互作用室温下实现分子的多层组装，并引入介电常数更高的分子可以得到更好性能的器件。表 5-5 列出了一些报道的基于 SAM 或 SAMT 栅绝缘层的 OTFT 器件参数及其性能。

表 5-5 一些基于 SAM 或 SAMT 栅绝缘层的 OTFT 器件参数及其性能

自主装层	厚度/nm	C_i /(nF/cm)	介电强度 /(MV/cm)	半导体层材料	迁移率 /[cm²/(V·s)]
OTS	2.8	153	9～12	6T	0.00036
PhO-OTS[①]	2.5	900	14	DE-6T[②]	0.2
				并五苯	1.0
SAMT-Ⅰ	2.3	400	5～6	DH-6T	0.04
SAMT-Ⅱ	3.2	710	6～7		0.02
SAMT-Ⅲ	5.5	390	6～7		0.06
				6T	0.002
				DFHCO-4T[③]	0.02
				FPcCu[④]	0.003
				DH-PTTP[⑤]	0.01

① PhO-OTS 为 5,5(′)-全氟己基碳酰 2(′):5(′),2(′):5(′),2(′)-四噻吩；
② DE-6T 为 α,α'-二乙基六噻吩；
③ DFHCO-4T 为 5,5′-二全氟己基羰基-2,2′:5′,2″:5″,2‴-四元噻吩；
④ FPcCu 为铜代全氟异丙基取代全氟酞菁；
⑤ DH-PTTP 为 5,5′-二（4-正己基苯基）-2,2′-二噻吩。

改善栅绝缘层/有机半导体层的界面接触另外一个办法就是界面修饰。界面修饰是在无机或聚合物绝缘层上面增加一层较薄的修饰层的方法，它包括了 SAM 修饰和聚合物缓冲层修饰两种方法。

如前所述，SAM 可以单独作为 OTFT 的栅绝缘层以获得低工作电压，但是这种绝缘层的稳定性和可靠性依然是一个问题。因此，SAM 更常被用来作为无机或聚合物绝缘层的修饰层以改变无机或聚合物绝缘层表面的状态，这样既可以拥有稳定可靠的绝缘性能又可以改善栅绝缘层/有机半导体层之间的界面接触，获得高性能的 OTFT 器件。

由于无机绝缘层 SiO_2 的表面含有大量的 Si—OH 键（羟基基团），这些基团是电子陷阱，会显著地影响器件的载流子迁移率、迟滞特性和阈值电压。通过六甲基二硅胺 (hexamethyldisilazene, HMDS) 或 OTS 等处理后，SiO_2 表面的羟基基团会与 HMDS 或 OTS 反应生成硅氧烷，形成 SAM，从而改变了栅绝缘层/有机半导体层的界面性质。自此之后，HMDS、OTS 或其他的硅烷试剂、烷基磷酸试剂、苯乙烯试剂等，被用作修饰材料也被相继报道。这些 SAM 修饰材料通过蒸汽处理或溶液处理的方法制备在栅绝缘层之上。通过选择合适的 SAM 材料，栅绝缘层/有机半导体层界面的参数可以得到较好的控制，许多 OTFT 器件的载流子迁移率被显著提高。

研究结果表明，OTFT 器件经 SAM 修饰后，栅绝缘层的表面粗糙度对载流子迁移率的影响减小。例如：并五苯 TFT 的栅绝缘层经 OTS 修饰后，虽然栅绝缘层的表面粗糙度较小（均方根粗糙度只有约 0.1nm），但空穴载流子的迁移率只有 $0.5cm^2/(V·s)$；同样的器件经 HMDS 修饰后，虽然表面粗糙度较大（0.5nm），但迁移率却高达 $3.4cm^2/(V·s)$。通过对并五苯形貌的进一步研究发现，并五苯在 HMDS 修饰的表面上呈现面状的单晶结构，而在 OTS 修饰的表面上呈现树枝状的多晶结构。因此，并五苯的载流子迁移率取决于 SAM 层上第一层的分子排列，而不是取决于 SAM 表面的粗糙度。

一般来说，SAM 修饰后，绝缘层的表面能会降低，通常，表面能的降低有利于载流子的传导。有报道采用四种不同的 SAM 修饰栅绝缘层，如图 5-19 所示，发现当表面能从 35.5mN/m 降到 13.3 mN/m 时，载流子迁移率从 $0.38cm^2/(V·s)$ 提高到 $1.0cm^2/(V·s)$。

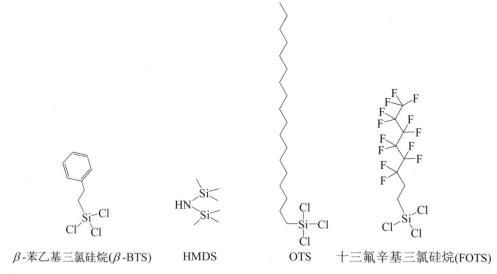

β-苯乙基三氯硅烷(β-BTS)　　HMDS　　OTS　　十三氟辛基三氯硅烷(FOTS)

图 5-19　几种修饰材料的结构式

另外，如果 SAM 采用极性的末端基团，会对器件的阈值电压产生很大的影响。实验发现，采用含有不同极性的末端基团（—CF_3、—CH_3、—NH_2）的 SAM 修饰绝缘层，能够调控 OTFT 的阈值电压。末端基团为—CF_3 时，OTFT 的阈值电压正向偏移；末端基团为—NH_2 时，OTFT 的阈值电压负向偏移。这是因为—CF_3 具有吸电子能力，相当于产生了空穴，这样就需要一个更正的电压来关断 OTFT 器件；而—NH_2 具有较强的给电子能力，它会中和半导体层上已经产生的空穴，这样就需要一个更负的电压来开启 OTFT 器件。

聚合物缓冲层的界面修饰方法是在栅绝缘层/有机半导体层界面上再插入一层很薄的聚合物绝缘层。大多聚合物绝缘材料通常具有较低的表面能、较好的平坦度、与有机半导体材料接触较好等优点，但是这类材料又通常具有较低的介电常数，无法实现低工作电压。为了同时达到高性能和低工作电压的目的，通常在高介电常数的绝缘层上添加一层低介电常数的聚合物绝缘层作为修饰层。

5.3.2 有机半导体层/源漏电极界面工程

有机半导体层/源漏电极界面接触的好坏对 OTFT 的性能有着重要的影响，这是因为载流子在源极注入和漏极流出时与电极/半导体的界面有关。这种界面接触的好坏通常由接触电阻来衡量，如果源漏电极与有机半导体层的接触电阻较小，则表示它们之间的接触较好。OTFT 的源极与漏极之间的电阻包括三个部分：沟道电阻、源极接触电阻和漏极接触电阻。通常源极接触电阻与漏极接触电阻统称为接触电阻。早期由于载流子迁移率低导致沟道电阻很大，相比之下接触电阻可以忽略不计。随着载流子迁移率提高，沟道电阻降低，甚至出现接触电阻大大超过沟道电阻的现象，这个时候接触电阻的大小将直接决定 OTFT 性能的好坏。有机半导体层/源漏电极界面接触的好坏最直接的表现是 OTFT 的输出特性曲线的电流拥挤效应，如果接触好，在 V_{DS} 较小时，电流 I_{DS} 会随 V_{DS} 的增大而线性增大；但接触不好时，在 V_{DS} 较小区域会出现电流拥挤效应（相当于在源漏接触区串联了一个电阻），如图 5-20 所示。如何计算接触电阻（TLM 法）已在前面 3.2.2 节中介绍。

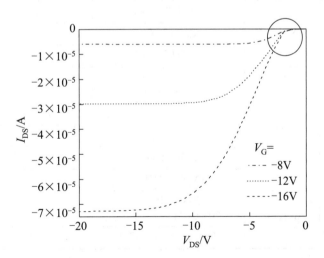

图 5-20　源漏接触电阻较大时 V_{DS} 较小区域的电流拥挤效应

为了降低接触电阻，电极材料必须与有机半导体材料形成良好的能级匹配。有机半导体中，由于空穴和电子分别是被注入到 HOMO 和 LUMO 能级中进行传导的，因而所用的电极材料的功函数需要与有机半导体的 HOMO 能级（对 p 型半导体）或 LUMO 能级（对 n 型半导体）相近。无机半导体通过可控掺杂改变材料费米能级的方法对于有机半导体材料来说十分困难，这主要是由于以小分子补偿离子形式存在的掺杂物能够移动，从而容易导致器件性能的不稳定。因此，在 OTFT 中无法通过对源漏接触区域的有机半导体的掺杂来改善接触，必须通过选择合适的金属电极以及合理的界面处理方法才能改善界面的接触。通过选择合适功函数的金属电极，使其数值尽可能与有机半导体相应的能级（HOMO 或 LUMO）相近，可以有效地降低接触电阻，有利于形成良好的欧姆接触。而通过对金属/半导体界面的处理同样可以提高器件的性能。例如并五苯的顶接触结构的 OTFT 中，在铝的源漏电极和并五苯之间引入一层金属氧化物作为电荷注入层，如 MoO_3、WO_3 或 V_2O_5，可以大幅地提高器件性能。这被认为是由于金属氧化物薄膜层的引入降低了接触电阻，从而增强了载流子的注入。此外，在金属和有机半导体层之间加一层金属氧化物还可以阻挡金属原子向有机半导体层的扩散，以及阻止电极层与有机半导体层接触界面上的化学作用。

在底接触器件中，由于金属电极的表面能通常较高，有机分子在金属电极上的排列倾向于躺在金属电极表面，这样就会增加接触电阻。通过对金属电极表面的修饰，降低其表面能，就能够使有机分子立在金属电极的表面。表面修饰改变了有机半导体在金属电极表面上的生长形貌，缩小了有机半导体在绝缘层和金属电极上的形貌差异，从而改善了源漏电极/有机半导体层之间的接触。使用 Ag-TCNQ 和 Cu-TCNQ 修饰 Ag 或 Cu 电极可以大幅改善有机半导体层/源漏电极界面的接触，提高底接触 OTFT 器件的性能。表 5-6 列出了一些代表性的界面修饰的 OTFT 性能。

表 5-6　一些代表性的界面修饰的 OTFT 性能参数

有源层	介质层	自主装修饰材料+被修饰的薄膜	迁移率/[$cm^2/(V·s)$]	开关比
C_{60}	SU8[1]	DABT[2]+Au	1.52	$9×10^4$
		PFBT[3]+Au	1.27	$7×10^4$
		ODT[4]+Au	0.88	$6×10^4$
并五苯	SiO_2	APS[5]+SiO_2 和 Au OTS+APS	0.23	$9.8×10^5$
diF-TES-ADT		PFBT+Au	0.1～1	—
TIPS-并五苯			0.1～1	—
P3HT		OTS+SiO_2	0.095	—
MoS_2-P3HT		MoS_2+P3HT	$7.50×10^{-3}$	10^3
P3HT	PMMA	80%CF_3-BA[6]，20%OCH_3-BA+ITO[7]	$3.52×10^{-2}$	1.96
		CF_3-P-Si+玻璃，ITO[7]	$2.09×10^{-2}$	1.99

[1] SU8 是一种光刻胶；
[2] DABT 为二甲基氨基苯甲醛硫脲；
[3] PFBT 为五氟苯硫；
[4] ODT 为十八烷硫醇；
[5] APS 为丙烯腈-丁二烯-苯乙烯共聚物；
[6] BA 为苯甲酸；
[7] ITO 指氧化铟锡。

习 题

1. 何谓 sp^2p_z 杂化？简述其形成过程。
2. 何谓σ键？何谓π键？它们的区别是什么？
3. 何谓"孤子"？何谓"极化子"？它们是如何对有机半导体的电荷输运作贡献的？
4. 简述苯环的电子结构。
5. 在噻吩分子中，硫原子上的一个非共享电子对被排斥到苯环的平面上，并形成了一个π电子云，这个π电子云中电子的离域性与其他π电子的离域性相比如何？
6. 有机半导体材料如何分类？
7. 为什么 n 型有机半导体空气稳定性较差？
8. 栅绝缘层的表面性质如何影响 OTFT 的性能？
9. 有机半导体的 HOMO、LUMO 能级与无机半导体的价带、导带有何异同？

氧化物薄膜晶体管

过去几十年，由于电流驱动型发光显示、柔性电子以及透明电子的兴起，寻找比非晶硅更高迁移率的半导体材料成为TFT研究的主流方向。在这个背景下，氧化物半导体（oxide semiconductor）重新引起了关注，得到了快速的发展。其中，里程碑式的工作来自日本东京工业大学细野秀雄（Hideo Hosono）课题组于2004年报道的基于非晶态氧化铟镓锌（InGaZnO，简称IGZO）半导体材料，该材料在非晶状态下显示出较高的迁移率，并与柔性衬底兼容。自此，以IGZO为代表的氧化物半导体迅速引起广泛关注，并得到了突飞猛进的发展，不到十年就实现了在平板显示领域的规模应用。随着研究的深入，不断有新的氧化物半导体材料开发出来，氧化物半导体的相关理论不断完善。

本章介绍氧化物半导体的电子结构、电荷传导机制、缺陷来源、掺杂机制、新型器件构建、稳定性机理以及p型材料设计等，为氧化物TFT材料设计和器件构建提供理论依据。需要说明的是，本章的讨论针对所有的氧化物半导体（包括结晶态、p型），而不仅限于非晶态氧化物半导体（amorphous oxide semiconductor，AOS）。

6.1 氧化物薄膜晶体管概述

氧化物TFT是以氧化物半导体作为有源沟道材料的TFT。过去二十年，氧化物TFT得到了突飞猛进的发展，迅速获得应用。本节梳理氧化物TFT的发展历史、优缺点及应用进展。

6.1.1 历史及发展阶段

虽然氧化物TFT的兴起是近二十年的事，但是把氧化物半导体材料应用到TFT的想法始于1964年，当时Klasens和Koelmans以蒸发方式制备了以SnO_2作为半导体层、以Al_2O_3作为栅绝缘层、Al作为电极的TFT。然而该器件并未引起太大的关注，直到2000年之后透明电子学的兴起，氧化物TFT才又开始引起研究人员的关注。2003年Hoffman等人展示了利用溅射法制备的ZnO基的透明TFT，迁移率可达$2.5cm^2/(V·s)$，器件开关比达10^7。同时，由于OLED显示技术的兴起，人们迫切需要一种迁移率高（满足OLED大电流驱动的需求）、与柔性衬底兼容（实现柔性显示）的薄膜型半导体材料。在此背景之下，很多新型半导体（如有机半导体、碳纳米管等）被开发出来，高性能的氧化物半导体也开始兴起，并后来居上，迅速获得应用。2003 年细野秀雄等人报道了单晶的 $InGaO_3(ZnO)_5$ TFT，其迁移率高达 $80cm^2/(V·s)$，虽然它是用外延方法制备的，温度高、难度大，但它是一种能够与低温多晶硅的迁移率相媲美的、具有驱动电流型发光显示能力的薄膜型半导体材料。一年后，细野秀雄等人又发表了基于非晶态 IGZO 的柔性 TFT 的工作，在柔性衬底上获得了 $8.3cm^2/(V·s)$ 的迁移率，打破了只有有机半导体或碳管才能用于柔性 TFT 的观念。这种器件的制备方法简单，采用脉冲激光沉积法在室温下制备，由此开创了低温、低成本、高迁移率 TFT 的先河。此后，大量的用于 TFT 的氧化物半导体材料被相继报道。

6.1.2 优点和挑战

与其他 TFT 相比，氧化物 TFT 具有如下优点：

① 载流子迁移率较高，通常大于 $10cm^2/(V·s)$，远高于非晶硅，更适合驱动发光显示。

② 电学性能均匀性好，氧化物半导体的导带是由阳离子的 s 轨道组成，其半径较大，轨道之间通常相互交叠，所以载流子迁移率受薄膜有序程度影响较小，因此非晶态的氧化物 TFT 具有良好的电学均匀性。

③ 氧化物半导体薄膜能在较低温度下获得（150～400℃），它可以与一些塑料柔性衬底兼容，为便携式柔性/可穿戴显示器开辟新途径。

④ 氧化物半导体薄膜对可见光透明，带隙远大于传统的半导体如硅、锗等（如图 6-1 所示），可以用其制备全透明 TFT 器件，并大大提高显示器件的开口率，显著改善分辨率。

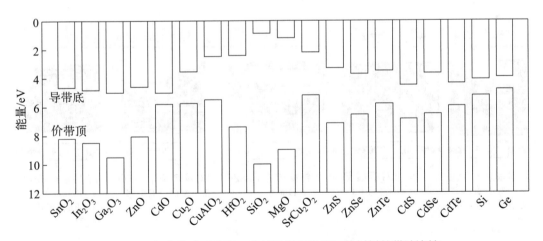

图 6-1 氧化物半导体和一些其他常见的半导体材料的带隙比较

⑤ 制造成本低，制造氧化物 TFT 无须离子注入和晶化设备，并能与传统的非晶硅 TFT 工艺基本兼容。

⑥ 可以大面积制备，与 LTPS 不同，氧化物半导体薄膜无须晶化工艺，因此不会受到晶化设备对面板尺寸的限制。

⑦ 关态电流极低，氧化物 TFT 的关态电流比硅基 TFT 低几个数量级。其原因是氧化

物半导体通常是单极 n 型导电，关态时不会形成反型（p 型）导电；此外，氧化物半导体带隙宽，难以被激发或隧穿。极低关态电流是氧化物 TFT 最重要的特征之一，使其在低功耗、低帧显示应用中受到青睐。

然而，氧化物 TFT 亦有一些需要进一步改进的地方：①氧化物半导体通常是 n 型导电（电子型）的，难以获得 p 型导电特性，因此在互补电路（CMOS）中的应用受到限制；②目前，氧化物 TFT 在光照下的负栅压应力稳定性（NBIS）依然不足，通常需要增加挡光层或设计更为复杂的像素电路来补偿；③氧化物半导体薄膜通常对酸敏感，即便在弱酸下也会被快速腐蚀，所以顶接触结构氧化物 TFT 需增加保护层（刻蚀阻挡层）来保护其不被后续工艺破坏，故增加了工艺成本；④IGZO 等氧化物半导体材料一般含有较稀有昂贵的铟（In），所以开发成本更低的无铟氧化物半导体材料是颇感兴趣的方向。

6.1.3 应用进展

氧化物 TFT 的应用主要集中于显示领域，包括大面积高清 LCD、电子纸、AMOLED、透明显示、柔性显示等。氧化物 TFT 应用进展主要节点如图 6-2 所示。氧化物 TFT 在显示领域最早应用出现在 2005 年，美国杜邦印刷公司首次报道基于氧化物 TFT 的黑白电子纸。紧接着，韩国 LG 集团于 2006 年报道了第一台基于氧化物 TFT 的 AMOLED 显示样机。从 2008 年开始，基于氧化物 TFT 的 LCD 或 AMOLED 显示开始往大面积、高清方向发展，纪录不断被刷新。国内的京东方科技集团股份有限公司和 TCL 华星光电技术有限公司也在国际信息显示学会上展出了基于氧化物 TFT 的大面积显示样机。继 LG 和夏普之后，京东方于 2013 年在重庆动工建设基于氧化物 TFT 的 8.5 代生产线。

图 6-2 氧化物 TFT 应用进展主要节点

在小尺寸 LCD 或 AMOLED 显示领域，氧化物 TFT 受到了传统的 LTPS-TFT 的挑战，因为小面积的激光晶化技术已经比较成熟。但在大尺寸的显示领域，氧化物 TFT 展现出其独特的吸引力，因为其无须晶化工艺，不会受到晶化设备的限制。除此之外，氧化物 TFT 因为其工艺温度低，在柔性显示领域也展现出其独特的魅力。如今，基于氧化物 TFT 的曲面电视已经面世。而在可卷曲的柔性显示方面，这几年也有很大的突破。国际上对于柔性

AMOLED 的研究取得突破性进展，陆续有多家科研机构和公司对自己在柔性 AMOLED 方面的科研成果进行了报道和展示。比如，2010 年，SMD 公司采用 PI 为衬底，开发出一款基于 IGZO TFT 的 6.5 英寸柔性全彩色 AMOLED 显示屏，分辨率为 160×RGB×272（85ppi），开口率为 53%，厚度小于 0.1mm。同年，LG 公司也展示了其采用超薄不锈钢衬底制备的 4.3 英寸柔性 AMOLED 显示屏，分辨率达到 480×RGB×320（134ppi），厚度小于 0.25mm。2011 年，日本广播协会科学技术研究所展出了 5 英寸、分辨率为 324×240 的柔性 AMOLED 显示屏，该柔性 AMOLED 显示屏的背板采用了聚萘二甲酸乙二醇酯（PEN）+IGZO 的组合。2012 年，日本的东芝公司也开发出一款采用 IGZO-TFT 技术的柔性 AMOLED 显示屏，显示尺寸达到了 11.7 英寸，分辨率为 960×RGB×540。2012 年，夏普公司量产基于 IGZO 的 LCD 显示。2013 年，LG 量产基于 IGZO 的 AMOLED 电视。2019 年，苹果发布基于 LTPS-IGZO（LTPO）技术的手表，标志着氧化物 TFT 的应用开始全面展开。

6.2 氧化物半导体材料设计理论及载流子传导机制

与单质硅不同，氧化物半导体属于化合物，其成分、缺陷、杂质要比单质硅的复杂得多。因此，氧化物半导体的导电机制比较复杂，不同的组分有不同的性质，其载流子产生和传导方式也不尽相同。本章接下来的部分将先介绍氧化物半导体材料的构成，再综合归纳其载流子的产生和传导机制，最后再介绍缺陷及稳定性。

6.2.1 氧化物半导体的基体元素及电子结构特征

氧化物半导体（如未特别说明，氧化物半导体均指 n 型氧化物，p 型氧化物将在 6.4 节单独介绍）是基于后过渡金属氧化物的半导体材料。后过渡金属元素包括ⅢA 族的 Al、Ga、In、Tl，ⅣA 族的 Ge、Sn、Pb 以及ⅤA 族的 Sb、Bi，如图 6-3 所示（放射性元素 Po 不在这里的讨论范围之内）。这些金属都具有熔点低、质软的物理性质，并且金属性大多一般。后过渡金属的价电子构型为 ns^2np^{1-4}（$n\geqslant 3$）。当只有 np 电子参与成键时，则表现为低氧化态；如果 ns 也参与，则表现为最高氧化态，既族价。一般后过渡金属自上而下低氧化态化合物的稳定性增强，高氧化态化合物为共价化合物或部分离子型化合物。后过渡金属的主要性质列于表 6-1。Al 电负性较小、离子半径较小，其氧化物（Al_2O_3）一般为绝缘体，因此 Al 不作为氧化物半导体的基体元素，有时会用作掺杂元素来抑制氧空位；Ge 的离子半径小，相邻 Ge^{4+} 的 4s 轨道不交叠，且其电负性高，其氧化物（GeO_2）共价性强、半导体性差，所以在氧化物半导体中一般不用 Ge；Tl、Pb、Bi 有毒性且价态不稳定，所以在氧化物半导体中一般也不用；Sb 可以作为二维材料（锑烯），本身具有一定的半金属-半导体特性，Sb 的化合物（如 Sb_2Se_3）带隙较窄，可用于红外探测，但 Sb 在氧化物半导体中的研究较少。

在有些场合，后过渡金属还包括ⅡB 族的 Zn、Cd、Hg，甚至还可以包括ⅠB 族的 Cu、Ag、Au，如图 6-3 所示。这取决于具体场合的定义。在氧化物半导体中 Zn 和 Cd 也是常见的元素（具体见后续章节介绍）。

			5 硼 B	6 碳 C	7 氮 N	8 氧 O	9 氟 F	10 氖 Ne
			13 铝 Al	14 硅 Si	15 磷 P	16 硫 S	17 氯 Cl	18 氩 Ar
28 镍 Ni	29 铜 Cu	30 锌 Zn	31 镓 Ga	32 锗 Ge	33 砷 As	34 硒 Se	35 溴 Br	36 氪 Kr
46 钯 Pd	47 银 Ag	48 镉 Cd	49 铟 In	50 锡 Sn	51 锑 Sb	52 碲 Te	53 碘 I	54 氙 Xe
78 铂 Pt	79 金 Au	80 汞 Hg	81 铊 Tl	82 铅 Pb	83 铋 Bi	84 钋 Po	85 砹 At	86 氡 Rn

图 6-3 后过渡金属元素的组成

表 6-1 后过渡金属元素（含 Zn 和 Cd）的价电子结构及主要参数对比

元素	原子序数	价电子层结构	主要氧化态	原子半径/pm	最高价离子半径/pm	第一电离能/(kJ/mol)	电负性	熔点/°C
Al	13	$3s^23p^1$	+3	143	50	578	1.5	660.4
Ga	31	$4s^24p^1$	+1,+3	122	62	579	1.6	29.78
In	49	$5s^25p^1$	+1,+3	163	81	558	1.7	156.6
Tl	81	$6s^26p^1$	+1,+3	170	95	589	1.8	303.5
Ge	32	$4s^24p^2$	+2,+4	123	53	762	1.8	973.4
Sn	50	$5s^25p^2$	+2,+4	141	71	709	1.8	231.9
Pb	82	$6s^26p^2$	+2,+4	175	84	716	1.9	327.5
Sb	51	$5s^25p^3$	+3,+5	136	62	832	1.9	630.5
Bi	83	$6s^26p^3$	+3,+5	155	74	703	1.9	271.3
Zn	30	$4s^2$	+2	133	74	906	1.6	419.5
Cd	48	$5s^2$	+2	149	97	868	1.7	320.9

由前面分析可知，后过渡金属具有 $ns^2np^{1\sim 4}$ ($n\geq 3$) 的价电子层结构，如果不考虑不含 d 电子的 Al，则具有 $(n-1)d^{10}ns^2np^{1\sim 4}$ ($n\geq 4$) 的价电子层结构，其最高氧化态的氧化物阳离子具有 $(n-1)d^{10}ns^0$ ($n\geq 4$) 的结构。从这个角度以及前面内容的分析来看，构成氧化物半导体的金属元素主要包括 In、Ga、Sn、Zn 和 Cd 这五种元素。理论计算表明，氧化物半导体的价带顶主要由氧的 2p 轨道组成，导带底由金属离子未被电子占据的外层 ns^0 轨道组成。有一种误解认为金属阳离子的半径远大于氧离子的半径，实际上，在纯离子型氧化物中，氧得到两个电子半径大幅增大（可达 140pm），远大于金属离子的半径。当 $n\geq 5$ 时（如 In、Sn、Cd），金属阳离子的最外层 ns 轨道电子云可以相互交叠，能级相近的电子可以在空间上球形对称的金属阳离子的 ns 轨道传导，而 s 轨道电子云是高度球对称分布的，ns 轨道的交叠性和球对称性使氧化物半导体在非晶态下依然能保持较高的载流子迁移率，如图 6-4 所示。由 Slater-Koster 理论可知，双中心的轨道相互作用函数 $V(l,m)$ 可以表示为距离 r、球坐标纬向角 θ 和经向角 φ 的表达式：

$$V(l,m) = V(r, \theta, \varphi) \tag{6-1}$$

当轨道球对称时（s 轨道），上述公式与方向无关，可以简写成：
$$V(ss) = V(r) \tag{6-2}$$

因此含铟的氧化物半导体的输运特性与 ns 轨道的交叠程度（r）有关，而与方向（θ 和 φ）无关。这与硅的情况完全不同，硅属于 sp^3 杂化轨道。键的微小变化会对载流子的迁移产生较大影响，如图 6-4 所示。这样，硅材料的迁移率，随其原子排列结构的变化，可以从单晶态的大于 $100cm^2/(V·s)$ 减少到非晶态的低于 $1cm^2/(V·s)$。

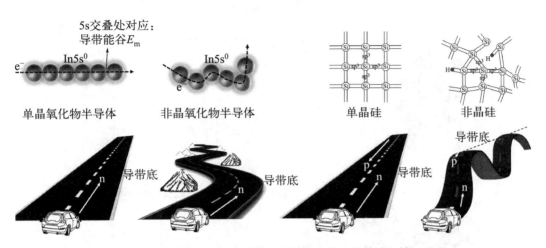

图 6-4 氧化物半导体和硅在单晶和非晶结构下的载流子输运原理

6.2.2 氧化物半导体材料的设计理论

根据结构和组分，氧化物半导体材料可分为二元、三元、四元等体系。二元材料是氧化物半导体的基体材料，如 6.2.1 节所述，可以用于氧化物半导体的基本金属元素有 In、Ga、Sn、Zn 和 Cd，其对应的二元氧化物分别为 In_2O_3、Ga_2O_3、SnO_2、ZnO 和 CdO，它们是最简单的氧化物半导体，是多元氧化物半导体的基体材料。这些二元氧化物的晶胞结构和能带结构图如图 6-5 所示（注意：能带结构图仅供参考，不同的计算和近似方法所得到的能带结构图是有差异的），它们的主要参数列于表 6-2。除了 ZnO 之外，它们主要是以离子键（或部分离子键）结合在一起的。如 6.2.1 所述，这些氧化物材料还有一个共同特点：它们的金属阳离子均具有 $(n-1)d^{10}ns^0$（$n \geq 4$）的电子结构，这些空的 s 轨道具有球对称性。其中，CdO、In_2O_3 和 SnO_2 的 $n=5$，相邻金属离子的 5s 轨道能相互交叠，形成电子通道，所以它们对晶格有序度比较不敏感；ZnO 和 Ga_2O_3 的 $n=4$，金属离子 4s 轨道的半径较小（特别是 Ga4s 轨道），相邻金属离子的 4s 轨道不相互交叠（或交叠少），需要较好结晶条件才能在大范围内形成较通畅的电子通道，所以它们对晶格有序度比较敏感（Ga_2O_3 在非晶状态下迁移率极低）。综合报道的有效质量来看，Ga_2O_3 的有效质量最大，CdO 的有效质量最小，其迁移率也最高，但由于 Cd 的重金属毒性，其大规模应用受到限制。这几种氧化物除 CdO 的带隙相对较窄（约 2.3eV），其他都属于宽带隙半导体，其中 Ga_2O_3 的带隙最宽（约 4.8eV），其在紫外光探测中的应用受到重视。在退火温度方面（针对溅射制备的薄膜），In_2O_3 的退火温度较低，因为其对结晶不敏感；Ga_2O_3 的退火温度极高，通常需要 600℃ 以上的温度才会显示场效应特性。下面介绍这些二元氧化物半导体的基本性质。

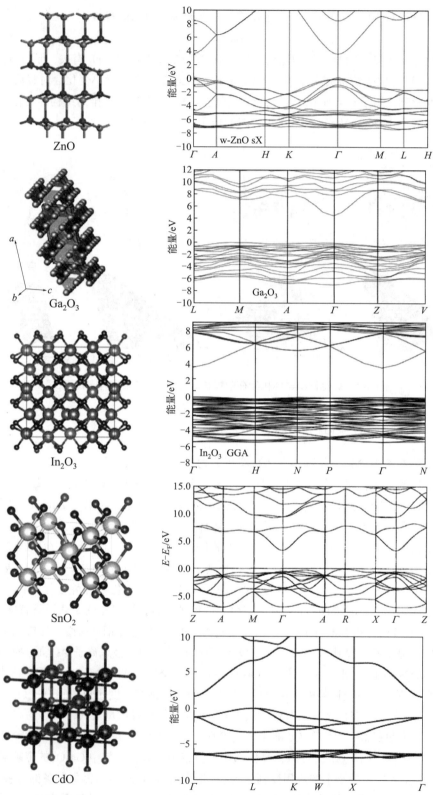

图 6-5　ZnO、Ga$_2$O$_3$、In$_2$O$_3$、SnO$_2$ 和 CdO 的晶胞结构和能带结构
（sX 为屏蔽交换项；GGA 为广义梯度近似）

表 6-2 ZnO、Ga_2O_3、CdO、In_2O_3 和 SnO_2 的主要参数

氧化物材料	n	晶格结构	有效质量 /m_e	单晶迁移率 /[cm^2/(V·s)]	载流子浓度/cm^{-3}	带隙① /eV	退火温度 /℃	抗酸性②	成本
ZnO	4	纤锌矿	0.29	130～440	10^{15}～10^{18}	约 3.4	高	弱	低
Ga_2O_3		多种如β相	0.28～0.33	40～172	10^{13}～10^{15}	约 4.8	极高	弱	高
In_2O_3		方铁锰矿	0.20～0.30	100～270	10^{17}～10^{20}	约 2.9	较低	弱	高
SnO_2	5	金红石	0.35	150～260	10^{15}～10^{18}	约 3.6	高	强	低
CdO（毒性）		岩盐	0.11～0.15	620	NA	约 2.3	适中	弱	低

① 不同的计算方法得出的带隙有差异；
② 抗酸性在非晶薄膜测试，抗酸性强的材料可以直接实现背沟道刻蚀器件。

6.2.2.1 ZnO

ZnO 通常具有六方纤锌矿结构，在这种结构中，每个 Zn 原子都被 4 个 O 原子包围，每个 O 原子也被 4 个 Zn 原子包围，如图 6-5 所示。ZnO 的晶格常数如下：a=3.2475～3.2501Å，c=5.2042～5.2075Å，c/a=1.5930～1.6035。ZnO 实验测量出来的带隙约为 3.44eV。然而，用未修正的局域密度近似（LDA）方法计算出来的带隙只有 0.23～1.15eV。使用高准确度方法，例如最近发展起来的屏蔽交换项和混合密度泛函方法计算出来的带隙是 3.41eV，这一数值非常接近实验数值。

把 ZnO 应用到 TFT 的想法在很久之前就已经出现过。实际上，第一篇用单晶的 ZnO 制备 TFT 的文献早在 1968 年就已经被报道了。然而，这种 TFT 在当时并没有引起太大的关注，直到 2003 年 Hoffman 等人展示了利用溅射法制备的 ZnO 基的透明 TFT。这类 TFT 的迁移率达到 2.5cm^2/(V·s)，器件开关比达 10^7，这些性能均已超过了 a-Si:H TFT 的。从此，低成本、高迁移率的透明 TFT 就变得可行了。在 2005 年，Elvira 等人发展了一种全透明的室温制备的 ZnO-TFT，器件的迁移率为 20cm^2/(V·s)。但这类器件需要相对较高的栅压去开启。据报道，ZnO 的霍尔迁移率最高可达到 440cm^2/(V·s)，远远高于所报道的 ZnO-TFT 的场效应迁移率，说明了高质量薄膜对 ZnO TFT 的重要性。目前，采用 TFT 面板生产工艺（如溅射等）制备的 ZnO 薄膜质量较差，未掺杂的纯 ZnO 还难以实现在显示面板上的应用。

6.2.2.2 In_2O_3

In_2O_3 是另外一种常用的二元氧化物半导体材料。由于 In5s 轨道半径较大，相邻 In5s 轨道容易交叠，所以 In_2O_3 的迁移率较高。In_2O_3 具有方铁锰矿结构，在这种结构中，O 原子形成一个紧密堆积的晶格，而 In 离子则占据在 6 个氧原子和 4 个氧原子之间的间隙位。In_2O_3 晶胞是立方对称的，但是晶胞非常大（晶格常数为 10.118Å），包含了 80 个原子（32 个 In 和 48 个 O），折算共享原子后每个元胞含 40 个原子。In_2O_3 的带隙约为 2.9eV。In_2O_3 能带的另一个重要特征是其 CBM（主要由 In5s 轨道贡献）能量较低，容易被施主（n 型）掺杂，电子载流子浓度较高。

In_2O_3 的有效电子质量相对较小，但实际制备的 In_2O_3-TFT 器件的场效应迁移率要远远高于 ZnO-TFT 器件的场效应迁移率，这主要是由于 In_2O_3 中 s 轨道的大量交叠导致了它对薄膜结构的敏感度降低。要获得场效应迁移率大于 30cm^2/(V·s) 的 In_2O_3 TFT 相对比较容

易，但是把它应用到显示面板上还有一些困难。这主要是由于 In_2O_3 薄膜的载流子浓度太高（$10^{17} \sim 10^{20} cm^{-3}$），难以控制，导致 TFT 器件难以关断。为实现较好的关断性，需要将 In_2O_3 薄膜的厚度降低至数纳米，但这又造成厚度敏感性，增加了控制难度，工艺窗口窄。此外，In_2O_3-TFT 的电学稳定性和光学稳定性还需要进一步提高。

6.2.2.3 SnO_2

就成本来说，SnO_2 比 In_2O_3 更具吸引力，因为 Sn 元素比较便宜而且无毒。SnO_2 具有金红石结构，每个 Sn 原子都被 6 个 O 原子以八面体的形式包围住，而每个 O 原子都被 3 个 Sn 原子以共面的形式围住。SnO_2 的带隙约为 3.6eV。

SnO_2 是最早用作 TFT 有源层的氧化物半导体材料。第一个 SnO_2-TFT 最早可以追溯到 1964 年，Klasens 和 Koelmans 提出了一种以蒸发方式制备的 SnO_2 半导体为有源层的 TFT。尽管 SnO_2 TFT 比 ZnO TFT 和 In_2O_3-TFT 具有更悠久的历史，但是关于 SnO_2 TFT 的报道要比 ZnO TFT 和 In_2O_3 TFT 的少得多。要获得高迁移率的 SnO_2 TFT 需要较高的热处理温度，这可能是与 Sn 容易形成各种亚稳态缺陷（如 Sn^{2+}）等有关，需要相对较高的退火温度（通常要达到 500℃以上）以消除或减少这些缺陷才能提高迁移率。此外，SnO_2 TFT 器件的稳定性不足。

6.2.2.4 Ga_2O_3

虽然 ZnO、In_2O_3 和 SnO_2 具有相对较大的带隙（$3.3 \sim 3.8eV$），在某些情况下，例如紫外（UV）照射下，这些材料的带隙还是不够宽的。由于 Ga_2O_3 的带隙是 $4.5 \sim 4.9eV$，它在紫外探测，特别是日盲区紫外探测领域具有吸引力。Ga_2O_3 具有更复杂的晶体结构，例如β-Ga_2O_3 结构，它的带隙为 $4.8 \sim 4.9eV$，在半导体的带隙中仅次于金刚石的带隙。β-Ga_2O_3 的晶体结构属于单斜晶系，晶格常数 $a=1.223nm$、$b=0.304nm$、$c=0.580nm$、$\beta=103.7°$，它的空间群属于 $C2/m$。Ga 原子可以和六个氧原子配位，也可以和四个氧原子配位。如前所述，Ga 的最外层电子的主量子数为 4，Ga4s 轨道的半径较小，相邻的 Ga4s 轨道不相互交叠，需要较好结晶条件才能在大范围内形成较通畅的电子通道，所以 Ga_2O_3 对晶格有序度比较敏感，在非晶状态下迁移率极低，非晶 Ga_2O_3 TFT 几乎不存在场效应特性，需要高温退火才会显示较弱的场效应。然而，单晶 Ga_2O_3 却显示出很强的应用前景，除了前所述的紫外光探测外，单晶 Ga_2O_3 还在高压器件中显示出独特的优势，Ga_2O_3 可以耐受数千伏特的电压。目前，Ga_2O_3 材料及器件成为大国竞争的热点之一。

第一个 Ga_2O_3 TFT 是由 Matsuzaki 等人制备出来的，但是迁移率只有 $5 \times 10^{-2} cm^2/(V \cdot s)$。在 2012 年 Higashiwaki 等人报道了一种利用单晶 Ga_2O_3 制备的 TFT，击穿电压超过 250V，估算出来的迁移率约为 $100 cm^2/(V \cdot s)$。

6.2.2.5 CdO

CdO 具有岩盐结构，每个 Cd 或 O 离子均有 6 个最邻近的对应离子。与前面四种二元氧化物不同的是，CdO 是一种间接带隙半导体，其 CBM 由 Cd5s 轨道构成，在 Γ 位置上，但其 VBM 在 L 边界（沿 ΓW 方向）。这是因为价带上部的 O2p 态受到了 Cd4d 态（约-7eV 的位置）强排斥作用，其带隙约为 2.3eV。CdO 具有小的有效质量（$0.10 \sim 0.15 m_e$），它在单晶状态下的迁移率是最高的，理论推断的迁移率高达 $620 cm^2/(V \cdot s)$。然而，Cd 离子的毒性使其在显示面板的大规模应用受到限制，目前 CdO 在氧化物 TFT 的应用研究相对较少。

虽然单一金属的二元氧化物半导体的性能有了很大的提高，单晶的迁移率甚至能超过 LTPS。然而，受限于显示面板的大面积低成本的薄膜制备工艺（通常只能用溅射、化学气相沉积、旋涂等）以及玻璃衬底较差的温度耐受性（<600℃），二元氧化物半导体难以在显示面板工艺条件下获得高质量的单晶薄膜，其性能较差。此外，部分二元氧化物半导体还存在载流子浓度过高、稳定性差、电学均一性不足的问题。因此，二元氧化物半导体还未实现在显示面板领域的大规模应用。对二元氧化物半导体进行掺杂形成多元氧化物半导体是改善其性能的一个重要方向。

对二元氧化物掺杂可以改变其电学、光学甚至化学性质，从掺杂元素种类的角度看，氧化物半导体的掺杂可以分为阳离子掺杂和阴离子掺杂。其中阴离子掺杂如 N、F 等元素掺杂主要在制备工艺中进行，而阳离子掺杂是直接在靶材（或共溅射）掺杂，形成新的材料。本节主要介绍阳离子掺杂。阳离子掺杂作用机制主要有三类：一是用更高价态的金属元素掺杂，形成电子富余，提高其电导率（如将 Sn 掺入 In_2O_3 形成 ITO 可以使 Sn 替位处的 O 元素失配，大幅提高电子浓度和电导率）；二是用低电负性、高离子势或强金属—氧（M—O）解离能的金属元素掺杂，以抑制氧空位的产生，降低电子浓度，降低 I_{off}，提高稳定性（如将更低电负性的 Ga 掺入 In_2O_3 形成 IGO 可以大幅减少氧空位，降低电子浓度，提高稳定性）；三是把具有完全不同晶格结构的二元氧化物掺杂在一起，形成非晶态氧化物半导体材料，提高均匀性（例如 In_2O_3 和 ZnO 分别具有方铁锰矿结构和纤锌矿结构，它们具有不同的 O 配位数，所以把它们掺在一起比例达到一定程度时就形成非晶态的氧化铟锌 IZO）。

从透明氧化物半导体（或导体）的角度看，研究最早、最多的是 ITO。因为，Sn 的最高价态是正四价，而 In_2O_3 中 In 是正三价，所以 Sn 掺入 In_2O_3 形成 ITO 可以使 Sn 替位处的 O 元素失配，Sn 最外层有一个电子为配位，形成施主掺杂，大幅提高电子浓度和电导率。由于电子浓度太大，ITO 通常被用于透明导电氧化物。ITO 用于 TFT 的沟道材料时，厚度需要薄至几纳米，以增加栅控能力，详细原理见后面 6.5 节。

IZO 是三元氧化物半导体材料的代表，它既能用到电极上，作为透明导电氧化物，也能用到 TFT 上，作为半导体层。通过改变成分和制备的条件，IZO 可以获得一个大范围的电阻率（$10^{-4} \sim 10^8 \Omega \cdot cm$）。总的来说，器件的迁移率和载流子浓度随着 In 和 Zn 比例的增加而增加。然而，当 In 与 In+Zn 原子比例超过 0.8 时，IZO 薄膜会呈多晶体结构，具有高的导电性。然而也有些例外情况，早在 2007 年，Fortunato 等人利用 In_2O_3:ZnO（9:1）氧化物陶瓷靶材制备了一种常关型的 IZO TFT，器件为非晶态结构，最高迁移率为 $107.2 cm^2/(V \cdot s)$。虽然 IZO TFT 具有优异的性能，但是如何控制 IZO 的氧空位和载流子浓度、提高开关比、提高 NBIS 稳定性以及提高器件的可重复性是 IZO TFT 面临的主要问题。

为解决上述二元和三元氧化物半导体的问题，2004 年，细野秀雄课题组提出了非晶态 $InGaZnO_4$（IGZO）四元氧化物半导体材料的设计思路，并成功制备了迁移率较高、载流子浓度低、I_{off} 低、开关比高、稳定性好、工艺温度较低以及柔性的 IGZO TFT 器件。IGZO 的载流子浓度可以低于 $10^{17} cm^{-3}$，归因于 Ga^{3+} 的高离子势，使得 Ga^{3+} 可以与氧离子紧紧地结合在一起，有利于抑制氧空位的生成，从而减少自由电子浓度。IGZO 载流子浓度可控性是氧化物 TFT 领域的重大突破，使其具有高迁移率、高均匀性、低温制备、低成本等特点，较能满足 AMOLED 显示之需求。

IGZO 中的 In^{3+}、Ga^{3+} 和 Zn^{2+} 三种离子均符合 $(n-1)d^{10}ns^0$ 的要求，然而各元素的作用却不相同。In5s 轨道的半径较大，相邻 In5s 轨道易交叠，形成电子通道，因此 In 主要起到有利于载流子传导（提高迁移率）的作用；Zn 的作用是抑制薄膜结晶，因为 ZnO 的晶胞结构、离子半径及配位数与 In_2O_3 和 Ga_2O_3 完全不同，掺入一定量的 Zn 会使薄膜非晶化；Ga 的作用则是抑制自由电子的产生，因为 Ga^{3+} 有高离子势，不容易形成氧空位，可降低关态电流、提高稳定性。In、Ga、Zn 比例对 IGZO 薄膜的迁移率、开启电压和薄膜结晶度的影响如图 6-6 所示。In 与 Ga+Zn 的比例越大，载流子浓度越大，电子迁移率也越大，但高的载流子浓度会使 TFT 器件难于关断。鉴于 Ga 与 O 的结合键较 Zn 与 O 的结合键更强，所以随着 Ga 含量的增加，IGZO 中的氧空位会减少，从而使载流子浓度降低。因此，增加 Ga 元素的含量可以使 TFT 开启电压往正向移动。

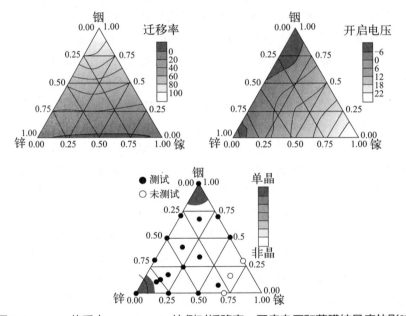

图 6-6 IGZO 体系中 In、Ga、Zn 比例对迁移率、开启电压和薄膜结晶度的影响

另外，有学者使用其他一些低电负性的材料来取代 Ga 元素，例如，Al、Hf、Zr、Ta、Mg、Sr、Ba、W 以及一些稀土元素等。这些元素可以作为强力的氧元素黏合剂以及载流子抑制剂，从而提高 TFT 器件的偏压稳定性。其他常见的高迁移率氧化物半导体材料的介绍见后面 6.3 节。

6.2.3 氧化物半导体的缺陷杂质化学以及载流子形成机理

氧化物半导体中缺陷和掺杂的精确控制是其器件应用的基础。由于 d 区收缩，形成 CBM 的 Zn、Ga、In 和 Sn 的外 ns 轨道具有较低的能量，从而产生较大的电子亲和力，有利于氧化物半导体的 n 型掺杂。因此，氧化物半导体可以通过大量掺杂获得非常大的载流子浓度和电导率，同时保持对可见光的高透明度，形成透明导电氧化物。然而，对于在 TFT 中用作有源沟道层的氧化物半导体，需要控制载流子浓度，以便通过栅压有效调制沟道的电流。然而，未掺杂的氧化物半导体，即便在单晶状态下，通常也会有相当大的载流子浓度和 n 型导电性，见表 6-2。例如：未掺杂的纯 In_2O_3 中的电子浓度可以高达 $10^{17} \sim 10^{20} cm^{-3}$。因此，详细了解氧化物半导体中非有意引入的缺陷和杂质的化学性质，对了解氧化物半导体载流子产生的根源及其导电机制至关重要。人们进行了大量的研究工作，以了解氧化物半导体中存在的天然缺陷和杂质。引起 n 型电导率（电子载流子）的电子给体包括氧空位（V_O）、氢杂质、材料合成过程中残留杂质和表面二维电子气（2DEG）等，虽然目前尚未达成共识，但是也有一些明确的规律，部分已得到实验的验证。下面将归纳对这些缺陷和杂质化学的认识。

6.2.3.1 氧空位

氧空位一直以来被怀疑是氧化物半导体 n 型电导率（电子载流子）的主要来源，因为在实验中经常观察到氧化物半导体的电导率在很大程度上取决于生长或生长后处理过程中的氧分压：高氧分压环境会降低电子浓度，而还原条件会导致 n 型电导率的增加。氧分压是优化氧化半导体薄膜生长的最关键参数之一。然而，最近基于密度泛函理论（DFT）计算表明，尽管 V_O 具有最低的形成能，并且可以很容易地在许多氧化物半导体中形成，但中性（未电离）V_O 的能级通常较深，甚至位于价带顶附近，难以有效地电离提供导电电子。例如，有报道 ZnO 和 Ga_2O_3 中 V_O 的 $\varepsilon(2+/0)$ 跃迁能级位于 CBM 以下约 1eV 处，SnO_2 中的 V_O 也是深施主能级，电离能为 1.8eV。因此，V_O 基本不可能是这些氧化物中电子载流子的来源。然而，一些理论预测 In_2O_3 中的 V_O 可能起浅施主的作用。最近，利用 Heyd-Scuseria-Ernzerhof（HSE）的杂化泛函对 In_2O_3 中原生点缺陷的影响进行了全面研究，发现 V_O 的 $\varepsilon(2+/+)$ 跃迁能级位于 CBM 以下 0.11eV 处。因此，当载流子浓度较低时，V_O 可能在 In_2O_3 中充当浅施主。相比于 ZnO、Ga_2O_3 和 SnO_2，In_2O_3 中更"活跃"的 V_O 可能来自更低的 In5s 衍生的 CBM。图 6-7 (a) 示出了使用不同计算方法得出的 In_2O_3、SnO_2 以及 ZnO 的氧空位在禁带中的能级位置，可以看出无论用哪种计算方法，In_2O_3 的氧空位的能级都比 SnO_2 和 ZnO 的更靠近 CBM。

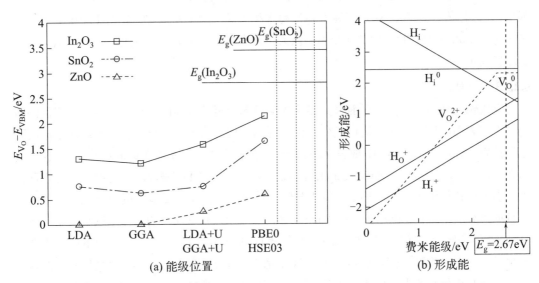

图 6-7　使用不同计算方法得出的 In_2O_3、SnO_2 以及 ZnO 的氧空位在禁带中的能级位置以及各种氢杂质的及氧空位的形成能

（LDA 为局域密度近似；U 为赝势；HSE 为杂化泛函；PBE 为 Perdew-Burke-Ernzerhof）

V_O 的深施主能级也通过实验测量得到证实。研究发现，在缺氧的 In_2O_3、SnO_2 和 IGZO 薄膜中，通常可以观察到位于 VBM 上方的局域带间态。在 O_2 条件下退火可以降低样品的带间态。通常认为 IGZO 中的带间态与 V_O 有关，V_O 是 TFT 器件中 NBIS 不稳定性的原因，在蓝光照射下 VBM 上方的 V_O 局域带间态会被激发电离，释放两个电子至导带参与导电，造成电子浓度增大、阈值电压负漂。同样值得注意的是，虽然单晶 IGZO 中的 V_O 被证明是深施主能级，但最近的研究表明，在非晶 IGZO 中，虽然大多数 V_O 是深施主，但由于局部环境与晶体相不同，一些 V_O 也可能充当浅施主。随着计算模拟技术的进步，人们发现不同局部结构的 V_O 具有不同的缺陷能级位置：当 V_O 靠近开放空间或在一个 O 位于两个多面体之间的共点（角）位置时，形成深电子陷阱（受主）；相比之下，当 V_O 在两个多面体之间共边或共面位置时，形成浅施主能级。

6.2.3.2　氢杂质

越来越多研究人员认为氢杂质是氧化物半导体中的浅施主掺杂来源。氢是传统半导体中普遍存在的杂质，作为非有意掺杂存在于许多薄膜生长条件下，包括生长气氛、溅射靶上吸收的分子、薄膜吸附的 H_2O、用于 CVD 或 ALD 生长的含氢前驱体（例如 H_2O）以及后退火过程。氧化半导体中氢的化学性质相当复杂。氢可以作为间隙（H_i）和氧替位（H_O），并且可以是中性的 H_O（非活性）、H^+（供体）和 H^-（受体）。计算表明，大部分的氢杂质都具有较低的形成能，如图 6-7（b）所示。H_i 和 H_O 都被预测为浅施主，如果在薄膜生长过程中或生长后处理过程中存在 H_2 或 H_2O，则 H_i 的形成能较低。H_i 通过与晶格氧成键以 OH 的形式存在。这种 OH 键的形成通常发生在 ZnO、In_2O_3、SnO_2 和 IGZO 中。此外，研究发现，即使在室温下，H_i 也具有很强的流动性，很容易扩散出样品。这表明 H_i 可能不稳定，可以在一定温度下退火消除。H_O 则比 H_i 稳定得多。

除了氢杂质外，氧化物半导体中还可能存在其他残留杂质（Si、C、F 等），其浓度通常很低。例如，研究表明，Si 是高纯 Ga_2O_3 粉末和单晶中的主要杂质；光刻工序中产生的 C 杂质对 InSnZnO（ITZO）TFT 性能影响巨大。残余杂质的来源可能为前驱体、容器、生长室和退火炉。

6.2.3.3　表面态

氧化物半导体的表面和界面对其器件的应用起着至关重要的作用，并得到了广泛的研究。由于表面的原子重构，造成成分、化学键和结构与体内的差异，表面的载流子浓度和电导性质与体内很不一样，形成表面态。最近，在氧化物半导体表面普遍发现了 2DEG，包括在 CdO、In_2O_3、SnO_2、ZnO、Ga_2O_3 和 IGZO 的表面。2DEG 被限制在几纳米的近表面区域，表现出诸如增加电子迁移率和减小带隙等特性。高质量、低缺陷的单晶或外延薄膜的一系列研究表明：在 CdO、In_2O_3、SnO_2、ZnO、Ga_2O_3 和 IGZO 的表面附近有一个限制在几纳米厚的表面电子积累层（SEAL），并伴随有向下的能带弯曲。此外，向下的能带弯曲产生了一个限制势阱，导致 2DEG 的量子化。值得一提的是，虽然 SEAL 厚度只有几纳米，但这一层对氧化膜的电子性能和随后的器件性能有着显著的影响。SEAL 中的 2DEG 表现出高迁移率和新的量子现象，为新型器件的设计提供了新的可能性。由于 SEAL 的高电子密度，SEAL 内的多体相互作用变得重要，导致表面带隙的收缩，与块体中的电子相比，

2DEG 中的电子具有更小的有效质量，这意味着迁移率的增加。In_2O_3 表面 2DEG 的微观起源归因于表面伴生的 V_O 作为浅施主，最近有人提出，表面 In 吸附原子也可以作为浅施主。SEAL 对表面吸附物也很敏感。O_2 或 NO_2 会导致 SEAL 降低，而还原条件则容易使 SEAL 增强。

6.2.4 氧化物半导体的载流子传导机制

半导体的载流子传导与电子结构密切相关。非晶态材料具有许多形变/断裂化学键，在导带边缘下方或价带边缘上方形成带尾态或深能级态。由于这个原因，a-Si 中的载流子传导是通过带尾态电子或空穴通过热激发跃迁至导带或价带中实现的，这就导致了较差的漂移特性（迁移率），迁移率严重依赖温度（热激发产生的传导电子/空穴数量），这种传导机制就称为缺陷限制传导（trap-limited conduction，TLC）机制。然而，对于氧化物半导体来说，即便在非晶状态下，其载流子传导受到晶格畸变的影响也较小，这是由于前面提到的构成导带底的 ns 轨道的交叠作用。氧化物半导体的这种特殊传导性质可以用渗流传导（percolation conduction，PC）机制来解释。在 PC 机制中，由于各种阳离子（如 In^{3+}、Ga^{3+} 和 Zn^{2+}）的随机分布导致带隙波动，造成 CBM 附近存在与位置相关的势垒波动，导带最低处（E_m）为迁移率边。导带的电子会绕过这些势垒在能谷附近找到最低能量的电子传导通道（通常是 ns 交叠形成的电子通道），如图 6-8（a）所示。这种 PC 机制主要由势垒高度和势垒宽度与距离之比决定，两者都随着电子浓度的增加而减小。势垒高度的分布是通过中心能量（φ_0）和分布宽度（σ_φ）来定义的，如图 6-8（b）所示。因此，氧化物半导体中，电子迁移率随着电子浓度的增加而增大。可以这样形象地理解：当电子浓度较大时，费米能级（E_F）进入导带，随着电子浓度的增大，E_F 不断抬升，CBM 附近的势垒能谷不断被电子填充而使能位抬高，后续电子传导遇到的势垒越来越低，传导通道越来越宽，受到的阻碍越来越少，迁移率越来越高。

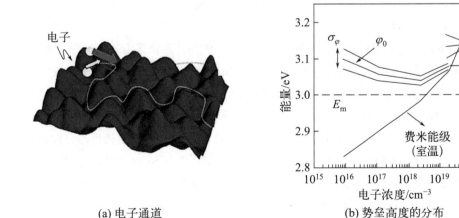

(a) 电子通道　　　　(b) 势垒高度的分布

图 6-8　氧化物半导体的渗流传导模型

实际上，在氧化物半导体中，TLC 和 PC 两种导电机制是共存的。在施加的 V_G 较低时，电子浓度较低，E_F 在带尾态，尚未达到 CBM 边缘，电子传导以 TLC 机制为主。在 TLC 机制中，电子在传导过程中在 CBM 边缘以下的局部尾态中遭受多个捕获跳跃事件，迁移率的表达式如下：

$$\mu_{FE} = \mu_0 \exp\left[-\frac{q\varphi_0}{k_BT} + \frac{q\sigma_\varphi}{2(k_BT)^2}\right] A^* (V_{GS} - V_T)^{2(T_t/T-1)} \tag{6-3}$$

式中，μ_0 为常数；T_t 为带尾态的特征温度。当施加的 V_G 较高时，栅绝缘层/半导体层界面处能带下弯，E_F 进入导带，造成大量电子积累，电子传导就由 PC 机制主导，其中处于非定域态的电子在势垒中阻力最小的路径上移动，迁移率的表达式如下：

$$\mu_{FE} = \mu_0 \exp\left[-\frac{q\varphi_0}{k_BT} + \frac{q\sigma_\varphi}{2(k_BT)^2}\right] \exp\left(\frac{q\Delta\varphi}{k_BT}\right) \tag{6-4}$$

式中，$\Delta\varphi$ 为栅压诱导能带弯曲量。在 TLC 区，电子传导依赖于温度；而在 PC 区，由于 PC 电子无须通过热激发跳跃传导，温度依赖性降低。

通过控制 V_G，可实现从 TLC 到 PC 传导之间的转换，TLC 和 PC 传导之间的过渡点称为渗流阈值（V_P）。可以从上式推导出迁移率与 V_G 之间的依赖关系：

$$\mu = K(V_G - V_T - V_P)^\gamma \tag{6-5}$$

式中 V_G、V_T 和 V_P 分别为栅压、阈值电压和渗流电压；因子 K 和指数 γ 与载流子传导模型种类有关。K 包含了由托马斯-费米近似推导的 PC 项 $\exp\left[-\frac{q\varphi_0}{k_BT} + \frac{q\sigma_\varphi}{2(k_BT)^2}\right]\exp\left(\frac{q\Delta\varphi}{k_BT}\right)$。在 PC 中，$K$ 涉及势垒的空间特性的贡献。γ 取决于 PC 势垒的空间特征，也取决于 TLC 的温度，这意味着 γ 的值代表了不同的传导模式主导：$\gamma \approx 0.1$ 代表 PC 传导模式主导，$\gamma \approx 0.7$ 代表 TLC 传导模式主导。

TLC 到 PC 传导之间的转换 V_P 也可以使用费米-狄拉克统计计算的自由电子浓度（n_{free}）和陷阱电子浓度（n_{trap}）来估计。当 V_G 低于 V_P 时，n_{trap} 比 n_{free} 大得多，因此，TLC 传导是主要的；相反，当 V_G 高于 V_P 时，n_{free} 比 n_{trap} 大，当 E_F 大于 E_m 时，所有的陷阱态都被填满，使得 $n_{\text{free}}/(n_{\text{free}} + n_{\text{trap}}) = 1$，导致 PC 传导。因此，随着通道层电荷浓度的增加，电荷传导机制从 TLC 传导转变为 PC 传导。

这里以 IGZO 为例具体说明 PC 传导机制。图 6-9（a）示出了 IGZO 的分波态密度图，可以看出 CBM 是由 In5s 轨道贡献的，而不是由 Zn4s 或 Ga4s 贡献的，这与 6.2.2 节能带结构分析中的 In5s 具有比 Zn4s 或 Ga4s 更低的能量相符。图 6-9（b）和（c）分别示出单晶和非晶态 IGZO 的能带结构，可以看出它们的导带底能级带宽比较相似，意味着它们的迁移率不会相差很大。经计算，单晶和非晶态的 IGZO 的有效质量比较接近，分别为 $0.18m_e$ 和 $0.2m_e$，因此它们的迁移率也比较接近。IGZO 的这个特性与 Si 成鲜明对比。图 6-9（d）～（f）分别给出了非晶 Si 的电子态密度分布、单晶 Si 的能带结构以及非晶 Si 的能带结构。可以看出，Si 从单晶到非晶能带结构发生了巨大的变化，能级的带宽大幅减小，意味着有效质量增大、迁移率减小，这是能级间的离散被 sp^3 杂化轨道的强烈空间限制性制约的缘故。这与 6.2.1 节的分析相符。值得关注的是：无论是单晶 IGZO 还是非晶 IGZO 还是前面 6.2.2 节的介绍的二元氧化物，它们的能带图有个共同特征：CBM 与 VBM 的能带分布（及态密度）有巨大的差异，CBM 的能带要比 VBM 的陡峭得多，意味着 VBM 的电子（空穴）

的有效质量要远大于导带底的电子有效质量,这是氧化物半导体难以实现 p 型导电的原因之一。相比之下,Si 的导带与价带的能带分布差异不大,意味着电子和空穴的有效质量(迁移率)差异不大,可以轻易实现 p 型掺杂或 n 型掺杂。

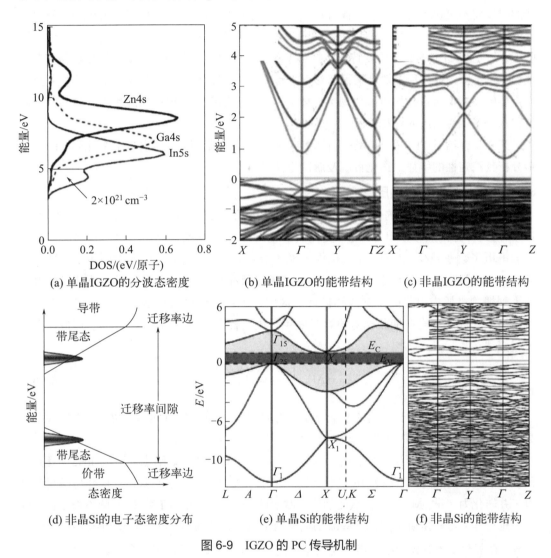

图 6-9 IGZO 的 PC 传导机制

在传统 Si 半导体理论里,如果载流子浓度升高,意味着散射的概率增大、自由程减小,从而迁移率降低。而氧化物半导体却相反,无论是晶态还是非晶态的 IGZO,其电子迁移率均随着电子浓度的升高而升高,这与传统的半导体理论相矛盾。采用前述的渗流传导模型,可以很好地解释 IGZO 的迁移率随载流子浓度升高而升高的现象。如图 6-8 所示,由于结构的无序,会在 IGZO 的迁移率边之上形成势垒。这种势垒的分布导致了电导率和温度(σ-T)的关系曲线偏离了阿伦尼乌斯关系{Arrhenius plot, $\sigma=\sigma_0 \exp[-E_a/(k_B T)]$,其中 σ_0 是一个系数,E_a 为激活能},而更倾向于 $\ln\sigma$-$T^{-1/4}$ 的关系(具体推导见第 3 章)。这种变化的根源在于结构的无序造成的载流子的弱局域化。从图中可以看出,载流子浓度越高,IGZO 的 φ_0 与 E_F 越近,σ_φ 越窄,这样载流子所需越过的势垒高度就越低,迁移率就越高。

6.2.5 氧化物薄膜晶体管的稳定性

在平板显示中，TFT 的长时间工作稳定性是其实现应用必须要考虑的问题。TFT 在工作的时候将不可避免地经历正负栅偏压、光照（背光源、像素自发光或环境光等）、发热造成的温度升高，因此，TFT 器件应该在各种条件如栅偏压应力、光照以及温度等条件下被验证。氧化物 TFT 的一个重要特征是迁移率和稳定性之间存在折衷关系：提高迁移率会造成稳定性下降，提高稳定性会牺牲迁移率。因此，研究氧化物 TFT 稳定性的退化机制是非常重要的，它们可以分为由氧化物半导体的本征点缺陷引起的内在原因和大气吸附物（如氧和水分子）等引起的外在原因。

第 2 章介绍了 TFT 在各种条件下稳定性的定义及实际意义。本节针对氧化物 TFT，归纳分析其稳定性的特征、物化机制及解决方法。

6.2.5.1 氧化物 TFT 的偏压稳定性

第 2 章介绍了 TFT 的偏压稳定性包括了 PBS 和 NBS 两种。在氧化物 TFT 中，PBS 通常导致 V_T 正向漂移，但 SS 没有变化。一般认为 V_T 正向漂移是由于电子被陷阱捕获造成导电电子数量减少，然而，在氧化物半导体中，导带底附近难以形成本征浅受主缺陷，因此，通常认为这种不稳定性是由于负电荷被捕获在有源层/栅绝缘层界面处或者负电荷注入到栅绝缘层内引起的，这两种模型的区别在于负电荷注入到栅绝缘层内需要更大的解离势垒，因此负电荷捕获相对更容易发生。电荷捕获模型可以用下面的拉伸-指数方程进行描述：

$$\Delta V_T = \Delta V_{T0} \left\{ 1 - \exp\left[-\left(\frac{t}{\tau}\right)^\beta \right] \right\} \tag{6-6}$$

式中，ΔV_{T0} 是无限长时间的 ΔV_T；t 是应力时间；τ 是松弛时间常数；β 是拉伸-指数型指数。IGZO-TFT 的松弛时间常数 τ 约为 10^4 s。

最近，通过理论计算分析发现，氧化物半导体中的本征点缺陷也会造成 PBS 不稳定。研究发现，低配数的铟（称为 In*-M）附近的 V_O 可能是一个电子陷阱，它很容易捕获两个电子并转化为 (In*-M)$^{2-}$ 态，从而加剧了缺氧的 In 基氧化物 TFT 中 PBS 的不稳定性。O_i 缺陷也可作为电子陷阱位点，这些缺陷捕获两个电子并成为 O_i^{2-} 位，造成 PBS 不稳定性。此外，在氧化物半导体中必须考虑无处不在的氢（H）杂质，因为它们会与其他缺陷形成更复杂缺陷（前面 6.2.3 节所述）。H 杂质，如间隙 H（H_i）和氧位取代 H（H_O），通常被认为是氧化物半导体体系中的浅施主。然而，H 杂质也会对 PBS 的稳定性产生负面影响，特别是在富 H 和缺氧的材料体系中，在富 H 下，通常带正电的 H_O^+ 缺陷可以捕获电子，通过大的晶格弛豫解离成 V_O 和 H_i^+，这种 Frenkel 缺陷被称为 H-DX$^-$ 中心。

与 PBS 相反，在氧化物中，V_T 在 NBS 下发生负漂，但是通常漂移量很小甚至可以忽略不计。这意味着氧化物 TFT 在 NBS 条件下的稳定性通常优于在 PBS 条件下的稳定性。这主要是由于大多数氧化物半导体是单极 n 型的，负栅压下不会产生空穴。但如果在光照或加温条件下，NBS 会造成氧空位电离或正电荷移动，稳定性会急剧恶化，其已成为氧化物 TFT 最主要的稳定性问题。

6.2.5.2 氧化物 TFT 的光照稳定性

因为在显示应用中的 TFT 不可避免地受到光的照射（这些光来自环境光、LCD 面板的背光源或 AMOLED 像素的自发光），为了将它们应用于实际显示器中，氧化物 TFT 的光照敏感性应该被降到最低。理论上，氧化物 TFT 由于其带隙宽（对可见光透明），在光照条件下应该是稳定的。然而事实上，氧化物 TFT 在可见光光照条件下，特别是负栅压光照应力（NBIS）下的稳定性很差。经过大量的实验表明，NBIS 不稳定性几乎是氧化物 TFT 的通病，成为制约氧化物 TFT 应用（特别是在 LCD 中应用）的关键问题之一。归纳起来，氧化物 TFT 在 NBIS 条件下的不稳定性机理包括如下几种解释：①光生空穴的捕获；②氧空位的电离或迁移；③亚稳态的过氧化离子 O_2^{2-} 的形成；④不可控的氢掺杂；⑤背沟道的水氧吸附-解吸作用等。在实际中，NBIS 的不稳定性往往是多种机制共同作用的结果。

光生空穴捕获模型的出发点是：光照作用产生了电子-空穴对。这时如果在栅极加正偏压应力，会在有源层/栅绝缘层界面处产生大量的电子载流子而屏蔽了电场，从而不会在半导体有源层上产生电场，这样光生电子-空穴对就不会移动，当应力撤去后电子会马上复合，因此 TFT 器件在正栅压光照应力（PBIS）条件下的 V_T 漂移现象不明显；如果在栅极加负偏压应力（NBIS），TFT 沟道处于耗尽状态，这时沟道上下表面之间会产生压降，造成空穴往栅绝缘层/半导体层界面移动，而电子往相反方向移动，空穴移动到栅绝缘层/半导体层界面处会被捕获或者会进入栅绝缘层体内，这样当应力撤销之后电子无法与空穴复合，从而造成 V_T 负漂。众所周知，要在半导体内产生电子-空穴对需要满足光子能量大于半导体带隙的条件（$h\nu \geq E_g$）。由于氧化物半导体是宽带隙半导体，所以通常在紫外光照射下才能激发电子从价带跃迁至导带。因此，光生空穴的捕获模型只能解释氧化物 TFT 在紫外光照下的 NBIS 不稳定现象，不能解释在可见光（白光或蓝光）照射下的 NBIS 不稳定现象。

实验表明，氧化物 TFT 在能量小于带隙的可见光（$h\nu < E_g$）的照射下依然出现了严重的 V_T 漂移现象。毫无疑问，这与氧化物半导体内的带间缺陷态有关。前面 6.2.3 节和 6.2.4 节提到，中性 V_O 通常是深施主能级，位于 VBM 上方的局域带间态。在蓝光照射下 VBM 上方的 V_O 局域带间态会被激发电离成 V_O^{2+}，释放两个电子至导带参与导电，如图 6-10（a）所示，造成电子浓度增大、V_T 负漂，并且需要很长的时间才能恢复。以 ZnO 为例，理论计算发现，V_O 态处于 VBM 上方附近，态密度较大；而 V_O^{2+} 态处于 CBM 下方附近，态密度较小。值得注意的是，带一个正电荷的氧空位（V_O^+）是不稳定的，因为它是一个负的赝势中心。当 E_F 靠近导带时，V_O 的形成能较低；而当 E_F 靠近价带时，V_O^{2+} 的形成能较低，如图 6-10（b）所示。当栅极加负偏压时，栅绝缘层/半导体层界面的能带上翘，造成 E_F 向 VBM 靠近，有利于形成 V_O^{2+}，这时如果再加光照，就会有更多的 V_O 电离失去两个电子转化为 V_O^{2+}，造成 V_T 负漂。当栅极加正偏压时，栅绝缘层/半导体层界面的能带下弯，造成 E_F 向 CBM 靠近，有利于形成 V_O 而不利于形成 V_O^{2+}，也就是说正栅压会抑制 V_O 电离，因此氧化物 TFT 的 PBIS 稳定性相对较好。此外，氧化物 TFT 的 PBIS 稳定性较好还可以从另一方面解释：正栅压感应的电子浓度大，远大于光生电子浓度，因此光生电子对整体沟道导电电子数量影响小，V_T 漂移小。

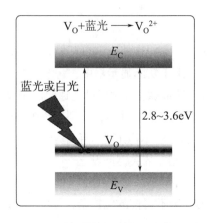
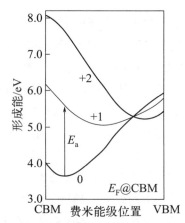

(a) 氧化物半导体在光照下的氧空位电离　　(b) 各价氧空位的形成能与费米能级的关系

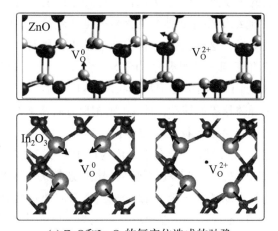

(c) ZnO和In_2O_3的氧空位造成的弛豫

图 6-10　氧化物 TFT 光照稳定性的相关研究

随着研究的不断深入，人们发现难以从理论上合理地解释为什么 NBIS 的恢复需要很长的时间，也就是说为什么光生电子寿命长（V_O^{2+} 与电子的复合时间长）。一种观点认为，V_O 电离时会造成较大的晶格弛豫。例如在 ZnO 中，由于晶格中少了一个原子，中性 V_O 附近的四个相邻的 Zn 离子向内弛豫了 12%；而带两个正电荷的氧空位（V_O^{2+}）由于静电排斥作用，附近的四个相邻的 Zn 离子向外弛豫了 23%，如图 6-10（c）所示。在 In_2O_3 中，中性 V_O 附近的其中两个相邻的 In 离子分别向内弛豫了 1.4% 和 4.7%，但另外两个相邻的 In 离子分别向外弛豫了 2.3% 和 3.2%；而带两个正电荷的氧空位（V_O^{2+}）由于静电排斥作用，四个相邻的 In 离子分别向外弛豫了 9.3%、9.6%、7.7% 和 13%，如图 6-10（c）所示。因此，氧空位电离前后巨大的晶格弛豫变化是氧化物半导体光生电子寿命长的可能原因之一。

在氧空位理论的基础上又发展出一些其他模型，例如：氧空位的迁移模型。该模型认为，氧空位缺陷是可以移动的，并可通过氧间隙（O_i）这个势垒态实现 D_e（V_O）和 D_h^{2+}（V_O^{2+}）态之间的转换：

$$D_e + [O(-M)_{n2} + 2h] \longrightarrow D_e + O_i + D_h^{2+} \longrightarrow O(-M)_{n1} + D_h^{2+} \quad (6-7)$$

$$D_h^{2+} + [O(-M)_{n1} + 2e] \longrightarrow D_h^{2+} + O_i^{2-} + D_e \longrightarrow O(-M)_{n2} + D_e \quad (6-8)$$

式中，$O(—M)_n$ 为邻近氧空位的配位数为 n 的氧原子。在式（6-7）中，1 个与 V_O 邻近的晶格氧原子$[O(—M)_{n2}]$ 与 2 个空穴作用可以生成 1 个 O_i 和 1 个 V_O^{2+}，然后 O_i 迁移至 V_O 处填补了原来的空位，而在原来的 $O(—M)_{n1}$ 处形成 V_O^{2+}，这样就相当于 V_O 通过 O_i 中间相迁移至邻近的位置形成 V_O^{2+}。在式（6-8）中，1 个与 V_O^{2+} 邻近的晶格氧原子$[O(—M)_{n1}]$ 与 2 个电子作用可以生成 1 个 O_i^{2-} 和 1 个 V_O，然后 O_i^{2-} 迁移至 V_O^{2+} 处填补了原来的空位，而在原来的 $O(—M)_{n2}$ 处形成 V_O，这样就相当于 V_O^{2+} 通过 O_i^{2-} 中间相迁移至邻近的位置形成 V_O。如此一来，在没有光照的 PBS 条件下，由于有源层上有大量的电子积累，所以式（6-8）的反应容易发生，而式（6-7）的反应被抑制（因为几乎没有空穴），这样就捕获电子而造成 V_T 正漂；而在没有光照的 NBS 条件下，由于有源层上的电子被耗尽，同时又无法形成空穴载流子，所以式（6-7）和式（6-8）的反应都被抑制，这样 V_T 漂移就不明显；只有在 NBIS 条件下，由于能够产生空穴，同时电子又被耗尽，使式（6-7）的反应容易发生，而式（6-8）的反应被抑制，这样当 NBIS 撤销后由于电子无法与空穴复合而使 V_T 负漂，而 NBIS 的恢复需要越过 O_i 这个中间相势垒，所以需要较长的时间。

除上述模型之外，还有过氧根（O_2^{2-}）模型、氢杂质模型等。氢杂质是影响氧化物 TFT 稳定性的一个不可忽视的因素。氢对氧化物 TFT 稳定性的影响也得到了一些实验的证实。如前所述，H 缺陷是一个浅施主缺陷，容易提供电子，这些电子被 O_i 缺陷吸收，成为 O_i^{2-} 态。由于 O_i^{2-} 态的两个电子被光照激发到 CB 边缘，也会造成 NBIS 不稳定。

此外，背沟道的水氧吸附-解吸现象也是氧化物 TFT 不稳定性的一个原因。当氧化物 TFT 的背沟道暴露在空气中时，空气中的氧会吸附在背沟道上：

$$O_2(g)+e^- \longrightarrow O_2^-(\text{吸附态}) \tag{6-9}$$

而在光照的条件下，吸附的氧又会解吸附：

$$O_2^-(\text{吸附态}) + \xrightarrow{h\nu} O_2(g)+e^- \tag{6-10}$$

这样，当氧被吸附时会捕获电子，V_T 正漂；而当氧解吸时，会释放电子，V_T 负漂。水汽对氧化物 TFT 稳定性的影响是非常大的。空气中的水汽与氧化物 TFT 的作用较为复杂，它通常作为施主提供电子。如果在薄膜生长过程中或生长后处理过程中存在 H_2 或 H_2O，则 H_i 的形成能较低。H_i 通过与晶格氧成键以 OH 的形式存在，并提供电子。

值得注意的是，像 InZnSnO (IZTO) 这样的高迁移率氧化物半导体即使在 NBS 或 NBIS 条件下通常也表现出较差的稳定性，这可能与一氧化碳（CO）相关杂质有关。研究表明，这些 CO 相关的杂质是由氧化物半导体和光刻胶之间的化学反应形成的。CO 相关杂质形成的深能级态通过外部 NBS 应力使费米能级下移而转变为浅施主态，提供电子，导致 V_T 负漂。然而，IGZO TFT 却没有表现出相关杂质的不稳定性。这种 IZTO 和 IGZO 之间的显著差异可以从电子结构中得出，包括 IZTO 在内的高迁移率氧化物半导体具有较大金属 s 轨道的有效空间交叠，因此与 IGZO 相比，其导带底更深，外部形成的浅态容易对导带提供电子。

6.2.5.3 氧化物 TFT 的温度稳定性

氧化物 TFT 在实际工作时会受到环境温度、器件发热等因素的影响，实际温度一般为 60～80℃。由于温度升高时缺陷态具有更高的活性，这导致了更为严重的 V_T 漂移。氧化物

TFT 的正偏压温度应力/负偏压温度应力（PBTS/NBTS）稳定性与 PBIS/NBIS 稳定性有类似的地方，区别在于前者是通过热激发激活缺陷能级，后者是通过光激发激活缺陷能级。此外，高温下，高能电子与金属阳离子或氧离子碰撞破坏化学键，产生新的间隙或空位，会造成驼峰效应或 VT 漂移。

特别需要指出的是，由于氧空位电离会造成很大的晶格弛豫变化，造成在低温条件下 V_O 难以电离（"被冻住"），即便有光照射时，V_O 也难以被电离成 V_O^{2+}。因此，在低温时，氧化物 TFT 的 NBIS（蓝光或白光照射）稳定性会改善，甚至当温度低至一定程度时，其在 NBIS 下 V_T 几乎不漂移。图 6-11 示出了纯 In_2O_3 TFT 在不同温度下的 NBIS 稳定性（白光光照，$V_G=-20V$，持续 1h），可以看出室温下 In_2O_3 TFT 的 NBIS 稳定性极差；然而，在温度为 78K 下测试时，其 V_T 几乎不漂移，表现出极佳的稳定性，说明低温下氧空位被"冻住"，难以弛豫电离。此外，In_2O_3 TFT 的输出电流随着温度的降低而明显减小，这主要是因为浅施主能级在低温下无法激活释放电子，这说明氧化物 TFT 确实存在 TLC 传导机制。

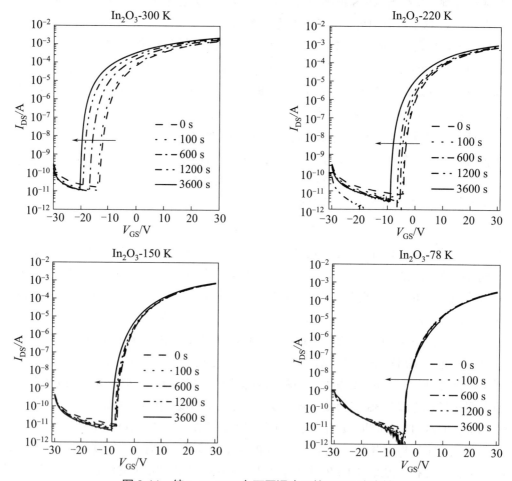

图 6-11　纯 In_2O_3 TFT 在不同温度下的 NBIS 稳定性

6.2.5.4　改善氧化物 TFT 稳定性的方法

根据上述氧化物 TFT 的不稳定性机理分析可以推断改善氧化物 TFT 稳定性需从如下几个方面着手：①器件工艺层面减少缺陷引入；②减少氧空位；③设计新型氧化物半导体

材料。首先需从TFT器件工艺上尽量减少引入缺陷，采用合适的栅绝缘层材料和制备工艺尽量减少界面缺陷；引入水氧阻隔性能良好的钝化层或刻蚀阻挡层来阻隔空气，减小水氧吸附的影响；采用超宽带隙栅介质层，尽量提高空穴注入到栅介质层的势垒。其次是通过掺杂或精心的沉积和退火工艺来控制 V_O 等缺陷的数量。例如：通过掺杂具有强离子势的金属离子可以抑制氧空位、降低自由电子浓度、提高稳定性；通过深紫外（DUV）/远紫外（FUV）/紫外-臭氧处理、微波照射（MWI）、蓝激光退火、快速退火（RTA）、特殊气氛退火、高压退火、大气压等离子体（APP）处理、N_2O 等离子体处理等方法也可以抑制氧空位、改善稳定性。然而，这些方法却不能从根本上解决氧化物 TFT 面临的在光照下的 NBIS 稳定性问题。因为 V_O 的大量存在是氧化物半导体的固有特征，所以无法通过完全消除 V_O 的方法来彻底解决氧化物 TFT 的 NBIS 不稳定性问题。因此，只能通过从材料本源上进行设计，解决氧化物 TFT 面临的本征 NBIS 不稳定性问题。研究发现，通过展宽带隙（降低 VBM）的方式可以大幅改善氧化物 TFT 的 NBIS 稳定性，因为展宽带隙可以增加 V_O 与 CBM 之间的能级差，使之超过可见光光子能量，从而使可见光无法电离 V_O。如在 ZnGaO 体系中，通过提高 Ga 的比例可以展宽带隙，当 Ga 与 Zn 原子比达到 0.7/0.3 时，带隙展宽至 3.8eV，这时 TFT 在 NBIS 下 V_T 几乎不漂移，但迁移率只有 9cm^2/(V·s)。类似地，在 InGaO 材料体系中，通过提高 Ga 的比例可以展宽带隙，从而提高 TFT 的 NBIS 稳定性，但迁移率同样随着 Ga 比例的提高而降低。这进一步验证了氧化物 TFT 的迁移率和稳定性（特别是 NBIS 稳定性）之间存在折衷关系：提高迁移率会造成稳定性下降，提高稳定性会牺牲迁移率。

最近的研究发现，通过掺杂四价稀土离子（Ln^{4+}，如 Pr^{4+} 和 Tb^{4+}）可以大幅改善氧化物 TFT 的 NBIS 稳定性。研究表明：四价稀土离子会吸收蓝光而产生电荷转移（CT）跃迁，跃迁后的稀土离子在弛豫过程中会与 V_O^{2+} 交换电子，而 $O2p^5$ 会捕获 V_O 电离产生的电子，从而大幅降低光生电子的寿命，提高 NBIS 稳定性。如图 6-12 所示，当白光（或蓝光）照射含有四价稀土离子的薄膜时，稀土离子会发生 CT 跃迁（从|$Ln4f^n$—$O2p^6$>跃迁至|$Ln4f^{n+1}$—$O2p^5$>），同时 V_O 会电离。经过 CT 跃迁后，体系在空穴（$O2p^5$）与转移电子

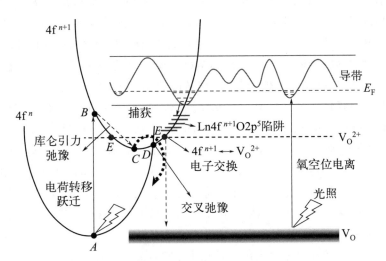

图 6-12 四价稀土离子对氧化物 TFT 光稳定性改善的作用机制

之间的库仑引力作用下弛豫到 C 点（最低能态）。然后通过交叉弛豫转移回抛物线（$4f^n$），前提是温度足够高，可以将电子从 C 点热激发直到 $4f^n$ 和 $4f^{n+1}$ 态之间的交叉点（点 D）。当温度很低时，位于 C 点态的电子不能被热激发至 D 点，因此不能发生交叉弛豫过程，会产生越来越多的$|Ln4f^{n+1}$—$O2p^5>$态，这些态通过抛物线（$4f^{n+1}$）将载流子捕获，这时在 NBIS 下，TFT 反而会出现阈值电压正漂的现象。同时，一部分光不可避免地被 V_O 吸收，然后被电离成 V_O^{2+}，为导带贡献了两个电子。它们可能被$|Ln4f^{n+1}$—$O2p^5>$态捕获。在 $4f^{n+1}$ 态和 V_O^{2+} 态的交叉点（E 点），$4f^{n+1}$ 态可以贡献 1 个电子给 V_O^{2+}，使得 V_O^{2+} 弛豫回 V_O。结果，光致电子和电离氧空位的寿命降低，NBIS 稳定性提高。

6.3 高迁移率氧化物半导体材料和器件设计原理

前面提到，氧化物 TFT 的一个重要特征是迁移率和稳定性之间存在折衷关系，这对于开发具有高氧化物半导体来说是很麻烦的。实际上 IGZO 的设计就是一种折衷：通过 Ga 掺杂提高稳定性，但是以牺牲迁移率为代价。传统方法制备的 IGZO 迁移率在 $10cm^2/(V·s)$ 左右，在各种优化条件下也很难突破 $20cm^2/(V·s)$。因此，IGZO 在很多新型显示场景（如超高清超高刷新率显示、Micro-LED 显示等）应用受限。本节介绍提高氧化物 TFT 迁移率的方法，包括材料设计、制备工艺设计以及器件结构设计三个方面。

6.3.1 高迁移率氧化物半导体材料设计

虽然文献报道了很多高迁移率氧化物半导体材料，但由于迁移率计算标准未统一以及稳定性不同，不同地方报道的材料很难放在一起按同一标准比较。目前，经量产工艺验证的氧化物 TFT 迁移率还很难达到 $30cm^2/(V·s)$。本节重点探讨可靠的具有较好应用前景的新材料。

上节所述的四价稀土离子掺杂的氧化物半导体材料具有较高的迁移率，可以达到 $30cm^2/(V·s)$ 以上，在收窄工艺窗口的条件下可以达到 $40cm^2/(V·s)$ 以上甚至更高。其高迁移率的主要原因是：只需少量 Ln^{4+}（1%~3%）掺杂就能大幅改善 NBIS 稳定性，Ln^{4+} 的掺杂量少对 In5s 电子轨道交叠影响小，从而具有较高的迁移率。该材料能大幅减缓氧化物 TFT 迁移率和稳定性之间的折衷关系。此外，InWO（IWO）也是研究较多的高迁移率氧化物半导体材料，但 W 掺杂是异价掺杂，其载流子浓度的控制难度较大。

除此之外的高迁移率氧化物半导体基本上都含有 Sn，包括 InZnSnO（IZTO）、InGaSnO（IGTO）、InGaZnSnO（IGZTO）等。其中日本东京工业大学细野秀雄（IGZO 发明人）课题组报道的 IZTO 的迁移率可达 $70cm^2/(V·s)$ 以上（然而其高迁移率在 V_G 高达 50V 的条件下获得），通过控制 CO 类缺陷并结合 Zn–Si–O（ZSO）钝化技术，可以实现高 NBIS 稳定性。但 IZTO 的制备条件严苛、工艺窗口窄，目前还未在量产线上应用。IGTO 的迁移率也较高，双栅 IGTO 的迁移率可达 $39.1cm^2/(V·s)$，并显示了较好的 NBIS 稳定性。IGZTO 的迁移率可达 $46.7cm^2/(V·s)$。含 Sn 的氧化物半导体迁移率较高可能与 SnO_2 的 CBM 较为陡峭有关（Sn5s 轨道交叠），其稳定性提高可能与带隙比较宽有关。然而，与 Ga 相比，Sn 掺杂对稳定性的提高作用没那么明显，需要更严格控制其缺陷才能达到与等量 Ga 掺杂相同的效果。

6.3.2 高迁移率氧化物薄膜晶体管的制备工艺设计

提高氧化物 TFT 的迁移率可以通过工艺控制法、成分控制法、结晶法（金属诱导）和原子层沉积（ALD）法等实现。

6.3.2.1 工艺控制法

氧化物 TFT 的制备过程包括栅电极、栅绝缘层、半导体层、刻蚀阻挡层（或钝化层）、源/漏电极等的制备。氧化物半导体层通常采用溅射、PLD、ALD、溶液法等方法制备。

氧含量是影响 TFT 性能的关键因素，因为氧含量影响了 V_O 的数量和界面缺陷，进而影响了迁移率和稳定性。通过优化沉积过程中的溅射功率和 O_2 与 Ar 流量比可以控制 V_O 数量，这主要是因为溅射功率过高会有较强的离子轰击造成较多的空位、间隙、断键等缺陷，而溅射功率较低又会影响到薄膜的致密性和界面的接触。采用较强氧化性的 N_2O 等离子体处理来减少 V_O 和控制自由载流子是提高氧化物 TFT 稳定性常用的手段。由于氧化物 TFT 的钝化层或刻蚀阻挡层通常为采用 PECVD 制备的 SiO_2，其反应气体为 SiH_4 和 N_2O（反应式见第 2 章），所以可以通过提高 N_2O 的含量（同时降低沉积温度<250℃）的方式来减少 SiO_2 薄膜的 H 含量（钝化层 H 含量太高会扩散至氧化物半导体层，造成自由电子浓度升高、器件难以关断以及稳定性变差）。在极限比例下，N_2O 含量占据 100%，就成了对氧化物半导体薄膜的 N_2O 等离子体处理，这个过程不但可以减少氧空位，而且还不会引入 H 掺杂，可以有效地调控 V_T 和稳定性。氮掺杂（溅射的过程中引入含氮的气体）亦能增强器件稳定性，因为掺氮时，氮能够填充部分的氧空位，甚至可以将 VBM 拉高至氧空位缺陷能级之上，大大减小氧空位缺陷对 TFT 器件稳定性的影响。

合适的后续退火可以提高器件的迁移率和改善器件的稳定性。IGZO TFT 在 300℃以上退火，带尾态分布宽度（210～317eV）显著减小，同时 TFT 的迁移率明显增加，该温度比退火结晶温度（500℃）低得多，金属阳离子的配位数和阳离子-氧键长没有明显变化，说明退火过程未发生薄膜结构的弛豫，故不会影响到离子轨道的交叠程度，但却减小了带尾态分布宽度，即意味着减少了缺陷态密度，降低了载流子的散射概率，有利于提高迁移率。有课题组对 IGZO TFT 在有源层溅射沉积之后，在 200～800℃之间及 N_2 或空气中进行了系列退火研究，发现在 500℃以下，迁移率随退火温度的增加而增加，最大约达 16cm²/(V·s)，其原因是退火使界面处发生原子重排、化学键有序性增强，半导体层/绝缘层界面得以改善；但当退火温度高于 600℃时，随着温度的增加迁移率减小，这可能与半导体层的多晶化和分相有关；高于 400℃退火时，温度对 TFT 的 I-V 特性的影响起主要作用，这时半导体层沉积参数如氧气含量和功率的影响甚微。此外，前面所述的 DUV/FUV 紫外-臭氧处理、MWI 处理、蓝激光退火、RTA、特殊气氛退火、高压退火、APP 处理等也能提高迁移率、改善稳定性，但目前还停留在实验研究阶段。

6.3.2.2 成分控制法

因氧化物半导体通常为多元性，如 IGZO 是由 In、Ga、Zn 和 O 四种元素组成，其中任何一种组分的偏差都会影响到 IGZO 薄膜的化学计量比，进而影响器件的性能，如图 6-6 所示。因此，设计氧化物半导体中的多组分阳离子组合和相对阳离子分数是改善氧化物 TFT 迁移率和稳定性最简单但必要的方法。共沉积法是研究 TFT 的成分组合依赖性的一种非常有效的方法。研究发现通过控制阳离子组成，可以调整氧化物半导体的本征特性，如自由电子浓度、V_O和态密度，从而使器件具有良好的性能。多元氧化物的各组分的作用和对器件性能的影响规律见前面6.2.2节。

6.3.2.3 结晶法

目前，通过工艺优化和组分优化改善非晶氧化物TFT性能已经接近极限。人们开始放弃非晶思路，转而探索结晶（甚至单晶）对氧化物TFT迁移率提高的作用。以In_2O_3为例，在加温沉积（约250℃）下容易生长出立方铁锰矿晶相，通过高电子浓度和巨大的In5s轨道嵌入结晶的协同效应，能获得非常高的迁移率。然而，这种高迁移率在一定程度上受到In_2O_3高V_O浓度的损害，导致了高度负的V_T和不稳定性。有课题组研究在溅射过程中使用H_2气体（$R[H_2]$）对In_2O_3结晶性的影响，在$R[H_2]$为5%时，In_2O_3:H薄膜中生长出了尺寸为140nm的巨大晶粒，最大面积分数为23%，表明通过该方法晶粒尺寸明显增大。这种高质量的结晶可以归因于H的掺入降低了沉积薄膜中的核密度。有趣的是，在$R[H_2]$为5%的In_2O_3:H薄膜中，当退火温度大于200℃时，电子浓度迅速减少，而不掺入H的In_2O_3薄膜则显示出不依赖于退火温度的电子浓度。结果表明，在300℃的退火温度下，对于50nm厚、$R[H_2]$含量为5%的In_2O_3:H薄膜，可以得到低至$2.0×10^{17}cm^{-3}$的电子浓度。低电子浓度的原因可能是在富H下，带正电的H_O^+缺陷可以捕获电子，通过大的晶格弛豫解离成V_O和H_i^+（H-DX$^-$中心），从而降低电子浓度。所制备的TFT具有优异的器件性能，其迁移率为(139.2±3.0) $cm^2/(V·s)$，SS为(0.19±0.02) V/dec，V_T为(0.2±0.2) V，这归因于薄膜的高结晶度和低电子浓度。

对于In_2O_3来说，除了控制结晶性还要控制电子浓度，但对于InGaO（IGO）来说，因为Ga掺杂已经控制了电子浓度，所以通常只需要考虑如何增加结晶度。实验发现，在薄膜沉积过程中通过控制氧分压（p_{O_2}）能改变IGO晶体结构。即使在退火温度只有200℃的情况下，当p_{O_2}=10%时，IGO薄膜中的c-In_2O_3结构也显著生长。而不同p_{O_2}的其他IGO薄膜呈现出非晶态结构。所得IGO TFT（p_{O_2}=10%）表现出优异的器件性能，迁移率为56.0$cm^2/(V·s)$，SS为100mV/dec，V_T为0.1V。此外，通过调制p_{O_2}来使IGTO薄膜中晶体结构转变也被报道：p_{O_2}=0%的IGTO薄膜为c-In_2O_3结构，而其他不同p_{O_2}含量的IGTO薄膜则保持非晶结构。这种差异导致了电学特性的显著差异，其中多晶IGTO（p_{O_2}=0%）TFT显示出卓越的器件性能，迁移率为116.5$cm^2/(V·s)$，SS为134mV/dec，V_T为0.47V。值得一提的是，在IGO和IGTO体系中发生的这种易结晶是由于In、Ga和Sn阳离子具有相同的八面体基序（配位数为6）。然而，Zn阳离子的加入阻碍了易结晶性（参见6.2.2节），通常导致薄膜结晶起始温度（T_{ON}）增加。因此，Zn基氧化物半导体（如IGZO）在沉积和/或退火过程中，需要高温（>700℃）来制造C轴排列的晶体IGZO（CAAC-IGZO）或IZTO。此外，CAAC-IGZO受组成比的影响并不大。然而，最近研究发现，这些带有Zn氧化物半导体薄膜在其上覆盖金属层的情况下，也可以在低温（约400℃）下结晶，这称为金属诱导结晶（MIC）。

与LTPS的金属诱导结晶不同的是，氧化物半导体的金属诱导结晶是将金属简单覆盖在上方，并且无须处理金属残留。使用这种简单的方法可以显著降低T_{ON}，特别是对于ZTO、IGZO和IZTO等锌基氧化物半导体的结晶非常有效。氧化物半导体的金属诱导结晶主要原理如下：①由于金属层的还原效应，底层氧化物半导体薄膜中的弱键氧和氧间隙等缺陷被去除,这被称为清除效应;②在退火过程中,氧化物半导体薄膜顶部的催化金属层可以帮助重构下层阳离子和氧之间的弱键,即诱导结晶过程。

研究发现钽(Ta)对诱导 ZTO 薄膜结晶很有效,在覆盖 Ta 层的条件下即使在 300℃的低温下退火也能使 ZTO 薄膜结晶(ZTO 的常规 T_{ON} 高达 650℃)。所得的 ZTO TFT 具有良好的性能,迁移率为 33.5cm^2/(V·s),SS 为 0.4V/dec,V_T 为 1.8V,远高于非晶 ZTO TFT。此外,Ta 覆盖也能使 IGZO 在 300℃下结晶,使得迁移率从 18.1cm^2/(V·s)显著增加到 54.0cm^2/(V·s)。

除了 Ta 外,Al、Ti 等金属也能诱导氧化物半导体薄膜结晶。Zn-Ba-Sn-O(ZBTO)薄膜顶部覆盖 Al 可以使迁移率从 20.8cm^2/(V·s)大幅提高到 153.4cm^2/(V·s)。相比之下,Ti 覆盖的 ZBTO TFT 的迁移率仅提高到约 53.7cm^2/(V·s),主要是因为 Ti 的氧化能力较低。

6.3.2.4 ALD 法

ALD 法本质上也可以归类到结晶法(或改善薄膜质量法),但由于其在未来应用的重要性,在这里单独归为一类。ALD 是通过将气相前驱体脉冲交替地通入反应器并在基体上化学吸附并反应而形成沉积膜的一种方法(技术)。当前驱体达到沉积基体表面,它们会在其表面化学吸附并发生表面反应。沉积反应前驱体物质能否被沉积材料表面化学吸附是实现原子层沉积的关键。任何气相物质在材料表面都可以进行物理吸附,但是在材料表面的化学吸附必须具有一定的活化能,因此能否实现原子层沉积,选择合适的反应前驱体物质是很重要的。ALD 是一种将物质以单原子膜形式一层一层地镀在基底表面的方法,ALD 与普通的化学沉积有相似之处,但在 ALD 过程中,新一层原子膜的化学反应是直接与之前一层相关联的,这种方式使每次反应只沉积一层原子。与溅射法相比,ALD 法具有薄膜质量高、台阶(或孔洞)覆盖性好、成分比例实时连续可控等优点。近年来,人们期望通过 ALD 法制备高质量的氧化物半导体薄膜,从而提高氧化物 TFT 的迁移率和稳定性。此外,ALD 法还用于三维集成电路(如存储器)等。

ALD 法制备的 In$_2$O$_3$ 的迁移率较容易达到 100cm^2/(V·s),但 In$_2$O$_3$ 氧空位较多、电子浓度较大,实际应用困难。在这种情况下,IGO 成为 ALD 法研究最多的材料之一,因为 IGO 的氧空位被 Ga 抑制,另外其较容易结晶(In、Ga 配位数相同)。目前,采用 ALD 法制备的 IGO TFT 迁移率最高可达 71cm^2/(V·s),沉积温度仅需 150℃。基于 ALD 制备的各种氧化物半导体的 TFT 性能和沉积条件列于表 6-3,可以看出 ALD 制备的氧化物 TFT 大体具有迁移率较高、阈值电压可控的优点。

表 6-3 基于 ALD 制备的各种氧化物半导体的 TFT 性能和沉积条件

材料	前驱体	反应剂	温度/℃	薄膜晶体管最高迁移率/[cm^2/(V·s)]	阈值电压/V	亚阈值摆幅/(mV/sec)
In$_2$O$_3$	In(CH$_3$)$_3$[CH$_3$OCH$_2$CH$_2$NHtBu]	H$_2$O	150	6.1	0.85	0.36
	TMIn		225	113	<−1	0.15
				>20	<−3	N/S
				N/S	<−2	0.10~0.12
				>100	N/S	N/S

续表

材料	前驱体	反应剂	温度 /°C	薄膜晶体管最高迁移率 /[$cm^2/(V \cdot s)$]	阈值电压 /V	亚阈值摆幅 /(mV/sec)
In_2O_3	DADI	Ar/O_2 等离子体	250	12.6	−9.6	0.83
	DMION		300	32.4	−5.5	0.49
	$(C_2H_5)_2InCH_3$	O_2 等离子体	250	17	0.06	0.069
ZnO	DEZ	H_2O	100~200	11.8	1.1	0.175
		$NaOH/H_2O$	150	1.7	—	N/S
		O_2 等离子体	250	28.7	—	0.101
		H_2O/O_3	150	31.1	0.14	0.21
		H_2O/O_2	100	32.1	1	0.27
	N/S	N/S	N/S	17.9	3.23	0.225
	DEZ	H_2O 等离子体	70	1.10	2.29	0.205
		H_2O_2	150	10.7	1.41	0.25
	N/S	N/S	200	39.2	0.36	0.37
InGaO	DADI TMGa	O_3	250	40.3	−0.6	0.41
	TMION TMGON	Ar/O_2 等离子体	200	36.7	−5.5	0.30
	DATI TMGa		150	71.27	−0.3	0.074
	DADI TMGa	O_3	250	50.1	−0.5	0.25
InZnO	DADI DEZ	O_3	200	40.95	0.21	0.34
			250	48.1	0.07	0.20
InAlO	DMAI TMA	O_2 等离子体	N/S	18.9	−0.4	0.09
		Ar/O_2 等离子体	200	6.07	2.16	1.50
InSnO	TMIn TDMASn	H_2O	225	28	N/S	0.08
ZnGaO	DEZ $Ga_2(NMe_2)_6$	H_2O	150	16.2	N/S	0.22
ZnSnO	DEZ TDMASn	热 H_2O 和 O 等离子体	200	13.8	N/S	0.43
		O_3	250	13.6	−0.1	0.33
	N/S	热 H_2O 和 O_2 等离子体	150	12.4	3.73	0.223
InGaZnO	DADI TMGa DEZ	O_2 等离子体	150	21.11	0.82	0.22
	In-Ga 双金属单前驱体 DEZ	O_3	150	0.19	N/S	0.54

续表

材料	前驱体	反应剂	温度/°C	薄膜晶体管最高迁移率/[cm²/(V·s)]	阈值电压/V	亚阈值摆幅/(mV/sec)
InGaZnO	TEIn In-Ga 双金属单前驱体 DEZ	O₃	200	13.6	N/S	0.55
			150	27.6	N/S	0.28
	DADI TMGa DEZ	Ar/O₂ 等离子体	200	28.0	−0.5	0.36
		O₂ 等离子体	200	27.52	1.07	0.24
		O₃	250	21.7	1.18	0.13
	In-Ga 双金属单前驱体 DEZ	O₃	150	3.21	N/S	0.46
	DADI TMGa DEZ	Ar/O₂ 等离子体	200	23.26	0.13	0.20
	TEIn In-Ga 双金属单前驱体 DEZ	O₃	150	0.3	0.09	0.29
	DADI TMGa DEZ	O₂ 等离子体	250	N/S	−3.5	0.23
		Ar/O₂ 等离子体	200	40.86	0.19	0.068
InSnAlO	TMIn TDMASn TMA	H₂O	200	2.2	9.5	0.33
				2.28	6.8	0.366
InSnGaO	DADI BDMADMSn TMGa	Ar/O₂ 等离子体	200	33.8	−0.5	0.079

注：N/S 表示没有数据。

虽然 ALD 法具有薄膜质量高的优点，但其沉积速率慢、大面积制备困难，目前还没有可以匹配高世代显示面板生产线以上的 ALD 设备。因此 ALD 法要在显示领域获得应用，还需要在设备上升级突破。

6.3.3　高迁移率氧化物薄膜晶体管的器件结构设计

提高氧化物 TFT 迁移率的器件结构设计主要包括双栅结构、双层（或多层）沟道结构以及肖特基势垒晶体管结构等。

6.3.3.1　双栅结构

双栅结构顾名思义就是 TFT 有顶栅和底栅两个栅电极，相当于并联了两个单栅结构的器件，如图 2-7 所示。相比于单栅 TFT，双栅 TFT 的电流驱动能力获得了显著的提高，而且由于双栅器件中载流子体内传导的特性，载流子受到界面散射效应的影响较小，导致更大的场效应迁移率。由于双栅 TFT 相互独立的栅压控制特点，想要输出与单栅结构相同的电流,只需远远小于单栅所需要的电压,即双栅结构拥有更小的阈值电压和亚阈值特性,还可以抑制短沟道效应。双栅 TFT 可以利用两个栅极遮挡沟道,沟道受光照影响小,还具有光稳定性较好的特点。目前,在氧化物 TFT 中,双栅结构逐渐成为颇具有发展前景的新型器件结构。

6.3.3.2 双层(或多层)沟道结构

从器件层面提高氧化物 TFT 迁移率的最常用的策略是采用双层(或多层)沟道结构(有些文献称为异质结沟道结构,但是否是异质结机制还存在争议),如图 6-13(a)所示。早在 2008 年,Kim 等人就首次报道了 IZO(或 ITO/IGZO)异质结氧化物 TFT,获得了高达 51.3cm^2/(V·s)的迁移率。近年,越来越多的实验证据表明,双层(或多层)沟道结构能有效地提高氧化物 TFT 的输出电流,提高迁移率(如表 6-4 所示),但其确切机理还存在争议。尽管如此,在异质界面上形成二维电子气(2DEG)层可能是解释这一现象的众多说法中最有力的一种。2DEG 是由导带突变的异质界面上的电子转移造成的界面电子积累,如图 6-13(b)所示,这在使用Ⅲ-Ⅴ化合物半导体的高电子迁移率晶体管(HEMT)中经常观察到。然而,在异质结和超晶格器件中,通常需要高质量的晶体结构来产生 2DEG。因此,在多层氧化物半导体中使用 2DEG 创建的解释仍然存在争议,因为无序状态无法保证异质界面的高质量。异质结 2DEG 模型也得到了一些实验结果的初步论证。例如有研究发现单层 In$_2$O$_3$ TFT 的线性区迁移率在温度大于 160K 时表现出随温度升高而升高的特性,而 In$_2$O$_3$/ZnO 异质结 TFT 的线性区迁移率不随温度的变化而变化,说明电子传导机制从 TLC(仅 In$_2$O$_3$)转变为 PC(In$_2$O$_3$/ZnO)。这说明 In$_2$O$_3$/ZnO 异质界面有高浓度的 2DEG。

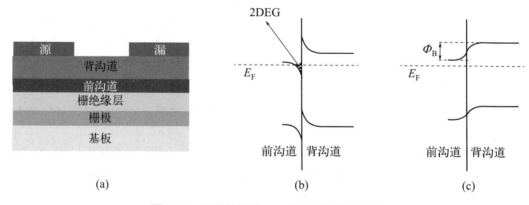

图 6-13 异质结沟道 TFT 结构以及能带结构

虽然有些实验表明异质结界面含有高浓度的 2DEG,但也有些实验表明,异质结界面并没有形成 2DEG,如图 6-13(c)所示。有实验表明图 6-13(c)这种能带结构也能提高迁移率和稳定性,其中一种解释是,前沟道层具有更高的电子浓度,由前面提到的渗流传导机制可知高电子浓度有利于电子输运、提高迁移率;背沟道层具有较小的电子浓度,提供钝化保护作用,用于控制阈值电压和提高稳定性。前沟道和背沟道之间的 CBM 势垒(Φ_B)会驱使电子离开异质结界面,进入前沟道层体内传导,因此不会受到异质结界面或背沟道的散射,从而提高迁移率。最近有报道采用高迁移率、高电子浓度的 ITZO 作为前沟道层、稀土 Pr 掺杂的 Pr-ITZO 作为背沟道层的结构,可以同时获得高迁移率和高 PBIS/NBIS 稳定性。因为在正栅压下，栅电场感应的电子数量远大于光生电子的数量，光生电子对阈值电压的影响可以忽略，PBIS 稳定性好；而在负栅压电场下，前沟道的光生电子会被驱离至背沟道，利用背沟道 Pr^{4+} 的电荷转移效应将其迅速复合，即光生电子的寿命会大幅降低，NBIS 稳定性好。表 6-4 列出一些文献报道的双层（或多层）沟道结构氧化物 TFT 器件的性能参数。编者认为，双层（或多层）沟道结构氧化物 TFT 器件性能的提升也可能与形成了类似肖特基晶体管结构有关，即双层（或多层）结构会使实际沟道变短（由高电导层造成的）。

表 6-4 双层（或多层）沟道结构氧化物 TFT 的器件和性能参数

沟道	介质层	迁移率 /[cm²/(V·s)]	开关比	阈值电压 /V	亚阈值摆幅 /(V/dec)
IZO/GZIO	SiO_2	51.3	约 10^9	0.31	0.19
ITO/GZIO	SiO_2	104	约 10^8	0.50	0.25
GIZO/CGIZO	SiN_x	5.1	约 10^7	3.25	0.68
ITO/ZTO	SiO_2	52	约 10^8	−1.0	—
IZO/IGZO	SiO_2	30	约 10^8	1.3	—
H_xIZO/H_yIZO	SiN_x/SiO_x	15	约 10^{10}	—	—
GZO/IGZO	SiO_2	10.04	约 10^7	1.2	0.93
ZIO/IGZO	SiO_2	18	约 10^9	—	—
ITO/ZTO	SiO_2	43.2	约 10^7	−1.03	0.18
IZO/HIZO	SiO_2	41.4	约 10^7	−6.95	1.45
IGZO(2∶1∶2)/IGZO(2∶1∶1)	Al_2O_3	21.6	约 10^9	—	0.43
IGZO/ITO	SiO_2	20	约 10^9	−5.1	1
IZO/GIZO	SiO_2	47.7	约 10^{10}	1.57	—
IZO/HIZO	SiO_2	48.28	约 10^7	2.15	0.28
In_2O_3/Ga_2O_3	HfO_2	51.3	约 10^8	0.57	0.38
IGZO/IGZO:Ti	HfO_2	63	约 10^7	0.86	0.073
IZO/ZTO	SiO_2	32.3	约 10^8	0.5	0.12
ITO/TZO	SiO_2	292	约 10^7	3.16	0.33
In_2O_3/IZO	ZrO_2	37.9	约 10^9	1.30	0.12
低-O IGZO/高-O IGZO	SiO_2	66.3	约 10^8	—	0.135
ITO/IGZO	SiO_2	80	约 10^8	—	—
ZnO/SnO_2	Al_2O_3	37	约 10^{10}	0.13	0.19
ZnO/ITO	SiO_2	21	约 10^6	0.09	0.1
IZO/AITZO	SiO_2	53.2	约 10^{10}	—	0.15
ZnO-H/ZnO	SiO_2	42.6	约 10^8	1.8	0.13
B-ATZO/T-ATZO	SiO_2	108.28	约 10^9	2.09	0.16
IZO/ATZO	SiO_2	60.4	约 10^9	1.5	0.16
I_xGO/I_yGO	SiO_2	53.2	约 10^7	0	0.19
IGZO:N/IZO:N	SiO_2	31.9	约 10^8	−0.5	0.8
IZO:N/IGZO:N	SiO_2	15.0	约 10^8	1.5	0.5
ZnO/In_2O_3	SiO_2	0.5	约 10^6	1.8	—
IZOAITZO	SiO_2	53.2	约 10^{10}	0.5	0.15

续表

沟道	介质层	迁移率/[cm^2/(V·s)]	开关比	阈值电压/V	亚阈值摆幅/(V/dec)
In$_2$O$_3$/ZnO	SiO$_2$	6.5	约10^7	8.9	0.7
IGZO/In$_2$O$_3$	SiO$_2$	64.4	约10^7	−0.3	0.204
IGZO/In$_2$O$_3$	HfO$_2$	67.5	约10^7	−0.2	0.085
IGZO/In$_2$O$_3$	Si$_3$N$_4$	79.1	约10^7	−0.3	0.092
ZnO(H$_2$O)/ZnO(O$_3$)	Al$_2$O$_3$	31.1	约10^8	0.14	0.21
IGZO11/HI-IGZO	SiO$_2$	24.7	约10^7	−0.9	0.1
IZO/IAZO	SiO$_2$	52.6	约10^7	3.4	0.8
IGO/ZnO	SiO$_2$	63.2	约10^9	−0.84	0.26
IGZO/IZO	SiO$_2$	49.5	约10^9	2.3	0.18
SIZO/SZTO	SiO$_2$	160.4	约10^8	−13.97	0.32
ZnON-ZnF$_2$	SiO$_2$	102	约10^7	4.1	0.79
UCL-ITZO/CCL-ITZO	SiO$_2$	17.31	约10^7	6.41	0.24
IZO/IGZO	SiO$_2$	21.6	约10^9	0	0.17
In$_2$O$_3$/ZnO	SiO$_2$	51.5	约10^8	−6.3	1.9
IGZO/IZO	SiO$_2$	38.77	约10^9	−1.33	0.19

6.3.3.3 肖特基势垒晶体管结构

肖特基势垒结构器件利用栅电场来控制源漏电极与氧化物半导体层之间的肖特基势垒高度来控制漏极电流（I_{DS}）。这样，I_{DS} 的大小主要取决于电极和氧化物半导体层之间的接触势垒，而不取决于沟道电阻（可以用 ITO 等高电导率材料作为沟道层材料）。也就是说光照下沟道电阻的变化对整体 I_{DS} 的影响可以忽略。此外，由于源漏接触区域被金属电极遮挡，所以接触电阻受光照的影响也较小。

6.4 p 型氧化物半导体材料的设计

氧化物半导体通常是 n 型的，p 型氧化物发展相对落后。p 型氧化物半导体与 n 型相结合，可以实现比单极性器件更节能的 CMOS 逻辑电路，以及用于紫外光电子学中的宽带隙 p-n 结。此外，p 型 TFT 更适合驱动 OLED 像素（详见第 8 章）。近年来在光伏和太阳能水解方面的快速发展也需要宽带隙 p 型层来更有效地收集空穴载流子。高性能 p 型氧化物半导体材料的开发及其在电子器件中的应用是必不可少的。高性能 p 型氧化物从根本上受到其电子结构的限制：O2p 轨道形成的 VBM 非常平坦且局域化导致空穴有效质量大（空穴迁移率低），并且难以引入浅受体（VBM 附近的含有大量的氧空位施主带间态，会填充受主掺杂能级）。解决这一问题的关键策略是通过 O2p 轨道与过渡金属 3d 轨道杂化，例如与闭合壳层 Cu3d^{10} 轨道或与充满 ns^2 孤对态的后过渡金属阳离子杂化，使 VBM 离域。经过多年的努力，人们已经发现了几种类型的 p 型氧化物半导体。本节将简要介绍新型 p 型氧化物半导体的材料设计原理和发展趋势。

6.4.1 O2p 与填满的 d 轨道杂化对价带的调制

利用 O2p 轨道和 $Cu3d^{10}$ 闭壳轨道的杂化，即细野秀雄等人提出的"价带的化学调制（CMVB）"。由于 $Cu3d^{10}$ 的能级与 $O2p^6$ 的能级相近，预测 $Cu3d^{10}$ 轨道与 $O2p^6$ 轨道能形成较强的共价键。这将导致空穴输运通道的局域化程度降低，空穴有效质量减小。事实上，Cu_2O 已经被认为是一种有前途的 p 型氧化物材料，具有超过 $90cm^2/(V \cdot s)$ 的高霍尔迁移率。能带结构理论计算清楚地表明，VB 是由 Cu3d 轨道与 O2p 轨道杂化组成的（图 6-14），VBM 的色散（陡峭度）要大得多。回旋共振法测量 Cu_2O 的空穴有效质量为 $0.58m_e$，DFT 计算的空穴有效质量低至 $0.24m_e$。Cu_2O 中 p 型载流子的来源与 Cu 空位（V_{Cu}）的形成有关。

Cu_2O 的带隙仅为 1.9~2.2eV。Cu_2O 的窄带隙被认为是由于亚铜矿结构中 Cu-Cu 强烈的相互作用：每个 Cu^+ 有 12 个距离最近的 Cu^+。结果表明，在邻近 Cu 较少的三元 Cu 基氧化物中存在较大的带隙。根据这一设计规律，找出了一系列含 Cu^+ 的铜铁矿基三元氧化物 $CuMO_2$（M=Al、In、Ga、Cr）及其相关的 $SrCu_2O_2$ 氧化物。虽然 $CuMO_2$ 带隙更大，但其霍尔迁移率比 Cu_2O 低得多[最好的是 $7cm^2/(V \cdot s)$]。此外，$CuMO_2$ 具有准二维晶体结构。由此产生的各向异性输运特性、结构不稳定性和高生长温度也给器件集成带来了许多挑战。

此后，CMVB 的概念已被应用于其他具有 nd^6 和 $3d^3$ "准封闭"壳态的过渡金属氧化物，如 ZnM_2O_4（M=Co、Rh、Ir）尖晶石氧化物和 Cr 基氧化物。与层状 Cu^+ 基材料相比，尖晶石和 Cr 基氧化物具有三维晶格结构，与现有 n 型材料的匹配性更好。这体现在发现的钙钛矿 p 型 Sr 掺杂 $LaCrO_3$（$La_{1-x}Sr_xCrO_3$）上。钙钛矿结构是这种材料的一个优势，其多变的结构使其更容易被掺杂。然而，尽管这些氧化物结构稳定，可以在高载流子浓度下进行空穴掺杂，但由于其 VBM 的局域化，空穴迁移率仍然很低，小于 $1cm^2/(V \cdot s)$。

NiO 是另一种重要的宽带隙 p 型氧化物半导体，具有 3.7eV 的宽带隙。NiO 结晶为稳定的岩盐晶体结构，其中 Ni^{2+} 阳离子在八面体配位中为 $3d^8$ 排布。$Ni3d^8$ 的能级接近 $O2p^6$ 的能级。推测 Ni3d 轨道可以与 O2p 轨道形成强杂化，类似于 Cu^+ 基氧化物中的电子结构。NiO 中的 p 型电导率归因于富氧条件下形成的 Ni 空位（V_{Ni}）或 Li 有效掺杂诱发的空穴载流子。关于传导机制，人们提出了两种不同的模型：①传统的类带导电机制；②小极化子跳变（SPH）机制。载流子与其周围晶格强烈相互作用形成重极化子，极化子的传导是通过热激活从一个位点跳到另一个位点来实现的，并且有报道称极化子的空穴迁移率很低[$<0.1cm^2/(V \cdot s)$]。然而，NiO 可能是使用最广泛的 p 型氧化物半导体，如太阳能电池中的空穴传输层，TFT 中的 p 型沟道材料和 p-n 异质结二极管。简单稳定的岩盐结构与易于制备和掺杂是 NiO 的优点。此外，通过改变表面偶极子或 V_{Ni} 和 Li 掺杂浓度，NiO 的功函数也可以在 3.7~6.7eV 的范围内进行调节。有趣的是，最近有研究表明，在 NiO 中掺杂 Cu^+ 可以通过 Cu3d、Ni3d 和 O2p 轨道之间微妙的相互作用增强价带色散，从而提高空穴迁移率和 TFT 器件性能。

6.4.2 O2p 与填满的 ns^2 轨道杂化对价带的调制

虽然使用过渡金属 d 轨道来调制 VBM 已经发现了许多上述 p 型氧化物，但由于局域化的 VBM，所获得的空穴迁移率仍然很低。只有基于 Cu_2O 和 NiO 的 p 型 TFT 表现出良好的器件性能。借鉴 n 型氧化物半导体空间扩展的 ns 轨道：一种由空间扩展的 s 轨道构成的 VBM 的氧化物具有较大的空穴迁移率，是较好的 p 型氧化物半导体。这种电子结构在后过渡金属的氧化物中发现，例如 Sn^{2+}（$5s^2$）、Pb^{2+}（$6s^2$）和 Bi^{3+}（$6s^2$），因为这些能级在 ns^2（$n \geqslant 5$）类封闭壳构型中是稳定的。ns^2 态可以通过扭曲晶格与 O2p 发生强烈的相互作用，从而在价带顶产生具有某些 ns 轨道特征的填充反键态。这种情况在 DFT 计算的 SnO 波段结构中表现得很明显，在 Γ 处显示出分散的 VBM（如图 6-14）。分散的 VBM 得到的空穴有效质量较低，为 $0.23m_e$。SnO 中的 p 型电导率主要是由于 Sn 空位（V_{Sn}）的缺陷形成能较低。2008 年第一篇关于 SnO 的 p 型 TFT 的报道中，迁移率为 $1.4cm^2/(V \cdot s)$，之后，SnO 得到了相当大的关注，目前已经实现了具有 $10.8cm^2/(V \cdot s)$ 迁移率的 TFT，使 SnO 成为该领域十分有前途的 p 型氧化物材料之一。然而，SnO 的不稳定性也给薄膜制备和器件集成带来了重大的技术挑战。

在 SnO 的概念之后，其他 Sn^{2+}（$5s^2$）和 Bi^{3+}（$6s^2$）基氧化物当然也值得研究。例如，具有焦绿盐结构的 $Sn_2Nb_2O_7$ 和 $Sn_2Ta_2O_7$ 是含有 Sn^{2+} 的化合物。据报道，$Sn_2Nb_2O_7$ 的带隙为 2.4eV，$Sn_2Ta_2O_7$ 的带隙为 3.0eV，这是由与 O2p 杂化的 $Sn5s^2$ 态的 VBM 与 Nb4d 或 Ta5d 轨道的 CBM 之间的能量差决定的。另一个更有趣的体系是基于 $BaBiO_3$ 的钙钛矿。由于 Bi 的电荷歧化（$2Bi^{4+} \longrightarrow Bi^{3+}+Bi^{5+}$），其实际结构为双钙钛矿 $Ba_2Bi^{3+}Bi^{5+}O_6$。VBM 为 $Bi6s^2$ 态，可用于实现高 p 型迁移率。更有趣的是，通过用 Nb^{5+} 和 Ta^{5+} 取代 Bi^{5+}，带隙可以增加到 2.6eV 和 3.2eV。最近报道的利用 PLD 外延生长 Ba_2BiTaO_6 薄膜，显示出高达 $30cm^2/(V \cdot s)$ 的空穴迁移率。

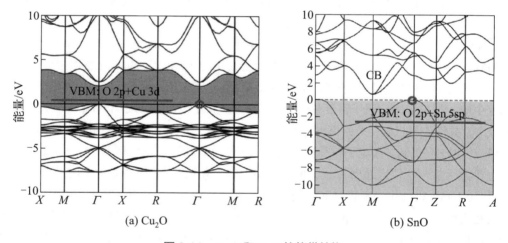

图 6-14 Cu_2O 和 SnO 的能带结构

6.4.3 宽带隙非氧化物半导体——卤化铜

虽然 CMVB 的概念已经成功地发现了许多 p 型氧化物，但这些氧化物中有许多仍然存在低空穴迁移率或高缺陷密度的问题，限制了它们作为 TFT 中 p 型沟道材料的应用。因此，近年来人们对寻找氧化物以外的宽禁带 p 型半导体越来越感兴趣。其中，碘化铜（CuI）因其高本征霍尔迁移率 [$>40cm^2/(V \cdot s)$]、宽带隙（约为 3.1eV）、易于薄膜加工而备受关注。

材料设计概念可以理解如下：氧化半导体中局域化 VBM 的关键原因是氧具有较大的电负性，O2p 轨道在形状上各向异性且空间扩展小。然而，对于原子序数较大的阴离子，如 I$^-$，最外层的 5p 轨道较大（>200pm）并且在空间上扩展，这与 n 型半导体中的 s 轨道有些相似。此外，碘还具有较小的电负性，这可以提高 VBM 的能级，有利于空穴掺杂。此外，I5p^6 轨道与 Cu3d^{10} 强烈杂化，扩展了空穴的输运途径。研究表明，即使在非晶相中，CuSnI（Sn 被用作抑制 CuI 结晶的添加剂）也表现出相当大的霍尔迁移率，为 9cm^2/(V·s)，与 a-IGZO 相当。虽然基于非晶 CuSnI 的 TFT 尚未报道，但该研究为构建具有广泛应用的 p 型半导体提供了另一种概念。

尽管 CuI 具有巨大的前景，但一些问题可能阻碍其在光电器件中的应用，包括溶液可加工性、不稳定性、高缺陷密度等。目前报道的 CuI 薄膜的电导率在 10^{2}S/cm 到 10^{4}S/cm 之间变化很大，可能是由于 V$_{Cu}$ 的水平不同。在 CuI 中对 V$_{Cu}$ 的控制仍然具有挑战性，对于 TFT 器件的性能至关重要。

6.5 氧化物薄膜晶体管的尺寸效应及三维集成电路应用

6.5.1 氧化物薄膜晶体管的尺寸效应

在 TFT 中，栅极通过栅绝缘层（GI）调节半导体沟道层的电导，这里，沟道电势由泊松方程决定，如下所示：

$$\frac{d^2\varphi(x)}{dx^2} - \frac{\varphi(x)}{\lambda^2} = 0 \qquad (6\text{-}11)$$

$$\lambda = \sqrt{\frac{t_b t_{OX} \varepsilon_b}{\varepsilon_{OX}}} \qquad (6\text{-}12)$$

式中，$\varphi(x)$ 为从源极到漏极水平方向的电势分布；t_b、t_{OX}、ε_b 和 ε_{OX} 分别为沟道和 GI 的厚度和介电常数。λ 为特征尺寸，它代表漏极电场能企及的距离量级。如果沟道尺寸（L_{ch}）小于 λ 量级，使得电场线从漏到源的穿越，造成栅压对沟道控制减弱、泄漏电流增加，即漏极感应势垒降低（drain-induced-barrier-lowering, DIBL）效应。因此，（L_{ch}）需大于 λ 才能避免短沟道效应（实际上通常需要 5~10 倍 λ 才能有效避免短沟道效应）。可以得出，如果要减小特征尺寸，需要减小沟道和 GI 的厚度，降低沟道的介电常数，提高 GI 的介电常数。λ 也可以描述如下：

$$\lambda = \sqrt{\frac{\varepsilon_b}{\varepsilon_{Si}} \text{EOT} t_b} \qquad (6\text{-}13)$$

式中，ε_{Si} 和 EOT 分别为 Si 和等效氧化物厚度的介电常数。遵循这一规则，研究人员努力降低 EOT，这使得器件缩放具有更短的沟道尺寸，而栅极可控性被有效地保留。同时，减小 t_b 的方法也被积极研究，以进一步降低 λ。然而，对于较短的 L_{ch} 来说，不断地缩小需要进一步减小 t_b，这会引发严重的问题，包括厚度变化和表面粗糙度，导致不利的载流子散射。随着 t_b 的减小，载流子散射急剧恶化，由于厚度波动引起的载流子散射大大降低了迁移率。若在硅基晶体管中，由于硅的带隙较小（E_g 约 1.1eV），短沟道硅基器件中直接/热离子隧穿引起的关态流（I_{off}）劣化是不可避免的。在这里，ALD 生长的超薄氧化物半导体有望免受上述挑战，因为它们具有宽 E_g、原子光滑表面和低 ε_b。此外，ALD 工艺在通过前驱体气体的自限制表面反应沉积保形纳米厚薄膜方面具有巨大的优势。同时，即使在复杂的几何形状中，它也能对多组分材料进行精确的成分控制。由于这个原因，出现了大量关于超薄 ALD 短沟道氧化物 TFT 的研究。需要说明的是，在短沟道器件中，迁移率存在不确定性；相反，开态电流（I_{on}）可能是一个更准确、直接和可靠的参数。

研究人员通过改变 t_b、t_{OX} 和 ε_{OX}，系统地研究了 30μm 至 40nm 范围内 L_{ch} 的影响（图 6-15）。首先，在 L_{ch} 为 30μm 的 10nm 厚 ITO TFT 中，通过将 GI 层由常规的 90nm 厚 SiO_2 改为 20nm 厚高介电常数的 La 掺杂 HfO_2（HfLaO），验证 t_{OX}（ε_{OX}）的降低（增加）效果。如图 6-15（a）、（d）所示，降低 t_{OX} 和增加 ε_{OX} 使 TFT 由耗尽模式（$V_T<0$）转变为增强模式（$V_T>0$），同时大幅改善了器件的 SS。这种改善是由于减少了 EOT 而增强了栅电场控制。然后，如图 6-15（b）、（e）所示，在 10nm 厚的 ITO TFT 中，L_{ch} 从 30μm 减小到 3μm，V_T 负移了 5V；这时可以通过降低 ITO 厚度（t_b 从 10nm 减少到 4nm）来重新使 $V_T>0$。最后，如图 6-15（c）、（f）所示，在 4nm 厚的 ITO TFT 中，L_{ch} 进一步降低到 40nm，t_{OX} 为 20nm 的 ITO TFT 大幅负漂至 -6V 左右；这时如果降低 t_{OX} 至 5nm（EOT=0.8nm），器件的 V_T 可以拉回至 -1V 左右，SS 低至 66mV/dec。这可以归因于 ITO 薄膜的低 λ 值 [约 1.8nm，见式（6-13）]，这是基于 EOT（0.8nm）、t_b（4nm）和 ε_b（约 4）的值的组合。这项研究证明了氧化物如 ITO 和 In_2O_3 作为超薄沟道层的可行性。研究人员探讨了短沟道效应和热载流子应力（hot carrier stress，HCS）对 L_{ch} 为 10～2μm 的 IGZO TFT 的影响。结果证实，L_{ch} 的降低伴随着 V_T 负漂。当 V_{DS} 从 1V 增加到 13V 时，这种负漂变得更加严重，证实了 DIBL 效应。此外，在 V_{DS} 很高时，容易造成 V_T 不稳定（随时间平行正漂），这主要是由于 HCS 效应造成的。在 V_{DS} 远高于 V_G 时，会产生强的反向局部电场（方向由漏极到栅极），造成热载流子注入到靠近漏极的栅绝缘层体内，形成了势垒。一些短沟道超薄氧化物 TFT 的性能列于表 6-5。

表 6-5 一些短沟道超薄氧化物 TFT 的性能

材料	制备工艺	t_b/nm	L_{ch}/nm	绝缘层	t_{OX}/nm	G_m/(μS/μm)	j_{on}/(μA/μm)
ITO	溅射	4	40	HfLaO	20	—	520
		1	800	HZO/Al_2O_3	20/3	—	243
		3.5	10	HfLaO	5	1050	1860
IWO	溅射	7	100	HfO_2	5	—	370
In_2O_3	ALD	1	40	HfO_2	5	>100	200
		0.7	200	HfO_2/Al_2O_3	10/1	—	0.5
		1.2	40	HfO_2	5	—	220
		1.5	40	HfO_2	5	940	220
		2.5	8	HfO_2	3	>1000	3100
a-IGZO	溅射	40	2000	SiO_2	140	—	—
		15	160	HfO_2	5	62	—
		3.6	38	HfO_2	10	125	350

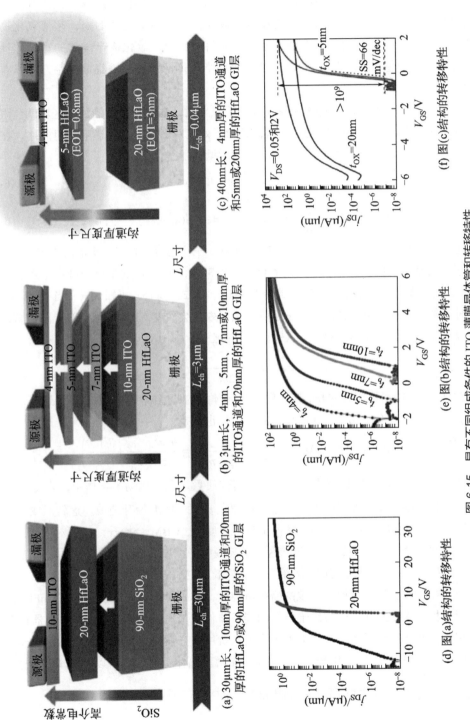

图 6-15 具有不同组成条件的 ITO 薄膜晶体管和转移特性

如上所述，缩放 L_{ch} 与 EOT 和 t_b 密切相关，这表明必须同时缩放这三个指标才能有效地克服短沟道效应。而厚度的变化，引起相当大的载流子散射，超尺度薄膜可能是器件小型化的一个关键障碍。在这方面，ALD 工艺是沉积超薄半导体薄膜最有效的制造路线，而氧化物半导体可能是使用这种先进技术的最佳候选。值得注意的是，超薄氧化物半导体的电特性与二维材料相当甚至超过了二维材料。此外，氧化物半导体的宽带隙性质赋予了其低漏电的特性。这表明 ALD 超薄氧化物半导体薄膜在三维集成电路方面具有巨大应用潜力。

然而，当半导体层的厚度减小到 3nm 以下尺寸时，电子和空穴的活动区域就会限制在无限深量子阱（quantum well, QW）内，其量子效应对器件性能的影响不可忽略。在量子尺度的厚度下，垂直于衬底方向（z 方向）的能量会量子化：

$$k_z = \frac{n\pi}{z}, n = 1, 2, 3 \tag{6-14}$$

$$E(k_x, k_y, k_z) = \frac{\hbar^2}{2m^*}(k_x^2 + k_y^2 + k_z^2) = \frac{\hbar^2}{2m^*}(k_x^2 + k_y^2) + \frac{\hbar^2}{2m^*}\frac{n^2\pi^2}{z^2} \tag{6-15}$$

上述公式中，k_x、k_y 和 k_z 分别表示在 x、y 和 z 三个方向的波数；n 是正整数；E 代表的是电子或者空穴的能量；$\hbar$ 表示的是约化普朗克常数；m^* 表示的是电子或者空穴的有效质量。$n=1$ 时的基态能代表的是 CBM 或者 VBM。由公式（6-15）可知，只有当 $k_x=0$、$k_y=0$ 且 $n=1$ 时 E 能取到最小值，也就是说量子阱的量子效应会改变 CBM 或者 VBM 的位置，从而改变禁带宽度。禁带宽度的变化（ΔE_G）可以由公式（6-16）表示：

$$\Delta E_G = \frac{\hbar^2}{2m^*}\frac{\pi^2}{z^2} \tag{6-16}$$

从公式（6-16）中可以明显看出，ΔE_G 随着半导体层的厚度减小而增加。ΔE_G 是导带底变化（ΔE_C）和价带顶变化（ΔE_V）共同作用的结果，也就是：

$$\Delta E_G = \Delta E_C - \Delta E_V = \frac{\hbar^2\pi^2}{2z^2}\left(\frac{1}{m_e^*} - \frac{1}{m_h^*}\right) = \frac{\hbar^2\pi^2}{2z^2}\left(\frac{1}{m_e^*} + \frac{1}{|m_h^*|}\right) \tag{6-17}$$

式中，m_e^* 和 m_h^* 分别代表电子和空穴的有效质量。在氧化物半导体中，m_h^* 远大于 m_e^*，因此，氧化物半导体在量子尺度下的带隙展宽主要由 CBM 抬升造成。这就形成了一个有趣的现象：当氧化物半导体的厚度减薄至量子尺度时，CBM 会抬升，E_F 相对下降，造成电子浓度减少、阈值电压往正向移动，这对于某些电子浓度高的氧化物半导体（如：In_2O_3、ITO 等）特别有利。此外，CBM 的抬升还能降低施主缺陷的影响，提高稳定性。

为了在缩放器件中获得更有效的栅极可控性，非平面结构如鳍状结构（FinFET）和栅极包围结构（GAAFET）已被用于传统的硅基器件中。具有多栅电极的非平面器件在集成密度和器件性能（包括增强对短沟道效应的抗扰度）方面具有显著的优势。这些非平面结构也用于氧化物 TFT 中。由于这些结构超出了薄膜晶体管范畴，所以不在本书详述。

6.5.2　氧化物薄膜晶体管在三维集成电路中的应用

过去的半个多世纪，半导体行业一直遵循着摩尔定律（Moore's law）的轨迹高速发展，达到 3 nm 的工艺节点，已经不断地逼近物理极限。而在冯·诺依曼架构（即计算和存储分离）下，数据存取问题成为目前提升计算速度的第一大难题。三维集成技术是克服传统器件尺度限制、延续摩尔定律的重要技术手段之一，通过单元器件的层层堆叠可以持续地增加芯片内晶体管数量。与传统的二维技术相比，单片三维集成技术可以通过减小布线长度来显著地提高芯片的性能并大幅降低功耗及成本。然而，为了实现这一先进的技术，就必须要求上层器件的工艺温度小于 400℃ 以保证下层器件的电学性能不受破坏。因此，需要高温才能发挥其特殊电学特性的 Si 难以在上层晶体管中得到应用，这就需要一种可以通过低温制造来实现且具有良好电学特性的替代材料。二维材料和氧化物半导体是最具潜力的替代材料。前者在低温条件下难以直接在 Si 衬底上生长高质量的二维晶体，在实践中很难充分利用其优异的物理性能。目前而言，氧化物半导体在这方面显得更具实用价值。2021 年，ARM 公司在《自然》期刊上报道了首个基于 IGZO TFT 制备的柔性微处理器，这充分体现了氧化物半导体在芯片制备中的巨大潜力。首先，氧化物半导体具有良好的后端（back-end-of-line，BEOL）兼容性，可以在低温条件下使用传统 CMOS 兼容的沉积技术进行堆叠，如溅射和 ALD 等。其次，氧化物 TFT 的沟道尺寸可以通过缩小 EOT 和 t_b 等手段得到大幅缩小而不造成显著的短沟道效应，而且可以通过 ALD 方法制备来减少载流子散射，使超薄氧化物半导体依然能保持较高性能，甚至超过二维材料的性能。再来，氧化物半导体为宽带隙半导体（>3eV），可以实现极低的泄漏电流（电流密度 $<10^{-18}\mathrm{A}/\mu\mathrm{m}$），能够极有效地解决硅基器件的泄漏电流带来的一系列问题，对低功率应用具有强烈的吸引力。这表明氧化物 TFT 在用于三维集成电路方面具有巨大潜力。尤其是动态随机存储器 (dynamic random access memory，DRAM)，其器件微缩引起晶体管泄漏电流增大并导致电容存储能力下降，采用 ALD 氧化物 TFT 可以很好地解决这一问题。自 2020 年以来，关于氧化物 TFT 在 DRAM 中应用的报道逐渐增多。中国科学院微电子研究所也报道了基于氧化物 TFT 的无电容器 DRAM 的研究。该结构可以更好地缩减氧化物 TFT 的尺寸，提高晶体管密度，并实现更好的堆叠。虽然氧化物半导体在大尺度的新型显示领域已经得到成熟的应用，但是在芯片级的纳米尺度下仍然存在一些问题。首先是载流子输运问题，相比于单晶 Si，现有的 IGZO 体系迁移率较低，难以满足大电流、快速充放电的需求，因此发展新型高迁移率氧化物半导体变得尤为紧迫；其次是短沟道效应，减小半导体及介质层薄膜厚度是克服短沟道效应重要的方法；开发超薄氧化物薄膜沉积技术是实现高性能 DRAM 的技术基础；最后是器件稳定性问题，DRAM 通常需要工作在较高的温度（40～120℃）条件下，这对氧化物 TFT 热作用下的偏压稳定性是巨大的挑战，需要深入研究氧化物半导体热不稳定性的主导因素，解决氧化物 TFT 热压应力下阈值电压漂移的问题。

 习 题

1. 氧化物 TFT 的优点主要有哪些？
2. 常见氧化物半导体的基体元素主要有哪五种？它们的离子有何相似的电子结构特征？
3. IGZO 的导带底和价带顶分别主要由哪些电子轨道贡献？为什么其在非晶态下依然有较高的迁移率？
4. In_2O_3 的导带底与 ZnO 比有什么特征？为什么 In_2O_3 容易被 n 掺杂？

5. ZnO、Ga_2O_3、CdO、In_2O_3 和 SnO_2 这五种二元氧化物哪种带隙最宽？哪种带隙最窄？
6. 常见的后过渡金属元素主要有哪些？
7. 简述 IGZO 中 In、Ga 和 Zn 的作用。
8. 引起氧化物半导体 n 型电导率（电子载流子）的电子给体包括哪些？
9. 简述 TLC 和 PC 两种导电机制及其特征。
10. 氧化物 TFT 的 NBIS 不稳定性的原因主要有哪些？
11. 改善氧化物 TFT 稳定性的方法主要有哪些？
12. 从制备工艺角度提高氧化物 TFT 迁移率的主要途径有哪些？
13. 从器件结构角度提高氧化物 TFT 迁移率的主要途径有哪些？
14. 为什么氧化物半导体较难实现 p 型导电？
15. 氧化物材料 p 型掺杂的机制主要有哪些？
16. 氧化物 TFT 的 t_b、t_{OX} 均为 10nm，ε_b 和 ε_{OX} 分别为 5 和 20，计算其特征尺寸 λ。
17. 氧化物半导体的 m_e^* 为 $0.2m_e$，m_h^* 远大于 m_e^*，当其厚度为 2nm 时，计算其带隙展宽量。

7

基于新型半导体的薄膜晶体管

近年来,以一维半导体材料、二维半导体材料以及钙钛矿半导体材料为代表的新型半导体材料发展迅速,基于这些半导体材料的 TFT 性能在短时间内得到大幅提高,成为了研究热点。

本章将介绍一维半导体材料、二维半导体材料、钙钛矿半导体材料的基本材料结构和载流子输运理论,以及以这些半导体材料为沟道层的 TFT 的构建。

7.1 一维半导体材料及其薄膜晶体管

一维半导体材料是指在一个维度上呈现出纳米级别的尺寸并具有半导体特性的材料,包括半导体纳米线、纳米棒、纳米带等。这些形式的一维半导体材料展现出了很多独特的物理和电子性质,例如量子限制效应、界面电子传递效应、表面态等,对于纳米电子学和纳米器件的发展具有重要意义。

7.1.1 碳纳米管及其薄膜晶体管

碳纳米管(CNT)是由 sp^2 杂化的碳原子形成一类在固态材料中独一无二的空心圆柱体,因为碳纳米管所有的碳原子都位于表面,故其可以看成是沿一定方向卷起的单层石墨烯片形成的圆柱形管。CNT 按照层数可分为两种类型:单壁碳纳米管(SWCNT)和多壁碳纳米管(MWCNT)。其中,根据六方晶系的晶格的手性向量 (m, n) 可以将 SWCNT 分为三类:扶手椅式($n=m$)、锯齿式(n 或 m 为 0)、螺旋式($n \neq m$ 且 n 和 m 均不为 0),如图 7-1 所示。此外,在形成的过程中,MWCNT 的层与层之间极易产生陷阱中心,因此 MWCNT 的管壁上通常布满小洞样的缺陷。SWCNT 是中空圆柱形长管状结构,直径从 1nm 到 100nm 不等,具有功耗低、运行速度快、灵活性高等优点。据报道,单个 SWCNT 可以表现出近弹道输运,场效应迁移率高达 100000cm²/(V·s)。

另外,根据 CNT 的手性向量,可以将其分为金属性(M)或半导体性(S)两种。当 $m-n$ 等于 3 的整数倍时,它是金属性的,否则是半导体性的。这一性质不可以通过施加栅极电压来改变。通常的 CNT 网络是由 M-CNT 和 S-CNT 组成的随机网络，因此在传导路径中 CNT-CNT 结一共有三种可行组合，它们分别是 S-S、M-M 和 M-S。其中 M-S 结的电阻最大，其对电流传导的贡献与其他结相比可以忽略不计。CNT-TFT 的性能很大程度上取决于网络拓扑结构。为了减少泄漏电流，应避免形成金属通道，从而提高电流的开关比。为此，制备 CNT 主要有三点注意事项：控制网内金属含量、控制膜密度以及消除金属通路。这些均可以通过使用纯度为 98%或 99%的 CNT 溶液进行改善。

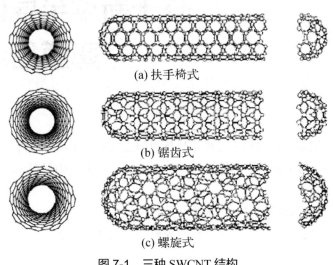

图 7-1 三种 SWCNT 结构

SWCNT 和 MWCNT 的合成分别于 1991 年和 1993 年首次报道，均由 Iijima 等人通过电弧放电合成实现。1998 年，Dekker 等人使用一根 S-SWCNT 制造了一种可以在室温下工作的晶体管。其中 S-SWCNT 放置在铂或金电极之间，而掺杂的硅衬底作为背栅。尽管性能较差，但仍代表着 CNT-TFT 迈出了重要的一步。2003 年，CNT 的欧姆接触方面取得了第一个重大突破，当时使用金属钯作为源极和漏极，产生了几乎完美的 p 型 CNT 场效应管。与 n 型相比，获得 p 型 CNT-TFT 要简单得多。

单根 CNT 的 TFT 器件构筑难度大，在实际应用中，往往采用由一系列半导体 CNT 组成的无序堆叠的网络状薄膜作为 TFT 的半导体层。先将 CNT 分散在溶液中，再通过旋涂或喷涂等方式在衬底上形成含有众多 CNT 无序堆叠而成的薄膜，这些 CNT 作为载流子通道将源极和漏极连接在一起。由于 CNT 具有三分之二的半导体性质和三分之一的金属性质，而 M-SWCNT 的存在是导致 TFT 的 I-V 曲线不饱和的主要来源，因为 M-SWCNT 形成了一条通过源/漏极的渗透路径，称之为 M-SWCNT 效应。因此在 CNT-TFT 的制备中常采用两种策略：一种是通过控制渗透来使用混合 CNT，另一种是使用分离的半导体 CNT。后者的优点是器件更加均匀。目前，非顺排的网络状 CNT-TFT 的迁移率最高可以达到 70~80cm^2/（V·s），但其关态电流过高，而降低关态电流又会大幅降低迁移率。

表 7-1 列出了 CNT-TFT 的部分研究进展，从表中可以看出，随着纯化 S-SWCNT 的提高，可以显著提高 CNT-TFT 的性能和产率。合理调节 S-SWCNT 与 M-SWCNT 的比例并运用两者优异的理化性质可以更有效地提高相关性能。

表 7-1 碳纳米管研究进展部分性能参数

S-SWCNT 纯度 /%	开关比	阈值电压 /V	亚阈值摆幅 /(mV/dec)	通道长度 /μm
95	52	10^4	−4	>20
96	3.6	10^3	—	100
98	31.65	10^4	—	—
99.9	9.76	3×10^4	−0.644	350±25
99.997	23.4	10^4	—	—
99.9999	10.8	10^5	0.26	—
99	75.5	1.62×10^7	2.8	300

长期以来，人们一直在寻求低成本且易于快速打印的晶体管技术。在这方面，CNT-TFT显示出巨大的潜力。然而，CNT-TFT的器件间性能不均匀，这是由于CNT网络的随机性，导致单个碳纳米管的性能因手性而变化，并且制造过程中可能会引入一些缺陷。因此，在研究和开发 CNT-TFT 时，需要密切关注器件间的可变性，并寻求解决相关问题的方法。

7.1.2 氧化物半导体纳米线及其薄膜晶体管

氧化物半导体纳米线是通过化学方法使氧化物半导体线状生长，形成线状（纤维状）或柱状的纳米线，其具有在一个维度上呈现出纳米级别的尺寸、高结晶性以及优异的光学和电学性能。可以通过气相沉积法或溶液法等合成氧化物半导体纳米线。氧化物半导体纳米线的一维几何结构和较大的带隙以及优异的电学性能使其具有高载流子迁移率、高开关比、柔韧性、高透明度等特点。

7.1.2.1 ZnO 纳米线及其薄膜晶体管

ZnO 共有三种结构，分别是纤锌矿结构、闪锌矿结构以及氯化钠结构。通常纤锌矿晶体结构稳定性较好，比较常见，晶体中的化学键有共价键和离子键两种，作为半导体材料，大部分锌与氧以离子键进行结合，表面具有极性。

早在 2006 年就已经报道了基于 ZnO 单根纳米线为半导体的晶体管，开关比为 10^6、V_T 为 0.4V、SS 为 129mV/dec、迁移率高达 928cm^2/(V·s)。这是迄今为止对 ZnO 晶体管场效应迁移率的最高值，但这种单根器件的迁移率计算方式存在争议。

与 CNT 类似，氧化物半导体纳米线也可以通过无序堆叠形成无序网络状薄膜，但需要解决生长问题。有研究人员利用多层石墨烯薄膜衬底作为生长面，在其上方的 ZnO 可以在无催化作用下通过 CVD 进行水平定向生长形成纳米线，获得了迁移率为 41.32cm^2/(V·s)、开关比高达 3.98×10^5 的 TFT 器件。将 ZnO 纳米线掺入其他材料形成共混薄膜可以调节电学、光学性能。有研究表明，调节沟道材料中 ZnO 纳米线与氧化铟锌（IZO）之间的比例可以控制 TFT 性能。与纯 IZO 相比，加入了 ZnO 纳米线后，IZO 膜变得粗糙，氧空位减少，所形成的缺陷减少；当 ZnO 纳米线质量分数为 0.1%时，TFT 器件有最好的性能表现，迁移率为 28.8cm^2/(V·s)、开关比为 4×10^6、V_T 为 0.5V。还有研究发现，在有机半导体中加入 ZnO 纳米线可以提高迁移率，其中一部分的原因在于 ZnO 纳米线的加入增加了沟道中的电子浓度。在 ZnO 中掺入 Cd 可以制备成 Cd(OH)$_2$@ZnO 纳米线，利用摩擦电纳米发电机（TENG），诱导 O^{2-} 等离子在纳米线表面作为浮动离子栅极（SIG）制备了 TFT，器件的开关比为 $4×10^5$。SIG 形成机理如下：首先由于 ZnO 纳米线中有许多氧空位缺陷，空气中的 O$_2$ 以及 H$_2$O 会占据这些位置，O$_2$ 捕获 ZnO 表面电子形成 O^{2-}；接着在 TENG 诱导下电离的 O^{2-} 到达 ZnO 表面取代 H$_2$O 占据氧空位最终形成 SIG。在 TENG 操作控制下，电流大小可以逐步调节，这类新型器件设计为研究人员提供了新型 TFT 的制备策略。

部分代表性 ZnO 纳米线 TFT 性能参数列于表 7-2。从整体上可以看出，这类器件的 SS 较大，可能是由于 ZnO 纳米线与其他材料（特别是栅绝缘层）之间的界面接触较差，产生了缺陷。这一问题可以利用各种方法进行优化，例如钝化表面处理、选择适当的绝缘体、利用新方式进行退火处理等。总之，如何有效降低 ZnO 纳米线表面缺陷是提高其电性能的主要方向。

表 7-2 氧化锌纳米线研究进展部分性能参数

迁移率/[cm^2/(V·s)]	开关比	阈值电压/V	亚阈值摆幅/(mV/dec)
20	$2×10^5$	21	1240
928	10^6	0.4	129
2~4	10^4	—	—
41.32	$3.98×10^5$	−2.27	430
5.8	$2.1×10^7$	4.6	660
28.8	$4×10^6$	0.5	790
0.46	$7×10^2$	−15	—
—	$4×10^5$		

7.1.2.2 In$_2$O$_3$ 纳米线

与 ZnO 不同，In$_2$O$_3$ 中 In 的离子半径较大（$n=5$），相邻离子容易产生 5s 轨道交叠，有利于载流子传导。由于 In$_2$O$_3$ 中有大量的氧空位及氢杂质等使其体现为 n 型导电性。

早在 2009 年，科研人员采用激光烧蚀法合成了掺 As 的 In$_2$O$_3$ 纳米线，成功制备了 TFT，迁移率高达 1490cm^2/(V·s)，开关比为 $5.7×10^6$，SS 低至 88mV/dec。此外，如果栅绝缘层采用自组装纳米介电材料，那么迁移率会进一步提高至 2560cm^2/(V·s)。As 作为 n 型掺杂剂有效地提高了载流子的浓度，掺杂后的 In$_2$O$_3$ 纳米线具有完美的单晶结构，没有任何明显的位错或缺陷。2011 年，研究人员利用 CVD 方法首次合成了直径小于 4nm 的超细单晶 In$_2$O$_3$ 纳米线，电导大幅提高。

As 掺杂和细化 In$_2$O$_3$ 纳米线均能提高电导率，但对于作为 TFT 的半导体层来说，电导率过高不利于器件的开关比。前面第 6 章介绍了掺杂一些低电负性元素可以减少氧空位、降低自由电子浓度，控制开关性能，提高稳定性。研究发现在 In$_2$O$_3$ 纳米线中掺杂质量分数为 3% 的 Mg 可以实现良好的 TFT 开关性，迁移率为 110cm^2/(V·s)，开关比大于 10^9；随着 Mg 的含量增加，迁移率逐渐下降，V_T 发生正漂。

最近的研究表明，在 In$_2$O$_3$ 纳米线中掺入 Pr 形成 InPrO 纳米线能减少电子浓度、提高稳定性。采用静电纺丝的方法制备。首先将 InCl$_3$·4H$_2$O 和 Pr(NO$_3$)$_3$·6H$_2$O 金属盐均匀而无序地分散在 PVP 高分子链的周围，形成均相的复合纳米纤维；为了增强 InPrO/PVP 复合纳米纤维和 SiO_2 的黏附性，对复合纳米纤维进行 UV 处理；经过 UV 处理后，InPrO/PVP 复合纳米纤维表面的 PVP 聚合物链会发生部分降解，并向大气中释放低分子的光降解产物，如吡咯烷酮，纤维直径有所减小，聚合物表面形成亲水基团，提高了纳米纤维的黏附性。而此时，金属盐没有达到分解的温度，依然均匀无序地分散在高分子链的周围。此时的复合纳米纤维依然呈现出均相态。经过高温煅烧之后，复合纳米纤维中的聚合物被逐步分解，最后形成 CO_2 等气体并释放到大气中，而金属盐则分解氧化成氧化物，并在高温下结晶，纳米纤维内部形成较为有序的结构，其直径进一步减小并呈现出多晶状态。

对 InPrO/PVP 复合纳米纤维进行 SEM 和透射电子显微镜（TEM）分析（图 7-2）可以看到，经过 UV 处理后，复合纳米纤维实现了与硅基底的稳定黏附，其直径下降到 140～190nm，从放大的 SEM 电镜照片可以看到纳米纤维依然呈现出光滑的表面。从 TEM 图像中也可以看出，经过 UV 处理之后的纳米纤维的表面依然很光滑，其直径下降至约 182nm。对煅烧后的纳米纤维进行研究。经过高温煅烧之后（500℃退火两小时），由于 PVP 的分解和纳米线的致密化，纳米纤维的直径则进一步下降到 50～70nm。观察到，3%（摩尔分数）掺杂的 InPrO 纳米纤维呈现出多晶状态，其晶粒的平均大小约为 17nm。晶体的平面间距为 2.93 Å，对应于立方晶型的 In_2O_3 的（222）晶面。由 XPS 分析可知当 Pr 的掺杂浓度为 0%、1%、3%、5%和 10%时，其氧空位浓度分别为 36.9%、31.2%、29.0%、27.6%和 20.1%。这表明 Pr 的掺杂可以有效抑制氧空位的数量，这是由于 Pr—O 的键解离能大于 In—O。

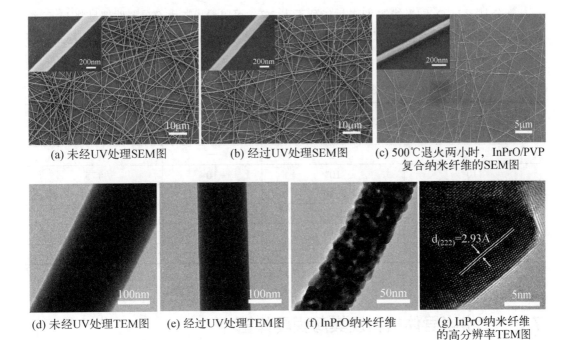

(a) 未经UV处理SEM图　(b) 经过UV处理SEM图　(c) 500℃退火两小时，InPrO/PVP 复合纳米纤维的SEM图

(d) 未经UV处理TEM图　(e) 经过UV处理TEM图　(f) InPrO纳米纤维　(g) InPrO纳米纤维的高分辨率TEM图

图 7-2　静电纺丝得到的 InPrO/PVP 复合纳米纤维的 SEM 图

不同 Pr 掺杂浓度的 InPrO TFT 器件结构及其转移特性曲线如图 7-3 所示。结果表明，未掺杂的 In_2O_3 TFT 虽然具有较高的开态电流，但是其关态电流也较大，导致 I_{on}/I_{off} 较低，

而且它还具有很负的 V_T。随着 Pr 掺杂浓度增加，关态电流降低，阈值电压非常显著地向正方向偏移。这是由于 Pr 的高键离解能可以有效地抑制氧空位，减少纳米纤维中的载流子。3%Pr 掺杂的综合性能最佳，迁移率为 6.9cm²/(V·s)，V_T 为 5.2 V，开关比大于 10^7。

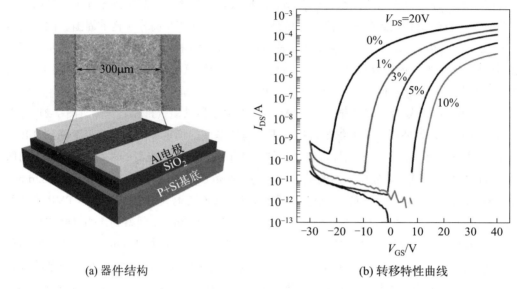

(a) 器件结构　　　　　　　　　(b) 转移特性曲线

图 7-3　不同 Pr 掺杂浓度的 InPrO 纳米纤维 TFT 的器件结构和转移特性曲线

部分基于 In_2O_3 纳米线的 TFT 性能列于表 7-3。可以看出，大部分器件都是将 In_2O_3 纳米线进行掺杂改性从而提高了器件的性能，但在某些方面仍有欠缺，例如器件的稳定性还没有得到充分验证。

表 7-3　氧化铟纳米线研究进展部分性能参数

迁移率/[cm²/(V·s)]	开关比	阈值电压/V	亚阈值摆幅/(mV/dec)
1490	$5.7×10^6$	—	88
—	2	—	—
110	10^9	10	175
—	$>10^8$	—	28.94
2.53	$1.5×10^8$	6.23	—
12.67	$3×10^7$	0.8	150
129	10^8	2.5	567

7.2　二维半导体材料及其薄膜晶体管

二维半导体材料是指两个维度上呈现出单原子层或单分子层或少层纳米级别尺寸的半导体。常见的二维材料有石墨烯、过渡金属硫化物、氮化硼、黑磷、锑烯、金属碳化物或氮化物（MXene）等。近年来，对二维半导体材料的研究突飞猛进，各类二维材料层出不穷，其制备工艺、器件构建方法不断改进，性能也得到很大的提高。二维材料在集成电路领域有望取代传统的硅材料，突破硅基芯片的尺寸和性能效应。

7.2.1 石墨烯及其薄膜晶体管

石墨烯是由 sp^2 杂化的碳原子所组成的平面膜，可以看成之前介绍的一维材料碳纳米管展开得来的二维材料。其具有六元环的蜂窝状的稳定结构，如图 7-4（a）所示，厚度只有一个原子大小。石墨烯中每个晶格所有碳原子以σ键相连，使其具有良好的力学性质。所有的 p 轨道垂直于石墨烯平面，并以肩并肩的方式形成与苯环类似的离域π键，π电子可以在平面内自由移动，赋予了石墨烯良好的导电性，使其在室温下具有良好的电学性能，理论上迁移率可达 $15000cm^2/(V·s)$。

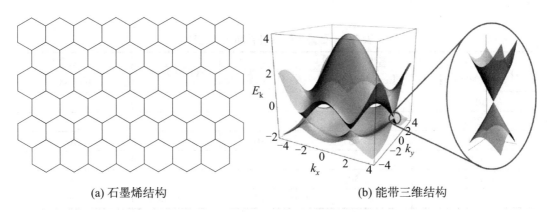

(a) 石墨烯结构　　　　　　(b) 能带三维结构

图 7-4　石墨烯结构和能带三维结构

在石墨烯中，可以分为两种不等价的原子，利用约束近似办法可以计算出哈密顿量，最后得出石墨烯的能带结构，能带的三维结构如图 7-4(b) 所示。可以看到，价带与导带有一处锥形交点，该点称为狄拉克点，它周围的能量为零，并且石墨烯的带隙也为零。同时，石墨烯中的电子与空穴的有效质量也为零，称为狄拉克费米子。狄拉克费米子在石墨烯中移动中几乎不会遇到散射，电子的平均自由程可以达到 1mm。石墨烯中会发生克莱因效应，该效应指的是无论势垒的高低以及宽厚，石墨烯中的电子能以 100%的概率穿过势垒。但是，石墨烯的零带隙，导致了其有很高的关态电流以及很低的开关比。

2007 年，报道了第一个顶栅石墨烯 TFT，虽然开关比和迁移率都相对较低，但对于非传统 TFT 技术来说具有里程碑式的意义。2008 年，利用基于溶液的方法对氧化石墨烯进行还原，成功均匀沉积共五层石墨烯薄膜。通过在 p-Si 衬底上沉积并还原氧化石墨烯，以 p-Si 为栅极电极、Au 为源/漏极，制备了底栅 TFT。通过测试发现，无论沟道长度如何变化，TFT 器件均表现出均匀的传导特性。空穴的迁移率为 $1cm^2/(V·s)$，电子的迁移率为 $0.2cm^2/(V·s)$，比空穴的迁移率低，而在真空中这种情况正好相反。

利用石墨烯作为活性层和电极、氧化石墨烯作为栅极电介质在塑料衬底上制造了柔性的底栅石墨烯基薄膜晶体管。尽管由于石墨烯的零带隙，TFT 的开关比只有 1.8，但在漏极电压为 –0.1V 时，空穴和电子的迁移率分别达到了 $300cm^2/(V·s)$ 和 $250cm^2/(V·s)$；

并且TFT有较好的弯曲性能，在波长为550nm下，透射率仅降低了16%，表现出较好的柔性。

运用低温ALD方法沉积氧化铝膜作为栅绝缘层制备的柔性石墨烯TFT的迁移率达到了4500cm²/(V·s)，而在1000次2%应变弯曲循环后迁移率仍有1500cm²/(V·s)，30000次弯曲循环后仍能运行，展现出了石墨烯TFT器件优异的器件性能以及柔性特征。

部分石墨烯TFT的性能参数列于表7-4。作为世界上最薄、最坚硬的材料，石墨烯有着仅吸收2.3%的可见光的特点，可以作为透明TFT器件的半导体材料。但由于其零带隙的特性，目前研究正尝试使用有如多层石墨烯堆积、施加应力、掺杂等多种方法来增加石墨烯的带隙。虽然目前对石墨烯TFT的研究取得了不少进展，但是石墨烯TFT在实际应用上还为时过早，较高的生产费用、较低的生产合格率不利于石墨烯基器件在实际生产中进行量产。

表7-4 石墨烯研究进展部分性能参数

电子迁移率/ [cm²/(V·s)]	空穴迁移率/ [cm²/(V·s)]	开关比	阈值电压/V	亚阈值摆幅/ (mV/dec)
0.2	1	—	—	—
250	300	1.8	—	—
34	45	10^7	—	90
400	—	2	6.5	—
4500	4500	—	—	—
—	—	10^7	0.35~0.65	—

7.2.2 过渡金属二硫族化物及其薄膜晶体管

过渡金属二硫族化物（TMD）是层状晶体，称为MX_2，其中M为Mo和W等，X包括S、Se、Te等。体MX_2晶体的每一层由三个平面（X-M-X平面）组成，每个平面由共价键相结合。MX_2的晶体结构可以通过X-M-X平面的不同堆叠顺序进行划分，一共分为三种结构，分别是以ABA形式形成的六方对称2H相、以ABC形式形成的四方对称1T相以及过渡金属原子在1T相中的二聚化形成1T′相，如图7-5所示。TMD的1T和1T′相是金属，2H相是具有带隙为eV量级的半导体。根据TMD的层数不同，会表现出直接带隙或间接带隙。因此，TMD的电荷迁移率、拉曼特性、光致发光等会根据层数的不同而有很大的变化。DFT计算表明，TMD的禁带宽度随着层数的减少而增加。相比于石墨烯，大多数单层TMD都存在1~2eV的禁带宽度，这使得它们可以作为低关态电流的开关。同时为研究石墨烯而开发的多种技术也适用于层状TMD的研究，加速了TMD TFT的研究及应用。下面简单介绍部分过渡金属二硫族化物及其薄膜晶体管。

7.2.2.1 MoS_2

通常情况下体二硫化钼（MoS_2）是一种间接带隙n型半导体，在室温下带隙为1.3eV。在MoS_2中，Mo原子位于两个硫化物原子层之间，晶体中的原子通过强共价键结合，层与层之间通过范德瓦耳斯力保持稳定。关于MoS_2薄片的研究在1963年已经开始，在1986年

成功制备出单层 MoS_2。与其他 TMD 相比，单层和多层 MoS_2 的合成更容易，可以采用机械剥离法、液相剥离法、物理气相沉积以及原子层沉积等方法。理论上单层 MoS_2 晶体管可以表现出高达 10^8 的开关比和 70mV/dec 的 SS。单层 MoS_2 的迁移率在 $1\sim200cm^2/(V\cdot s)$ 范围内，具体迁移率的大小取决于 MoS_2 所处的介电环境。而多层 MoS_2 的态密度是单层 MoS_2 的三倍，这将导致相当高的驱动电流。MoS_2 中的导带电子来自 d 轨道，MoS_2 将可以展现出有关于 d 轨道的电子效应等现象，为研究人员提供新的研究思路。部分代表性的 MoS_2 TFT 性能参数列于表 7-5。得益于 MoS_2 的低摩擦系数、可观的机械强度、高比表面积、可调节的带隙、可见光范围内的光吸收特性等优异的性能，MoS_2 在许多领域中被广泛应用，例如储能和转换、析氢反应、锂和钠电池的电极材料、光电子和纳米动力设备等。随着研究的不断深入，过渡金属二硫族化物特别是 MoS_2 由于其出色的光学和电学性能，已逐渐成为电子器件应用中石墨烯的优异替代品，但制备高迁移率的 MoS_2 TFT 依然还存在诸多困难。

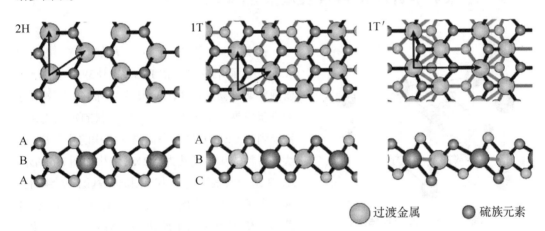

图 7-5 过渡金属二硫族化物的三种结构

表 7-5 二硫化钼部分研究的部分性能参数

迁移率/[cm^2/(V·s)]	开关比	阈值电压/V	亚阈值摆幅/(mV/dec)
>100	—	—	70
19	>10^6	−2	250
10^{-4}	—	—	—
14	10^3	—	—
19.4	5×10^6	22	1900
12.3	10^9	2.4	800

7.2.2.2 WS_2

单层二硫化钨（WS_2）的直接带隙为 2.38eV，体 WS_2 的间接带隙为 1.8eV。WS_2 具有良好的热稳定性以及化学稳定性，使得利用 CVD 方法获取 WS_2 薄膜成为常用的方法。WS_2 对于机械应变良好的耐受性，加上合理地利用柔性聚合物作为衬底可以有效地促进 WS_2 在柔性 TFT 中的应用。

尽管 WS$_2$ 在二维材料领域中被广泛研究，但与 MoS$_2$ 相比，以二维 WS$_2$ 结构为主的 TFT 器件的有关研究较少，可能是因为 WS$_2$ 具有较大的禁带宽度，而 MoS$_2$ 的禁带宽度较小，电子行为更类似于石墨烯等材料，能带结构的差异导致了两者之间的电学性质和光学性质有所不同。在 TFT 所用材料选择中，研究人员更倾向使用已经积累了更多研究成果和应用案例的 MoS$_2$。不过，随着对 WS$_2$ 研究的深入，相信在未来会有更多有关 WS$_2$ 的 TFT 的研究出现。

除了 WS$_2$ 以外，还有其他过渡金属二硫族化物及其薄膜晶体管，例如硒化钼、硒化钨、碲化钼以及碲化钨等。这些新型的半导体材料有着相似的结构，在近年来引起研究人员的注意，已经有应用于 TFT 器件中的报道。随着人们对其性质研究的进一步深入，相信在不久的将来，这些材料将会成为 TFT 领域中重要的新型半导体材料。

7.3 钙钛矿半导体材料及其薄膜晶体管

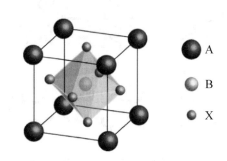

图 7-6 钙钛矿晶体结构

钙钛矿材料的结构与天然矿物钛酸钙（CaTiO$_3$）矿石相似，由 Rose 在 1839 年发现，并以俄罗斯矿物学家 Perovski 名字命名。随着科学的进步发展，大家对于钙钛矿材料的定义也逐步扩展到与 CaTiO$_3$ 具有类似晶体结构的化合物。钙钛矿材料的化学通式为 ABX$_3$，结构如图 7-6 所示。A、B 组分代表不同大小的阳离子基团。A 组分通常为离子半径较大的元素，如稀土或碱土元素，常见有一价阳离子如甲胺离子（MA$^+$）、甲脒离子（FA$^+$）、铯离子（Cs$^+$），二价阳离子（Ca^{2+}、Sr^{2+}）等；B 组分离子半径较小，常见有 Pb^{2+}、Sn^{2+}、Ge^{2+} 等二价金属离子，Ti^{4+} 等高价离子；X 组分代表阴离子基团，一般指能与 B 位元素配位形成八面体结构的元素，如 Cl、Br、I、F 等卤素元素或其混合卤素离子以及 O 元素。

理想的具有光电性能的金属卤化物钙钛矿结构通常为立方晶系，B 离子位于立方体中心，A 离子与 X 离子分别占据立方体的顶点和面心。位于中心的 B 离子（如 Pb^{2+}）和周围六个卤素离子配位形成 PbX$_6$ 八面体结构。八面体通过共享顶点形成连续阵列，进而构成立方相的钙钛矿。若 A 离子半径过小或 B 离子半径过大，将导致钙钛矿形成四方晶系、正交晶系或斜方晶系，不利于晶体结构的稳定性。因此，通常要求晶体中三种离子的离子半径满足以下条件：容忍因子（tolerance factor，TF）：0.81＜TF＜1.11，八面体因子（octahedral factor，OF）：0.44＜OF＜0.90。其中：

$$\mathrm{TF} = \frac{R_\mathrm{A} + R_\mathrm{X}}{\sqrt{2}(R_\mathrm{B} + R_\mathrm{X})} \tag{7-1}$$

$$\mathrm{OF} = \frac{R_\mathrm{B}}{R_\mathrm{X}} \tag{7-2}$$

式（7-1）及式（7-2）中，R_A、R_B、R_X 分别为 A、B、X 三种离子的离子半径。改变 A

位离子的尺寸，能改变钙钛矿材料的维度，A 位离子尺寸增大，钙钛矿由三维向低维转变。

一般来说，三维钙钛矿表现出更高的迁移率，且表现出双极性。2015 年发表的以 MAPbI$_3$ 为沟道层的第一个底栅顶接触三维钙钛矿 TFT，其电学性能表现出明显的温度依赖性。在室温时，空穴迁移率为 10^{-5} cm^2/(V·s)；在 78K 时，表现出更高的空穴迁移率 [2.1×10^{-2} cm^2/(V·s)] 和电子迁移率 [7.2×10^{-2} cm^2/(V·s)]。有报道将二乙基硫化物（EDS）添加至前驱体溶液中，形成 Pb^{2+}-EDS 的中间配合物，减缓晶粒生长速度，增加结晶度和晶粒尺寸，获得 23.2 cm^2/(V·s) 的迁移率。近年，钙钛矿 TFT 的研究进展迅速，以 CsSnI$_3$ 为基材，加入 SbF$_3$ 抑制锡空位，减少 Sn^{2+} 氧化成 Sn^{4+}，迁移率高达 28 cm^2/(V·s)、开关比可达 10^8。进一步用 Pb 来替换部分 Sn，可以将空穴迁移率提高至 50 cm^2/(V·s)。

但三维钙钛矿的稳定性一直饱受质疑，相比之下，二维钙钛矿由于具有较大的有机阳离子，能在晶体管开启过程中有效抑制离子迁移，一定程度上解决三维钙钛矿的不稳定性。二维钙钛矿中的量子和介电限制，垂直于无机层的电荷隧穿被强烈抑制，电荷输运主要局限在二维角共享的无机八面体层中，导致迁移率低。为了解决这一问题，研究者们从控制晶粒生长角度出发，提高二维钙钛矿的载流子传导。Adachi 等人从界面工程的角度出发，在沟道层和栅介质层之间插入 NH$_3$I-SAM 有机层降低空穴密度，实现了室温下 15 cm^2/(V·s) 的迁移率。Dou 等人从设计新分子的角度出发，通过扩大 π 共轭和增加半导体配体的平面度，获得具有高度有序晶体结构和超大晶粒尺寸的晶片级二维钙钛矿薄膜，空穴迁移率接近 10 cm^2/(V·s)。除此之外，还可通过换用更高介电常数的栅介质层提高迁移率，如 HfO$_2$、二维/三维混合钙钛矿兼顾高迁移率和稳定性，或在薄膜制备过程中加入反溶剂提高薄膜结晶度和增大晶粒尺寸。钙钛矿作为低成本、高迁移率的 p 型半导体材料，在太阳能电池、激光器和薄膜晶体管等各种光电应用中受到关注，但其在相变不稳定性、离子迁移、Pb 基钙钛矿有毒不环保、不耐水氧侵蚀这些方面还存在很大的挑战。

7.4 新型半导体材料及薄膜晶体管的未来发展方向

随着科技的不断进步和创新，半导体材料在电子领域扮演着至关重要的角色。近年来，一维、二维和钙钛矿等新型半导体的 TFT 作为电子器件的关键组成部分，吸引了广泛的研究兴趣。这些材料以其独特的性质和潜在的应用前景，成为电子技术发展的前沿领域。对于它们的发展方向概括如下。

① 对器件进行进一步性能优化。通过优化制备工艺和材料设计，降低制造成本，并进一步提高新型 TFT 的性能。在一维和二维半导体材料中，有许多缺陷对器件的性能影响较大，尽管目前对于材料缺陷的研究已经取得了显著进展，但仍有机会进一步提高导电性和载流子迁移率，以实现更高性能的电子器件。未来将聚焦于如何精确控制和减少缺陷的形成，从而提高器件的稳定性和可靠性。

② 对器件进行多功能集成。一维、二维和钙钛矿半导体材料有着许多优异的性能，例如电学和光学性能。未来的发展将着重于将这些性能集成到单个器件中，将其应用于更广泛的领域，例如柔性电子学、生物传感器和能量存储等。这些应用有望通过创新的器件设

计和结构实现。

③ 对于量子效应的应用。随着器件尺寸逐渐缩小到纳米尺度，二维薄膜晶体管将成为制造高密度、高性能器件的关键技术。二维半导体材料在量子效应方面表现出独特的特性，如量子限制效应和量子隧穿效应。未来的研究将探索如何利用这些效应并有效克服纳米尺度效应带来的挑战，实现可控的器件性能，在量子计算和通信领域实现突破性进展。

④ 设定相关参数指标。从材料的角度来看，制定一套可以量化半导体材料薄膜的细节和细微特征的指标是可取的。例如，在碳纳米管中，除了密度和均匀性等流行指标外，有课题组还提出了几个量化和基准测试碳纳米管薄膜局部管对齐程度的指标，并将这些指标与器件性能和均匀性相关联。这些指标将有助于进一步了解某些技术的收益和成本，从而提高产量和一致性，实现实际应用。

一维、二维和钙钛矿等新型半导体 TFT 作为电子技术的前沿领域，拥有广阔的发展前景。通过不断研究和创新，我们有望在电子器件性能、功能多样性和应用领域取得显著进展。这些进展将为现代科技的发展带来新的可能性，为人类社会带来更多创新和进步。

习 题

1. CNT 按照层数可分为哪两种类型？
2. 根据六方晶系的晶格的手性向量（m，n）可以将 SWCNT 分为哪几类？每一类的 m 和 n 之间的关系是什么？
3. 当 CNT 为金属性时，$m-n$ 的值为多少？当 CNT 为半导体性时，$m-n$ 的值为多少？
4. 二维半导体材料主要有哪些？
5. 根据 X-M-X 平面的不同堆叠顺序，MX_2 的晶体结构可以分为哪三种？
6. 请画出钙钛矿晶体结构示意图，并简述其电荷输运机制。
7. 通常要求钙钛矿晶体中三种离子的离子半径满足容忍因子和八面体因子的范围是多少？

薄膜晶体管在显示中的应用

TFT 作为一种晶体管技术，从原理上可以应用于任何需要应用晶体管及其集成电路的场合。受限于 TFT 的制备工艺和制备精度，TFT 技术比较适合大面积阵列化的应用场景，比如显示阵列、传感阵列等。随着柔性电子学的发展，TFT 也将在柔性电子系统有广泛的潜在应用。新型显示属于国家战略性新兴产业，发展日新月异，本章主要介绍 TFT 在显示领域的应用。

本章首先介绍显示的一些基本概念，然后依次介绍 TFT LCD 显示、AMOLED 显示和 Micro-LED 显示的相关 TFT 应用技术。需要指出的是，LCD 是电压驱动型器件，1T1C 的像素电路就能满足有源驱动的要求，也能容忍 TFT 阈值电压一定程度的漂移。OLED 是电流驱动型的器件，最简单的有源驱动像素电路是 2T1C 电路，不过由于驱动晶体管阈值电压会随时间或空间发生漂移而造成显示不均，所以 2T1C 像素电路不能满足实际应用需要。为提高显示均匀性，保证显示质量，AMOLED 像素电路需要作阈值电压补偿设计，比如 6T1C 电路、7T1C 电路等。为了降低功耗，后续发展了 LTPO（LTPS&Oxide）TFT 背板技术，其利用了氧化物 TFT 低关态电流特性（可低至 10^{-16}A），使得写入到 LTPS 驱动 TFT 栅极的数据电压可以长时间保持（比如可以工作在 1Hz 的低帧频下），实现宽帧频应用（1～120Hz），即可以根据使用场景灵活调整数据刷新频率。如果采用阈值电压一次锁存驱动架构，可以进一步大幅降低功耗，尤其是高刷新率下的功耗。微型发光二极管（Micro-LED）显示相比于 TFT LCD 和 AMOLED 显示技术具有更低功耗、更高分辨率、更长寿命和更快响应速度等潜在技术优势，是一种可以覆盖小尺寸到大尺寸的新型自发光显示技术，有望成为下一代显示技术。对于 Micro-LED 有源驱动而言，由于 LED 电流电压特性比较陡峭，通常认为要采用恒流 PWM 驱动，即确保 LED 工作在恒定工作电流下通过调节电流的脉宽来调节显示灰阶。恒流 PWM 驱动可以进一步分为数字 PWM 和模拟 PWM。

TFT 除了应用于显示像素电路外，还可以应用于外围驱动电路。外围驱动电路一般分为数据驱动电路和扫描驱动电路。其中数据驱动电路工作频率高和集成度高，一般难以用 TFT 直接在基板上集成，通常还是采用传统的硅 IC 绑定到基板上。扫描驱动电路实现扫描驱动脉冲输出，目前普遍采用 TFT 技术直接在显示基板上集成，这样可以降低芯片成本并容易实现窄边框设计。

8.1 显示基本概念

(1) 像素

一个显示画面由多个像素组合而成，基本上每个像素的大小和形状是完全一致的。在相同尺寸的画面内，所包含的像素越多，所出现的画面会越精致，如图 8-1 所示。随着单位面积的像素增多，其表现力越强，描绘的细节越清楚，画面越精致逼真。画面精致程度是显示器的第一项重要特征，它与观察距离、画面尺寸、像素大小和像素数目有关。

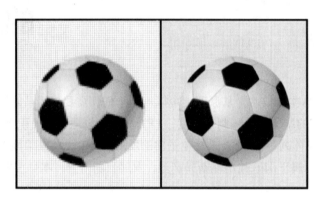

图 8-1 不同像素数目的显示效果对比

(2) 显示规格

显示器的整个画面，是由一个个的像素纵横排列而组成的，这种画面显示方式为点矩阵显示。依据像素在整个显示屏幕上的排列数量不同，产生了多种固有的显示规格。以液晶显示屏幕为例，其显示规格名称及相关内容如表 8-1 所示，其中包括了显示规格的名称、像素的数量，以及宽高比等参数。例如其中横向数量为 1024 个，纵向数量为 768 个的液晶屏幕显示规格为 XGA，其总像素数量约为 79 万个（1024×768）。像素数量通常也被称为图像分辨率。

表 8-1 液晶显示屏幕的显示规格名称及相关内容

名称	显示规格名称的内容（显示规格全称）	像素数	宽高比
VGA	Video Graphics Array	640×480	4∶3
XGA	eXtended Graphics Array	1024×768	4∶3
HD-TV1	High Definition TV1	1280×720	16∶9
W-XGA	Wide eXtended Graphics Array	1280×768	16∶9.6
HD-TV2	High Definition TV2	1920×1080	16∶9
QQXGA	Quadrable Quadrable eXtended Graphics Array	4096×3072	4∶3

(3) PPI

PPI（pixel per inch），指每英寸的像素数目，这一概念与分辨率密切相关。一般像素是正方形，像素节距即为正方形的边长。以边长 0.264mm 的像素为例，其 PPI=1in/0.264mm=25.4mm/0.264mm=96.2。一般而言，大尺寸显示的 PPI 通常较小，而中小尺寸显示的 PPI 通常较大。

(4) 亮度

显示器的亮度通常定义为画面中心位置且垂直于画面方向的单位面积的发光强度，单位是 nits（cd/m²）。需要强调的是，显示画面在不同位置处的亮度值是有所不同的，通常以画面中心位置的亮度来表征整个显示器的亮度。

(5) 对比度

一个显示画面的内容，只有由像素与像素之间的区别来表现，才能显示出来。这个差别，可以用最亮情况的亮度与最暗情况的亮度之比作为量化指标，即为对比度。显示器的对比度通常定义为画面中心位置且垂直于画面方向的最大亮度与最小亮度的比值，即：

$$C = \frac{L_{\text{MAX}}}{L_{\text{MIN}}} \tag{8-1}$$

其中，L_{MAX} 和 L_{MIN} 分别表示最大和最小的亮度值。理想显示器的 L_{MIN} 应该为零，但实际的显示器件由于种种原因导致 $L_{\text{MIN}} > 0$。一般而言，提升显示器件对比度的有效手段是尽可能地降低 L_{MIN} 值。

(6) 灰阶

为了重现我们所看到的自然影像，需要显示出不同的明暗程度，此即为灰阶。自然界的明亮程度是连续性的，而在显示器中显示时，无法做到连续的明亮程度，只能通过在最暗到最亮的范围内，增加区分的等级，从而增加灰阶的数目。图 8-2 是 TFT LCD 中灰阶与数据电压的关系。可以看到，液晶的光透射率随数据电压呈连续性变化，从而通过施加于液晶层的电压随图像数据变化来调整液晶的光透射率。因此，可以将图像的明暗变化置换为灰阶变化而显示出来。

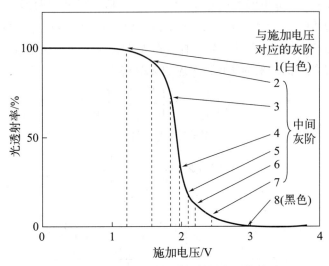

图 8-2　TFT LCD 中灰阶与数据电压的关系

为了配合数字量化，一般灰阶的数目表示为 2^N（N 为整数）。若数据信号为 3bit，则可实现 8（$=2^3$）灰阶；若数据信号为 8bit，则可实现 256（$=2^8$）灰阶，如表 8-2 所示。随着同时显示技术的发展，数据信号的位数也越来越大，这就要求对电压振幅的控制越来越精细。这无论对于电路还是控制，都提出了越来越严格的要求。

表 8-2　数据位数、灰阶数及彩色显示色数之间的关系

数据位数	灰阶数	彩色显示色数
3 bit	$2^3=8$ 灰阶	$2^3 \cdot 2^3 \cdot 2^3$，512 色
4 bit	$2^4=16$ 灰阶	$2^4 \cdot 2^4 \cdot 2^4$，4096 色
5 bit	$2^5=32$ 灰阶	$2^5 \cdot 2^5 \cdot 2^5$，约 3 万 2000 色
6 bit	$2^6=64$ 灰阶	$2^6 \cdot 2^6 \cdot 2^6$，约 26 万色
7 bit	$2^7=128$ 灰阶	$2^7 \cdot 2^7 \cdot 2^7$，约 200 万色
8 bit	$2^8=256$ 灰阶	$2^8 \cdot 2^8 \cdot 2^8$，约 1670 万色
9 bit	$2^9=512$ 灰阶	$2^9 \cdot 2^9 \cdot 2^9$，约 1 亿 3400 万色
10 bit	$2^{10}=1024$ 灰阶	$2^{10} \cdot 2^{10} \cdot 2^{10}$，约 10 亿 7300 万色

(7) 颜色

除了特殊的情况，人们对显示的基本要求之一是实现彩色显示。显示器形成彩色通常都基于三基色原理，即自然界中所有色彩都可以由三种基本色彩混合而成。三种基本色彩一般采用红色（R）、绿色（G）和蓝色（B）。为标准化起见，国际照明委员会（CIE）对上述三基色作了统一规定，即选水银光谱中波长为 700nm 的红光为红基色光，波长为 546.1nm 的绿光为绿基色光，波长为 435.8nm 的蓝光为蓝基色光。实验研究发现，人眼的视觉响应取决于红、绿、蓝三分量的代数和，即它们的比例决定了彩色视觉，而其亮度在数量上等于三基色的总和。这个规律称为 Grassman 定律。由于人眼的这一特性，就有可能在色度学中应用代数法则。

颜色表示系统并不是唯一的，某个表示系统的三个值可以经由线性转换到另一个系统中的三个值，其中一个常用的系统是 XYZ。这三个值可以分为两部分：一部分是亮度（luminance），即 Y 值；另一部分是色度，由 $x=X/(X+Y+Z)$ 和 $y=Y/(X+Y+Z)$ 表示。举例而言，有红、绿、蓝三个光源，其色度学坐标各为 $R(Y_r, x_r, y_r)$、$G(Y_g, x_g, y_g)$、$B(Y_b, x_b, y_b)$，则由其所组合成的新的颜色，对应的 XYZ 值为

$$X = x_r \left(\frac{Y_r}{y_r}\right) + x_g \left(\frac{Y_g}{y_g}\right) + x_b \left(\frac{Y_b}{y_b}\right) \tag{8-2}$$

$$Y = Y_r + Y_g + Y_b \tag{8-3}$$

$$X + Y + Z = \frac{Y_r}{y_r} + \frac{Y_g}{y_g} + \frac{Y_b}{y_b} \tag{8-4}$$

可求得

$$x = \frac{X}{X+Y+Z} = \frac{x_r \left(\frac{Y_r}{y_r}\right) + x_g \left(\frac{Y_g}{y_g}\right) + x_b \left(\frac{Y_b}{y_b}\right)}{\frac{Y_r}{y_r} + \frac{Y_g}{y_g} + \frac{Y_b}{y_b}} \tag{8-5}$$

$$y = \frac{Y}{X+Y+Z} = \frac{Y_r + Y_g + Y_b}{\frac{Y_r}{y_r} + \frac{Y_g}{y_g} + \frac{Y_b}{y_b}} \tag{8-6}$$

除数学表达式外，描述色彩的方法还有色度图，色度图能把选定的三基色与它混合后得到的各种色彩之间的关系简单而方便地描述出来。图 8-3 为 CIE 在 1931 年制定的色度图。

此外，显示器的色彩鲜艳程度通常用色彩饱和度（color gamut）来表示。一般色彩饱和度以显示器三原色在 CIE 色度图上围成的三角形面积为分子，以 NTS（美国国家电视标准委员会）所规定的三原色围成的三角形面积为分母，求百分比。如果某台显示器色彩饱和度为"75%NTSC"，则表明这台显示器可以显示的颜色范围为 NTSC 规定的 75%。传统的 CRT 和采用 CCFL 作背光的 TFT LCD 的色彩饱和度一般都低于 100%，但采用 LED 背光源的 TFT LCD 以及 AMOLED 的色彩饱和度有可能大于 100%

伽马（Gamma）曲线：人的眼睛在不同的光照强度下，对光的敏感度不同，与光亮的环境对比会发现人的眼睛在黑暗的环境中对光的强度更为敏感。因此，可以将 0～255 灰阶作为 x 轴，亮度作为 y 轴，所描绘出来的曲线就叫作 Gamma 曲线，如图 8-4 所示。其中，水平方向表示灰阶，垂直方向表示显示的亮度。Gamma 值在色度学中用于衡量显示器亮度响应特性好坏，特性曲线近似于一条指数形式的曲线，伽马曲线或伽马值（Γ）会直接影响到显示器画面的显示效果。其关系可以通过下面的式（8-7）近似描述：

$$Y = AX^{\Gamma} \tag{8-7}$$

其中 Γ 的值为 2.2～2.5。

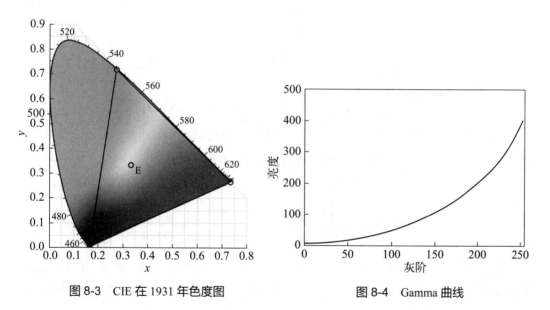

图 8-3　CIE 在 1931 年色度图　　　　图 8-4　Gamma 曲线

白平衡是描述显示器中红、绿、蓝三基色混合生成后白色精确度的一项指标，通过改变基色量度配比来影响图像的显示效果。在全彩 AMOLED 面板设计流程中，白平衡是必须考虑的问题。R, G, B 色坐标由发光材料本身来决定。色参数为 $R(Y_r, x_r, y_r)$，$G(Y_g, x_g, y_g)$ 和 $B(Y_b, x_b, y_b)$。通过色度坐标轴和色度加法，我们可以计算出合成光的色坐标 $W(Y_w, x_w, y_w)$。

对于 RGB 排列子像素，合成光的亮度和色度颜色与 RGB 的关系为：

$$x_w = \frac{x_r \times \dfrac{Y_r}{y_r} + x_g \times \dfrac{Y_g}{y_g} + x_b \times \dfrac{Y_b}{y_b}}{\dfrac{Y_r}{y_r} + \dfrac{Y_g}{y_g} + \dfrac{Y_b}{y_b}} \tag{8-8}$$

$$y_w = \frac{Y_r + Y_g + Y_b}{\dfrac{Y_r}{y_r} + \dfrac{Y_g}{y_g} + \dfrac{Y_b}{y_b}} \tag{8-9}$$

$$Y_w = \frac{Y_r + Y_g + Y_b}{3} \tag{8-10}$$

从式（8-8）～式（8-10），可以得到：

$$\begin{bmatrix} \dfrac{x_w - x_r}{y_r} & \dfrac{x_w - x_g}{y_g} & \dfrac{x_w - x_b}{y_b} \\ \dfrac{y_w}{y_r} - 1 & \dfrac{y_w}{y_g} - 1 & \dfrac{y_w}{y_b} - 1 \\ \dfrac{1}{3} & \dfrac{1}{3} & \dfrac{1}{3} \end{bmatrix} \cdot \begin{bmatrix} Y_r \\ Y_g \\ Y_b \end{bmatrix} = \begin{bmatrix} 0 \\ 0 \\ Y_w \end{bmatrix} \tag{8-11}$$

求解式（8-11），我们能够建立起 RGB 和白色之间的亮度关系：

$$Y_r = \alpha Y_w \tag{8-12}$$

$$Y_g = \beta Y_w \tag{8-13}$$

$$Y_b = \gamma Y_w \tag{8-14}$$

其中，α，β 和 γ 分别为：

$$\begin{cases} \alpha = \dfrac{\left[(x_w - x_b)(y_w - y_g) - (x_w - x_g)(y_w - y_b)\right] \times 3 y_r}{y_w \left[y_r(x_g - x_b) + y_g(x_b - x_r) + y_b(x_r - x_g)\right]} \\ \beta = \dfrac{\left[(x_w - x_r)(y_w - y_b) - (x_w - x_b)(y_w - y_r)\right] \times 3 y_g}{y_w \left[y_r(x_g - x_b) + y_g(x_b - x_r) + y_b(x_r - x_g)\right]} \\ \gamma = \dfrac{\left[(x_w - x_g)(y_w - y_r) - (x_w - x_r)(y_w - y_g)\right] \times 3 y_b}{y_w \left[y_r(x_g - x_b) + y_g(x_b - x_r) + y_b(x_r - x_g)\right]} \end{cases} \tag{8-15}$$

假设 RGB 发光材料的色坐标为 R（0.66，0.34）、G（0.28，0.65）和 B（0.15，0.23）。为了获得峰值为 400cd·m^{-2} 的白光亮度，色坐标为（0.33，0.33），RGB 子像素亮度为 Y_r=387.2cd·m^{-2}，Y_g=368.9cd·m^{-2}，Y_b=443.9cd·m^{-2}。

8.2　TFT LCD 显示

　　TFT LCD 显示是最早的有源驱动显示技术。液晶属于电压驱动型器件，通过改变液晶两端的电压差来调控液晶的光透过率，从电路原理的角度可以等效于一个随电压变化的电容。液晶显示驱动比较特别的一点是需要采用交流驱动方式，由此延伸出像素阵列反转方式。本节主要讲述像素电路、阵列驱动、阵列工程、彩膜、成盒和模组工程等内容。TFT LCD 的电容耦合、信号延迟、阵列工程等相关知识对 AMOLED 显示、Micro-LED 显示都有借鉴作用。

8.2.1 像素电路

图 8-5 是 TFT LCD 的像素电路原理图。TFT 作为选通晶体管，导通时数据写入到像素电极，实现对液晶透光率的控制。由于液晶不是自主发光器件，人眼接收的光是由背光源的光相继穿过下基板、液晶和上基板而到达的。液晶电容的两个电极都是透明电极，一个电极（像素电极）在下基板，一个电极（公共电极）在上基板，中间夹着液晶。公共电极除了在下基板的布线之外，还需要连接至上基板，并与外部提供的公共电极电源连接。一般通过掺有金或银的导电胶，在上下两片基板贴合时，实现上下板公共电极的导电连接。TFT 栅电极与源、漏电极之间存在寄生电

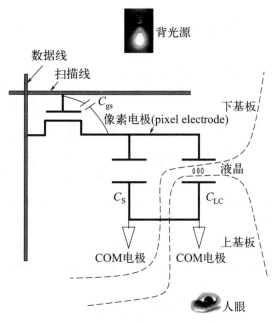

图 8-5　TFT LCD 像素电路原理图

容（C_{gs}），会引起电容耦合效应，其对显示的影响将在后续的"电容耦合"部分进行详述。

对于一个帧周期 T（帧频的倒数，比如：假设帧频 f 为 60Hz，帧周期 T 就是 16.67ms），TFT LCD 经历了充电、电容耦合和电位保持这三个过程。现在分别阐述如下。

（1）充电

充电就是要在一个扫描时间 ΔT（ΔT 约等于帧周期除以显示行数目 M，假设帧频 f 为 60Hz，行数目为 1000 行，那么 ΔT 就大约是 16.67μs）内完成数据更新。需要注意的是，数据更新时，有可能像素电极电压由小更新到大（对应充电），也有可能由大更新到小（对应放电），我们都宽泛地统称为充电。充电过程的基本关系可以表示为：

$$I_{ON} \cdot \Delta T > CV \tag{8-16}$$

式中，I_{ON} 为导通电流；C 可以理解为存储电容和液晶电容之和；V 为像素电极最大电压变化量的绝对值。显然，帧频变大或行数目变多，都会导致充电时间变短，那么对 TFT 导通电流要求更高［主要关联到迁移率和宽长比（W/L）］。

（2）电容耦合

电容耦合是电子系统常见的一个现象，它描述的是电容一端的电压跳变，引起电容另一端（悬浮点）的电压跳变，一般是电子系统产生串扰的原因。

图 8-6 显示两个电容串联，中间的 A 点处于悬浮状态。设原先端点的电压分别为 V_1，V_A，V_2，现在 1 端电压跳变为 V_1'，2 端电压保持不变，问：A 点的电压变为多少？因为 A

点处于悬浮状态，所以 A 点所存储的电荷量在前后两个状态是保持不变的，因此有：

$$(V'_A - V'_1)C_1 + (V'_A - V_2)C_2 = (V_A - V_1)C_1 + (V_A - V_2)C_2 \tag{8-17}$$

可得：

$$\Delta V_A = V'_A - V_A = \frac{C_1(V'_1 - V_1)}{C_1 + C_2} \tag{8-18}$$

显然 1 端的电压跳变通过一个加权系数 $C_1/(C_1+C_2)$ 耦合到 A 点，引起 A 点的电压跳变。

显然，式（8-18）可以推广到多电容的系统，如图 8-7：

$$\Delta V_A = V'_A - V_A = \frac{\sum C_i(V'_i - V_i)}{\sum C_i} \tag{8-19}$$

式（8-19）的物理含义是：端点 i 的电压跳变量通过一个加权系数 $C_i/\sum C_i$ 耦合到 A 点引起 A 点的电压跳变，A 点电压总的跳变量是所有端点电压跳变量加权耦合的和。

那么 TFT LCD 在什么时候会发生电容耦合效应呢？对 TFT LCD 像素影响比较大的是当扫描信号由高变低（即 TFT 由导通切换到关断时）通过 TFT 寄生电容（C_{gs}）发生的电容耦合效应。

例子：假设 $C_{LC}+C_S+C_{gs}=0.1\text{pF}$，$C_{gs}=0.005\text{pF}$，在二阶驱动的情况下有 $V_{gh}=15\text{V}$ 和 $V_{gl}=-5\text{V}$。请问扫描信号向下跳变时，像素电极的电压跳变量是多少？

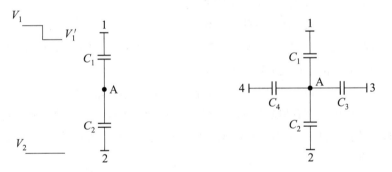

图 8-6 两个电容耦合电路原理图　　图 8-7 多个电容耦合电路原理图

$$\Delta V_P = \frac{C_{gs}(V_{gl} - V_{gh})}{C_S + C_{LC} + C_{gs}} = -1\text{V} \tag{8-20}$$

由于扫描线电压由高变低的跳变量还是比较大的，所以电容耦合效应对像素电极电压的影响还是比较明显的。扫描信号跳变为低后，TFT 关断，TFT LCD 像素就进入电位保持阶段。

（3）电位保持

进入电位保持阶段后，理想情况是电位一直保持到下一帧数据更新，实际情况是可能会受到 TFT 关态电流引起的电荷泄漏的影响。电位保持阶段需要满足：

$$I_{OFF}T < C \cdot \Delta V \tag{8-21}$$

式中，I_{OFF} 为关态电流；ΔV 为电位保持阶段像素电极所允许的电压变化量。

显然，式（8-16）与式（8-21）相除，就可以得到：

$$\frac{I_{\text{ON}}}{I_{\text{OFF}}} > \frac{T}{\Delta T} \times \frac{V}{\Delta V} \tag{8-22}$$

不妨认为 $T/\Delta T$ 和 $V/\Delta V$ 都是 1000 这样的量级，这就是为什么要求显示应用的 TFT 的开关比要超过 10^6 的原因。具体而言，在显示领域应用，由于行扫描的特点，要求在很短时间（ΔT）内更新数据，数据要在很长时间（T）内保持。

从电学特性上看，LCD 可以等效为随电压变化的电容。LCD 驱动必须采用交流驱动方式，即施加在液晶分子上的电场不断地反转方向，称为"极性反转"。那为什么要极性反转呢？原因在于：①取向膜的直流阻绝效应；②液晶可移动离子的直流残留效应。最核心的是第 1 个原因。为了控制液晶在未施加电压时的排列状态，在夹置液晶的基板涂布取向膜，以便表面上的液晶分子固定在所需的排列方向上。因此，电极上的电压是透过取向膜才施加在液晶上的，而取向膜等效于一个非常大的电阻，如果以直流驱动方式驱动液晶，绝大多数的电压差会加载在取向膜上，无法改变液晶分子的排列。由于液晶的交流驱动，对于同一灰阶数据，会对应正极性和负极性两个不同的数据电压。举例说明，假设共电极电压 5V，255 灰阶正极性数据电压对应 10V，负极性数据电压对应 0V，如果考虑扫描信号下跳的电容耦合导致像素电极电压变化量是 –1V，图 8-8 为这个像素两个帧周期（先正极性帧周期，再负极性帧周期）的像素电极电压波形示意图。可以发现由于扫描信号的电容耦合效应，正极性时，液晶两端电压差为 4V，负极性时液晶两端电压差为 –6V，显然正负极性时电压差绝对值不相等，从而导致正负极性实际会对应到两个不同的灰阶，引起闪烁现象。解决方法是把共电极电压调成 4V，这样发生电容耦合效应后，正负极性还是平衡的。实际情况会更为复杂，因为液晶等效成随两端电压差而变化的电容，所以电容耦合效应引起的像素电极电压变化量并不是一个固定值，无法以单个共电极电压补偿设定值去补偿各灰阶的变动范围。不过，在 TFT LCD 大量生产时通过调校一个共电极电压来克服电容耦合效应，这在工程上是比较可行的。

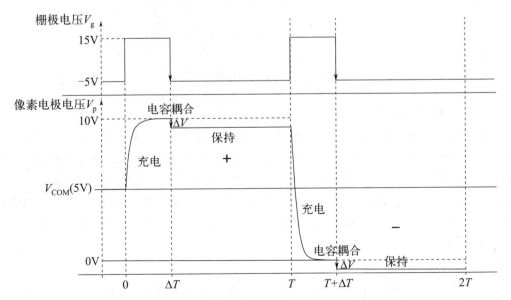

图 8-8　两个帧周期（先正极性帧周期，再负极性帧周期）的像素电极电压波形

8.2.2 阵列驱动

（1）阵列驱动架构

图 8-9 给出 TFT LCD 阵列驱动架构。行驱动电路采用逐行扫描策略输出扫描脉冲信号。当某一行的扫描脉冲输出时，这一行扫描线上的 TFT 全部选通，列数据驱动器同时给出整一行的数据电压实现数据更新。该行完成后，接着输出下一行的扫描信号选通下一行，以此类推。当选通显示阵列最后一行后，就完成了一帧画面的更新。而后又开始输出下一帧的第一行扫描信号，进而循环往复。显然，ΔT 约等于帧周期 T 除以显示行数目 M。行驱动电路从数字电路功能的角度可以理解为移位寄存器。早期，行驱动电路采用单晶硅集成电路（IC）实现再绑定到显示基板上，目前一般采用 TFT 技术集成设计行驱动电路实现基板上的一体化集成，从而提高集成度并节省成本。列数据驱动器相当于一个高速的多路数模转换器，实现灰阶数据（数字信号）到数据电压（模拟信号）的转换，其集成度高且设计复杂，目前一般还是由单晶硅集成电路（IC）来实现。

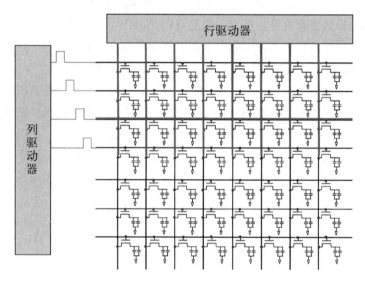

图 8-9　TFT LCD 阵列驱动架构

（2）像素阵列极性反转方式

对于单个像素而言，前后两帧的极性是反转的。那么对于像素阵列而言，同一帧内，像素之间的极性又是什么关系呢？图 8-10 显示四种阵列极性方式。帧反转就是整个像素阵列都是同一极性，比如前一帧整个阵列都是+极性，那么后一帧整个阵列都是−极性。行反转就是行与行之间的极性是相反的。列反转就是列与列之间的极性是相反的。点反转就是某个像素点与其上下左右相邻像素的极性相反。从抑制串扰的角度，目前显示产品上一般采用点反转方式。

（3）信号延迟

显示阵列中，扫描线和数据线上"挂"有电阻和电容的负载，扫描脉冲信号在扫描线上的传输和数据信号在数据线上的传输，都要考虑信号延迟的效应。

8 薄膜晶体管在显示中的应用

	第N帧 列						第N+1帧 列					
		1	2	3	4	5		1	2	3	4	5
行	1	+	+	+	+	+	1	−	−	−	−	−
	2	+	+	+	+	+	2	−	−	−	−	−
	3	+	+	+	+	+	3	−	−	−	−	−
	4	+	+	+	+	+	4	−	−	−	−	−
	5	+	+	+	+	+	5	−	−	−	−	−

(a) 帧反转

	第N帧 列						第N+1帧 列					
		1	2	3	4	5		1	2	3	4	5
行	1	+	+	+	+	+	1	−	−	−	−	−
	2	−	−	−	−	−	2	+	+	+	+	+
	3	+	+	+	+	+	3	−	−	−	−	−
	4	−	−	−	−	−	4	+	+	+	+	+
	5	+	+	+	+	+	5	−	−	−	−	−

(b) 行反转

	第N帧 列						第N+1帧 列					
		1	2	3	4	5		1	2	3	4	5
行	1	+	−	+	−	+	1	−	+	−	+	−
	2	+	−	+	−	+	2	−	+	−	+	−
	3	+	−	+	−	+	3	−	+	−	+	−
	4	+	−	+	−	+	4	−	+	−	+	−
	5	+	−	+	−	+	5	−	+	−	+	−

(c) 列反转

	第N帧 列						第N+1帧 列					
		1	2	3	4	5		1	2	3	4	5
行	1	+	−	+	−	+	1	−	+	−	+	−
	2	−	+	−	+	−	2	+	−	+	−	+
	3	+	−	+	−	+	3	−	+	−	+	−
	4	−	+	−	+	−	4	+	−	+	−	+
	5	+	−	+	−	+	5	−	+	−	+	−

(d) 点反转

图 8-10 常见的像素阵列极性反转的方式

图 8-11 为集总 RC 电路原理图。在 A 点的阶跃信号作用下，B 点电压随时间变化为：

$$V_B(t) = V_1 + (V_2 - V_1)\left(1 - e^{-\frac{t}{\tau}}\right) \tag{8-23}$$

其中 $\tau=RC$ 为时间常数。由于 $e^{-3}=0.05$，所以一般认为 $t=3\tau$ 时，B 点的电压已非常接近 V_2，换句话说，阶跃信号延迟了 3τ 的时间传递到了 B 点（苛刻时，也可以认为是 $t=5\tau$ 时完成信号传递，$e^{-5}=0.007$）。

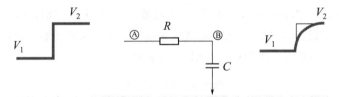

图 8-11 集总 RC 电路原理图

现在补充一个显示领域经常用到的方块电阻概念。

$$R = \frac{\rho L}{S} = \frac{\rho L}{dW} = R_\square \frac{L}{W} \tag{8-24}$$

式中，L 为走线的长；W 为走线的宽；方块电阻 $R_\square$ 表示为材料的电阻率 ρ 除以材料的厚度 d（即长宽为正方形的薄膜电阻值）。显然方块电阻已经包含了薄膜的厚度信息。这样，已知方块电阻，在版图上算走线的总电阻，只需要方块电阻乘以走线的长与宽的比值。大尺寸 TFT LCD 显示由于走线比较长，为了降低信号延迟，目前一般采用铜（铜的电阻率为 $1.7\mu\Omega\cdot cm$）布线以取代铝（铝的电阻率为 $2.65\mu\Omega\cdot cm$）布线。

我们知道，显示阵列时像素电路周期性排列。走线的负载其实是分布式的 RC 级联网络，如图 8-12 所示。那么，级联网络的时间常数怎么表示呢？N 级 RC 级联网络的时间常数表示为：

$$\tau = RC + 2RC + 3RC + \cdots + NRC = \frac{N(N+1)RC}{2} \tag{8-25}$$

显然，当 N 比较大时，τ 可近似为

$$\tau \approx \frac{NR \times NC}{2} \tag{8-26}$$

即当 N 比较大时，级联 RC 网络的时间常数是集总 RC 电路（NR 和 NC 的串联）时间常数的一半。

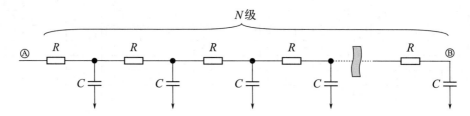

图 8-12 一维分散型电阻-电容串联电路

8.2.3 阵列工程

（1）五次光刻工艺

所谓 5Mask 光刻工艺是指利用五道掩模板和光刻工艺制备出标准的 BCE 结构的非晶硅薄膜晶体管阵列，具体而言可分为以下流程：①溅射栅极金属层并掩模光刻成型；②PECVD 连续沉积 SiN_x 绝缘层、a-Si 和 n^+a-Si 并通过第二次掩模光刻形成硅岛；③溅射金属层，通过第三次掩模形成源漏（S/D）电极；④PECVD 制备保护层 SiN_x，通过第四次光刻预留过孔；⑤溅射制备 ITO，通过第五次光刻掩模形成像素电极。接下来将详细介绍各流程。

在清洗完毕后的基板上溅射栅极金属膜（Cr/AlNd）。

第一次光刻，涂布光刻胶—掩模曝光—显影检查—线幅测定—湿法刻蚀—光刻胶剥离形成栅极图案。

成膜前洗净，PECVD 连续沉积 SiN_x 绝缘层、a-Si 和 n^+a-Si 三层非金属膜。

第二次光刻，为保证图案化精度和可控性，掩模曝光后采用干法刻蚀形成非晶硅岛的图案，剥离光刻胶。

成膜前洗净，溅射 MoNb/AlNd/MoNb 电极薄膜。

第三次光刻，涂布光刻胶，通过湿法刻蚀得到 S/D 电极，剥离光刻胶。

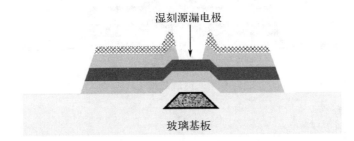

为形成导电沟道，以 S/D 电极为掩蔽对有源层进行沟道刻蚀，在这一过程中为了完全去除背沟道的 n^+a-Si，同时保留适当厚度的本征非晶硅层，需要选用干法刻蚀。

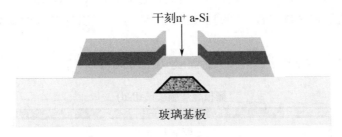

成膜前洗净，通过 PECVD 制备 SiN_x 保护层。

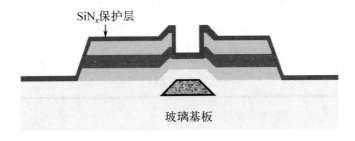

第四次光刻，涂布光刻胶，掩模曝光，通过干法刻蚀接触孔，光刻胶剥离。

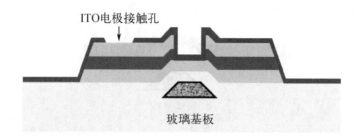

成膜前洗净，通过磁控溅射制备透明 ITO 电极薄膜。第五次光刻，涂布光刻胶，随后通过光刻掩模剥离光刻胶后形成 ITO 像素电极。剥离光刻胶后进行外观检查，测定尺寸和 ITO 段差，洗净并进行退火，检查接触，检查特性，进行阵列检查。在检查过程中若发现缺陷，要对缺陷进行修复再进一步进行检查。至此，整个 TFT 阵列制备完毕，将进入下一道工序——制屏。

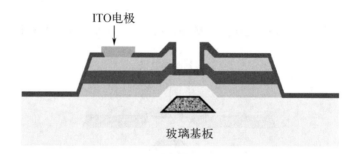

(2) 四次光刻工艺

前面介绍了在非晶硅薄膜晶体管制备流程中非常成熟的五次光刻技术，在五次光刻的基础上进行改进，采用灰阶曝光的方式将 5Mask 中的第二次曝光和第三次曝光制备的 S/D 电极合并便可以发展出 4Mask 技术。其主要流程如下：①制备栅极金属；②制备氮化硅绝缘层、沟道层和 S/D 电极；③制备氮化硅保护层；④制备 ITO 像素电极。详细流程如下。

① 在洗净的玻璃基板上溅射栅极金属膜（Cr/AlNd）。

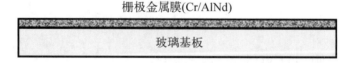

② 第一次光刻，涂布光刻胶—掩模曝光—显影检查—线幅测定—湿法刻蚀—光刻胶剥离形成栅极图案。

③ 成膜前洗净，连续制备 SiN_x 绝缘层、a-Si 和 n^+a-Si 三层非金属膜，再溅射一层源漏极金属膜。

④ 涂布光刻胶。

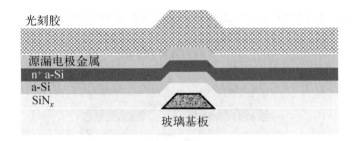

⑤ 第二次光刻，采用灰阶曝光方式，使得 TFT 栅极顶部部分被部分曝光。

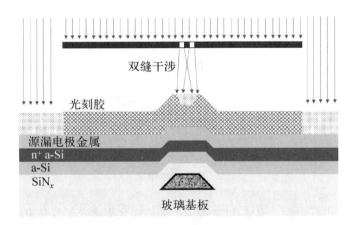

⑥ 剥离曝光部分的光刻胶，其中被部分曝光的栅极顶部保留了一半的光刻胶。

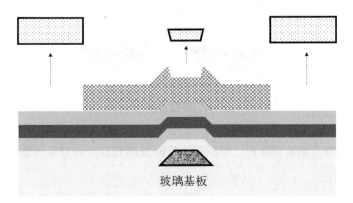

⑦ 采用湿法刻蚀去除多余的源漏金属部分，随后利用干刻法去除多余的 n⁺a-Si/a-Si 层。

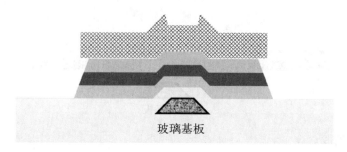

⑧ 采用干法刻蚀减少光刻胶厚度，把沟道顶部的金属膜露出来。

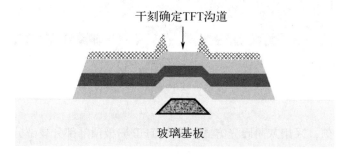

⑨ 线幅检测，检查光刻胶图形形状，进行第二次源漏湿刻，将源极和漏极分开。

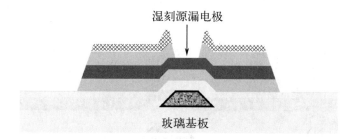

⑩ 对 n⁺a-Si 进行干刻，形成 TFT 沟道，随后完全剥离光刻胶并进行外观检查，测定沟道段差。

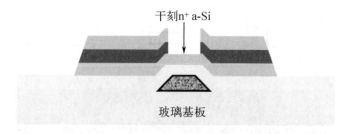

⑪ 成膜前洗净，如果有缺陷，对缺陷进行必要的修复，修复后再洗净，通过 CVD 制备 SiN_x 保护层。

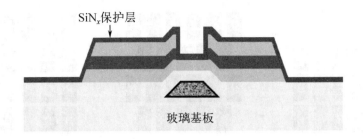

⑫ 第三次光刻，涂布光刻胶，掩模曝光，通过干法刻蚀接触孔，光刻胶剥离。

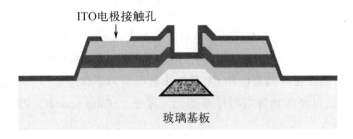

⑬ 成膜前洗净，通过磁控溅射制备透明 ITO 电极薄膜。第四次光刻，涂布光刻胶，随后通过光刻掩模剥离光刻胶后形成 ITO 像素电极。剥离光刻胶后进行外观检查，测定尺寸和 ITO 段差，洗净并进行退火，检查接触，检查特性，进行阵列检查。在检查过程中若发现缺陷，要对缺陷进行修复再进一步进行检查。至此，整个 TFT 阵列制备完毕，将进入下一道工序——制屏。

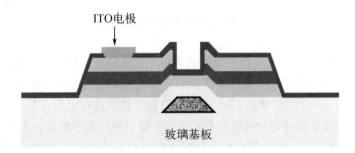

上述 4Mask 工艺与 5Mask 工艺的差别主要体现在步骤③~⑩，其余步骤与五次光刻大体一致。

8.2.4 彩膜、成盒和模组工程

由于液晶本身并不会发光，只是通过调节液晶分子排布改变对光的透过率，因此要实现彩色显示，需要添加背光源和彩色滤光片（colour filter, CF）。为形成彩色显示，每个 AMLCD 像素将会被划分为 R、G、B 三个子像素，因此 CF 基板也要将像素划分为三个子像素并沉积对应色阻以确保和 TFT 阵列基板一一对应。如图 8-13 所示，CF 的 RGB 色块排列可分为：条状排列、三角形排列和马赛克排列。其中条状排列结构简单，容易显现纵纹条适用于静态图片和文字显示，而三角形排列和马赛克排列色彩更加自然逼真，适用于高分辨率显示场景。

图 8-13 CF 的 RGB 色块排列

在 RGB 色块周围存在防止漏光的黑色矩阵（black matrix，BM），在色阻的上方是一整个 ITO 共电极，如图 8-14 所示。随着 TFT LCD 尺寸增加，液晶盒厚的均匀性越来越难以保证。传统方法是通过在阵列基板和 CF 基板中散布间隙子保证盒厚，但在大尺寸的 TFT LCD 中更倾向于通过光刻制备均匀排布的光间隙子（photo spacer，PS）保证盒厚的均匀性。

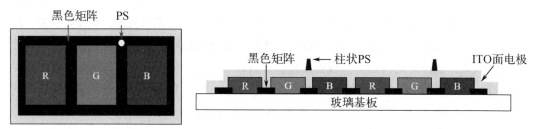

图 8-14 CF 的平面图和断面图

彩膜工程的制备原理与 TFT 阵列基板相类似，也是由若干单项工艺组成工艺单元，再由若干工艺单元构成制备工艺流程。彩膜工程在工艺技术上较阵列工程要容易一些，这主要体现在以下几方面：①彩膜中的 BM、R、G 和 B 等色阻具有类似光刻胶的性质，因此对它们直接进行曝光和显影便可完成图形化；②共电极 ITO 一般不需要图形化；③CF 工程的最小特征尺寸（>10μm）要远大于 TFT 阵列工程（≤4μm）。

在实际生产中，彩膜工程一般可划分为以下几个工艺单元：①BM，即形成黑色矩阵图案，具体包括 BM 的涂覆、曝光和显影等；②R，即形成红色色阻图案，具体包括 R 的涂覆、曝光和显影等；③G，即形成绿色色阻图案，具体包括 G 的涂覆、曝光和显影等；④B，即形成蓝色色阻图案，具体包括 B 的涂覆、曝光和显影等；⑤ITO，即共电极薄膜的沉积。如果采用 PS 技术，可以在 ITO 电极沉积前或沉积后做出 PS 的图案。PS 一般也是具有光刻胶性质的材料，因此对其直接进行曝光和显影便可完成图形化。

CF 制备流程如图 8-15 所示。

当 TFT 阵列基板和 CF 基板制备完成后便可以进行成盒工程，在成盒工程中需要先对 TFT 阵列基板和 CF 基板进行加工处理，如取向膜印刷、框胶涂覆、液晶滴下等，随后将两个基板组合在一起并切割成屏幕，最后贴附偏光片并经过屏检完成成盒工程，其具体过程在下面进行简要介绍。

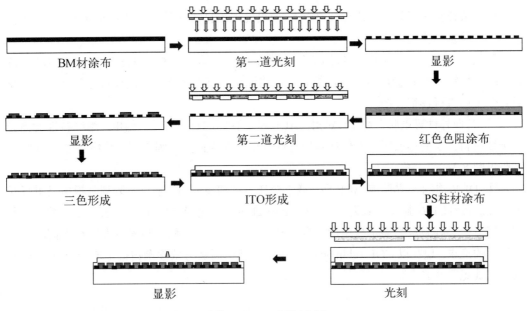

图 8-15 CF 制备流程

取向膜涂覆和配向：取向膜工艺需要同时在 TFT 阵列基板和 CF 基板上进行。首先，采用滚轮印刷在基板表面涂布 PI 膜，由于 PI 膜具有一定图案，因此印刷时使用模板。印刷完成后，进行加热预干燥，使溶剂部分挥发。随后，基板在加热炉中被加热到更高温度，使溶剂全部挥发并使配向材料固化，这个过程称为配向膜烧结。最后，对 PI 膜进行摩擦取向，确保上下基板间液晶取向角度一致。完成摩擦后，对基板进行彻底清洗。

框胶涂覆：框胶涂覆工艺可在 TFT 阵列基板或 CF 基板上进行。在 TFT 阵列基板上涂覆框胶，用以封住液晶在室温下的流动性。框胶内设有中空状态，配合间隙子可以确保液晶的盒厚。涂覆设备可自动完成框胶图案的涂覆。

银胶涂覆：在 TFT 阵列基板的配线上涂布银胶，使 TFT 阵列基板与 CF 基板导通。银胶涂覆的设备原理与框胶涂覆相似。

液晶滴下：在 TFT 阵列基板上，高精度地滴下所需量的液晶，以满足要求的均匀盒厚值。液晶的厚度主要由滴下的液体量控制，因此，需要严格控制液晶滴下量的精度。

间隙子散布：如果不使用 PS 技术，为确保液晶盒的盒厚，必须进行间隙子散布。该工艺通常在 CF 基板上进行。采用干式喷淋方式，通过摩擦带电分散间隙子，再利用高压干燥氮气使其均匀散布在整个 CF 基板上。最后，通过加热固着间隙子在 CF 基板上。

真空贴合：在完成了 CF 基板的间隙子散布和 TFT 阵列基板的框胶、银胶涂覆以及液晶滴下后，将 CF 基板送入真空贴合装置。利用静电吸附将 CF 基板吸附在上方，再用下吸盘吸着 TFT 基板。进行粗对位和精对位后，通过抽真空和大气加压进行贴合，最终进入下一流程。

框胶硬化：通过 UV 或加热对框胶进行充分硬化，使真空贴合后的 CF 和 TFT 阵列基板形成盒厚稳定的液晶屏。框胶是由多种化学物质组成的黏结剂，通过 UV 照射和热风炉加热，促使其内部成分发生化学反应，形成稳定的结构，具有足够的黏结强度。成盒工程结束前一般还需进行屏检，即点灯检查。如果发现不良需及时进行修补或废弃；如果检查无误，屏将发往模组工程。

模组工程是 TFT LCD 制备的最后一道工程，在这个过程中主要进行显示驱动芯片（DDIC）绑定、PCB 板压接、模块组装、电路调整、高温老化、产品检查等工序。下面将对各个工序进行详细介绍。

① 各向异性导电膜（ACF）贴附。ACF 是一种同时具有连接、导电、绝缘特性的高分子接续材料，当受热加压后其仅在膜厚方向导电，在平面方向则表现出绝缘特性。ACF 导电胶见图 8-16。

② DDIC 绑定。贴附完 ACF 后，通过热压方式将驱动 IC 与 TFT 阵列基板电极进行对准压接。传统的 IC 封装方式为 COG（chip on glass，晶玻接装），该方式虽然工艺简单、稳定性好，但会导致液晶显示模组周围存在较大的"黑边"。随着技术的发展和人们对窄边框显示的追求，现在以 COF（chip on film，覆晶薄膜）封装方式逐渐占据主流。COG 和 COF 封装方式见图 8-17。

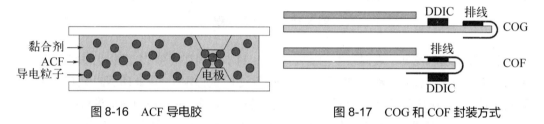

图 8-16　ACF 导电胶　　　　　图 8-17　COG 和 COF 封装方式

③ PCB 板压接（图 8-18）。先将 ACF 压接在 PCB 板的金手指上，再将 PCB 板与 COF 压接。

④ 树脂涂布（图 8-19）。PCB 板压接完成后，将树脂涂布在 IC 与面板接触处，可以起到保护电路、抗腐蚀、防止背光源漏光的作用。

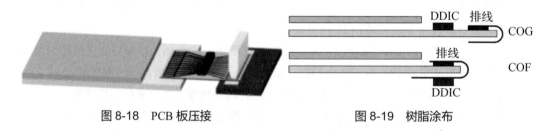

图 8-18　PCB 板压接　　　　　图 8-19　树脂涂布

⑤ 高温老化。高温老化采用了浴盆曲线（失效率曲线）的原理，模块的失效率在早期很高，随着产品工作时间的增加，失效率迅速降低。早期的失效通常是由设计、原材料和制造过程缺陷引起的。高温老化则可以迅速度过处于高失效率的阶段并及时发现排除问题，从而使模组进入失效率很低的偶然失效期。

⑥ 电压调节。电压调节通常指对共电压（V_{com}）进行调节，将 V_{dc} 和 V_{com} 的差值（分为正极性侧和负极性侧）调整到一样大小以规避由于像素中 TFT 开关结构引起的 Feedthrough 现象导致的画面闪烁。

⑦ 模块检查。在模组工程结束前还需要进行一系列检查,如显示检查、电气特性检查、光学特性检查、外观检查等以确保产品合格。

8.3 AMOLED 显示

AMOLED 是全固态工艺,具有体积小、自主发光、可视角度大、响应时间短、低功耗等优点。与 PMOLED 相比,AMOLED 单个像素采用由多个薄膜晶体管(TFT)和存储电容组成的像素电路来驱动 OLED,实现 OLED 在整个帧周期(T)保持发光。单个像素的发光亮度降低,流过 OLED 的电流密度降低,OLED 的寿命相应地提高。虽然 AMOLED 的制备流程比较复杂,成本较高,但有利于实现大面积、高分辨率、高亮度和低功耗的显示,符合显示发展趋势。

本节将从最基本的 2T1C 像素电路开始介绍,依次介绍电路补偿原理、LTPS AMOLED 像素电路及其编程方法、LTPO AMOLED 像素电路及其编程方法、基于一次锁存驱动架构的 AMOLED 像素电路、AMOLED 工艺集成技术、柔性 AMOLED 技术以及 OLED 的排布方法。

8.3.1 2T1C 像素电路

如图 8-20 所示,薄膜晶体管(TFT)分为 n 型 TFT 和 p 型 TFT。对于 n 型 TFT,电荷主要由电子负责输运。当正向电压施加在栅极上时,形成导电沟道,源极和漏极之间的电场将导致电子从源极注入到沟道中并被漏极收集,电流方向是漏极到源极。相反的,在 p 型 TFT 中,电荷主要由空穴负责输运。当负向电压施加在栅极上时形成导电沟道,源极和漏极之间的电场将导致空穴从源极注入到沟道中,电流由源极流向漏极。需要强调的是,注入载流子的那个电极定义为 TFT 源极,另一个电极定义为漏极。图 8-21 给出 n 型 TFT 和 p 型 TFT 的转移特性曲线,显然二者存在对偶关系。在后续的内容我们将看到,n 型 TFT 和 p 型 TFT 不仅在电流电压特性上体现其对偶性,在像素电路上同样表现出对偶的原理。

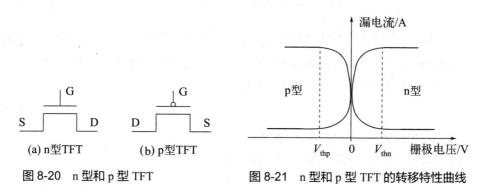

图 8-20 n 型和 p 型 TFT   图 8-21 n 型和 p 型 TFT 的转移特性曲线

2T1C 是最简单的 AMOLED 像素电路,其包括一个开关晶体管 T1、一个驱动晶体管 T2、一个存储电容 C_{st} 以及一个有机发光器件 OLED。图 8-22 展示的是采用 n 型 TFT 的 2T1C 电路。该电路的编程方式分为数据电压加载和发光两个阶段。在数据加载阶段,晶体管 T1 被选通，数据信号线 V_{data} 上的数据电压 V_{data} 通过晶体管 T1 加载到驱动晶体管 T2 的栅极上；随后 T1 被关闭，进入发光阶段。此时，T2 管工作在饱和区，流过 OLED 的电流为：

$$I_{OLED} = I_{DS2} = \frac{1}{2}\mu_n C_{OX}\left(\frac{W}{L}\right)_2 (V_{GS2} - V_{th2})^2$$
$$= \frac{1}{2}\mu_n C_{OX}\left(\frac{W}{L}\right)_2 (V_{data} - V_{th2})^2 \tag{8-27}$$

式中，μ_n 为 T2 管的沟道载流子的有效迁移率；C_{OX} 为 T2 管栅绝缘层单位面积电容；$(W/L)_2$ 为 T2 管的沟道宽长比；V_{GS2} 为 T2 管的栅源极之间的电压；V_{th2} 为 T2 管的阈值电压。在整个发光阶段，数据信号被保持在 C_{st} 的两端，从而维持 T2 管的栅极电压，保证 OLED 在整个帧周期内都保持恒定的电流。

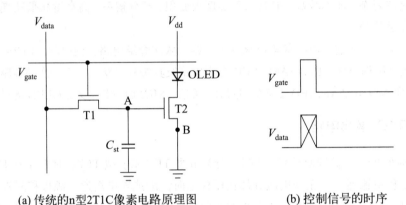

(a) 传统的 n 型 2T1C 像素电路原理图　　(b) 控制信号的时序

图 8-22　传统的 n 型 2T1C 像素电路原理图和控制信号的时序

现以 2T1C 为例，分析像素电路中开关管、驱动管以及驱动电容的参数如何确定。

对于驱动管 TFT 宽长比的选取，先由下式计算出驱动 OLED 子像素所需的电流大小。

$$I_{OLED} = \frac{L_{subpixel} A_{subpixel}}{\eta_{LE}} \tag{8-28}$$

式中，$L_{subpixel}$ 是子像素的发光亮度；$A_{subpixel}$ 是子像素的面积；η_{LE} 是 OLED 的发光效率。如果是彩色显示屏，则需要分别计算出 RGB 子像素的驱动电流。2T1C 像素电路正常工作时，T2 管工作在饱和区，则 T2 管应满足：

$$V_{DS} \geq V_{GS} - V_{th2} \tag{8-29}$$

T2 管的栅极最大电压与 Source 芯片的数据电压有关。

由式（8-27）可知，子像素的驱动管 TFT 的宽长比：

$$\left(\frac{W}{L}\right)_2 = \frac{2I_{DS2}}{\mu_n C_{OX}(V_{GS2} - V_{th2})^2} \tag{8-30}$$

对于开关管 TFT 宽长比的选取，考虑数据信号写入过程中，T1 管工作在线性区，数据信号通过 T1 管给存储电容 C_{st} 充电，流过 T1 管的电流为：

$$I_{DS1} = \mu_n C_{OX} \left(\frac{W}{L}\right)_1 (V_{GS1} - V_{th1}) V_{DS1} \tag{8-31}$$

式中，μ_n 是电子迁移率；C_{OX} 是单位面积的绝缘层电容；$\left(\frac{W}{L}\right)_1$ 是开关管 T1 的宽长比；V_{GS1} 是 T1 的栅源电压；V_{th1} 是 T1 的阈值电压。

对电流求偏导数，于是可得：

$$\frac{\partial I_{DS1}}{\partial V_{DS1}} = \mu_n C_{OX} \left(\frac{W}{L}\right)_1 (V_{GS1} - V_{th1}) \tag{8-32}$$

欲使显示器像素电路电容在行选通时间内充到所设定的数据电压，应该满足：

$$5\tau \leqslant \frac{1}{M} \times \frac{1}{f} \tag{8-33}$$

式中，M 为行个数；f 为帧频；τ 是充电时间常数。

$$\tau = \left(\frac{\partial I_{DS}}{\partial V_{DS1}}\right)^{-1} C_{st} \tag{8-34}$$

由式（8-31）～式（8-34）可以得到 T1 管宽长比需满足如下公式：

$$\left(\frac{W}{L}\right)_1 \geqslant \frac{5MfC_{st}}{\mu_n C_{OX}(V_{GS1} - V_{th1})} \tag{8-35}$$

对于存储电容，T2 管栅极电压变化范围（即 V_{data} 范围）为 ΔV_g，灰度级为 N_g，考虑在一帧时间内 T2 管栅极电压变化必须满足：

$$I_{off} \times \frac{1}{f} \leqslant C_{st} \times \frac{\Delta V_g}{N_g} \tag{8-36}$$

得到存储电容的范围：

$$C_{st} \geqslant I_{off} \times \frac{1}{f} \times \frac{N_g}{\Delta V_g} \tag{8-37}$$

式中，I_{off} 为 T1 管的泄漏电流；f 为刷新频率。如果电容选择太小，则考虑到电容耦合效应的影响，会对数据电压信号产生严重干扰；如果电容选择太大，会影响充电速度且降低像素的开口率。设计中存储电容的选取需兼顾二者平衡。

p 型 TFT 的 2T1C 电路如图 8-23 所示，像素电路中开关管、驱动管以及驱动电容的参数的确定方法与 n 型一致，不再赘述。

显然，AMOLED 2T1C 像素电路具有结构简单、编程速度快、像素开口率高，以及驱动方式同 TFT LCD 兼容等优点。不过，与 LCD 不同的是，OLED 是电流驱动器件。对于如图 8-24 所示的源跟随型 2T1C 电路而言，流过 OLED 的电流大小如式（8-38）所示。流过 OLED 的电流不仅与所加载的数据电压 V_{data} 有关，还与驱动晶体管 T2 的阈值电压和 OLED 的阳极电压有关。在加载同样的数据电压下，如果驱动 TFT 的阈值电压随时间或空间漂移，那么流过 OLED 的电流也会不同，将会产生显示亮度非均匀性的问题。类似的，OLED 的退化也会导致显示非均匀性的问题，如图 8-25 所示。图 8-25（a）指出，当给定一样的数据电压时，随着 OLED 退化，流过 OLED 的电流会下降。图 8-25（b）指出，当流过一样的 OLED 电流时，随着 OLED 的退化，OLED 的发光亮度会下降。总之，2T1C 像素电路不适用于高质量的 AMOLED 显示，需要发展补偿像素电路。

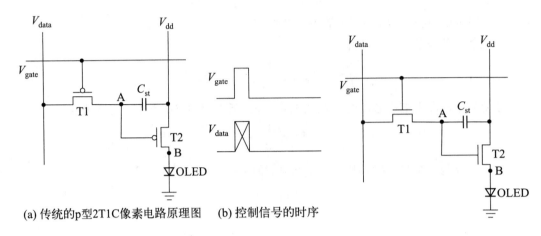

(a) 传统的 p 型 2T1C 像素电路原理图　　(b) 控制信号的时序

图 8-23　传统的 p 型 2T1C 像素电路原理图和控制信号的时序　　图 8-24　2T1C 像素电路

$$I_{\text{OLED}} = \frac{1}{2}\mu_n C_{\text{OX}} \left(\frac{W}{L}\right)_2 (V_{\text{GS2}} - V_{\text{th2}})^2 = \frac{1}{2}\mu_n C_{\text{OX}} \left(\frac{W}{L}\right)_2 (V_{\text{data}} - V_B - V_{\text{th2}})^2 \qquad (8\text{-}38)$$

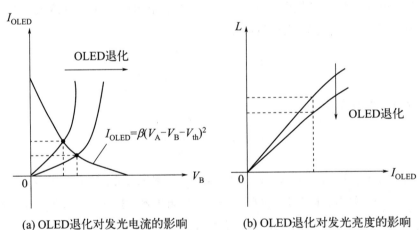

(a) OLED 退化对发光电流的影响　　(b) OLED 退化对发光亮度的影响

图 8-25　OLED 退化对发光电流的影响和 OLED 退化对发光亮度的影响

8.3.2　LTPS AMOLED 像素电路

为了解决传统 2T1C 像素电路由于驱动晶体管的阈值电压漂移以及 OLED 退化所引起的显示屏显示亮度不均匀性问题，需要研究设计具有补偿功能的 AMOLED 像素电路。目前补偿型的像素电路主要分成两种编程方式：电流编程型和电压编程型。电流编程法可以补偿 TFT 的迁移率变化和阈值电压变化。不过，电压编程法由于编程时间短，对 AMOLED 显示屏更具吸引力。在这里，我们介绍经典的电压编程型电路。

电压编程型补偿像素电路是通过获取驱动晶体管的阈值电压 V_{th}，然后将该阈值电压加入到编程电压 V_P 中，使得最后在驱动晶体管栅极的电压为 V_P+V_{th}，从而补偿驱动晶体管的阈值电压，提高显示屏的亮度均匀性。由于电压编程型补偿像素电路是将数据以电压的方式加载到存储电容 C_{st} 上，可以极大地缩短电容的充电时间，提高其响应速度。而且电压编程型补偿像素电路的外围驱动芯片都为电压型芯片，所以设计较容易，成本低。一般而言，电压编程型补偿像素电路驱动时序可大体分为四个阶段：初始化、阈值电压锁存、数据加载、OLED 发光。其中，阈值电压锁存最为重要。如图 8-26 和图 8-27 所示，这里介绍了两种驱动管 TFT 阈值电压锁存方式。

从图 8-26 (a) 的 n 型 TFT 中可以看出，存储在存储电容的节点 A 的电压 V_A 会通过驱动 TFT 放电，直到 $V_A=V_{ref}+V_{th}$，驱动 TFT 关闭为止。如果 V_{ref} 接地，则 V_A 为 V_{th}。如果 V_{ref} 接 V_{data}，则 V_A 为 $V_{data}+V_{th}$。p 型 TFT [图 8-26 (b)] 与其类似。

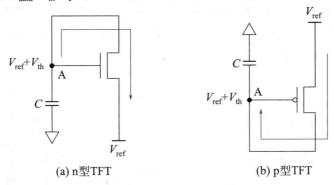

图 8-26　阈值电压锁存方法

图 8-27 展示了另一种阈值电压锁存方法。如图 8-27 (a) 所示，节点 B 的电压 V_B 会被充电，直到 $V_B=V_{ref}-V_{th}$，驱动 TFT 关闭为止。显然，驱动 TFT 的阈值电压存储在 C_1。p 型 TFT [图 8-27 (b)] 的情况与其类似。

在图 8-26 的条件下，有两种输入电压的方式。第一种方法是在阈值电压锁存阶段将 V_{ref} 设置为 V_{data}，在该阶段结束时，V_A 变为 $V_{data}+V_{th}$。显然，这种方法的阈值电压检测和数据输入是在同一个阶段进行的。第二种方法，如图 8-28 所示，V_{data} 是在阈值电压锁存之后的数据加载阶段通过电容耦合效应来输入的，此时 $V_A=V_{ref}+V_{th}+C_1V_{data}/(C_1+C_2)$。对于图 8-27 所述的方法，数据电压可以通过电容耦合效应输入，在数据输入阶段，V_A 由 V_{ref} 变为 $V_{ref}+V_{data}$，V_B 变为 $V_{ref}-V_{th}+C_1V_{data}/(C_1+C_2)$，此时 $V_{AB}=V_{th}+C_2V_{data}/(C_1+C_2)$。

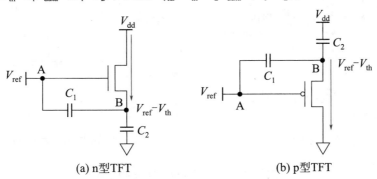

图 8-27　另一种阈值电压锁存方法

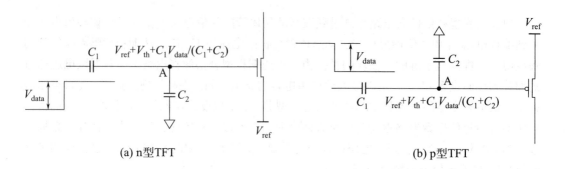

图 8-28 数据电压输入方法

三星公司于 2010 年推出 Galaxy S 手机,最早实现基于低温多晶硅 TFT(LTPS TFT)背板技术的 AMOLED 在手机领域的应用。图 8-29 是三星提出的一个基于 p 型低温多晶硅薄膜晶体管(LTPS TFT)的 6T1C 像素电路,它能够补偿驱动管 TFT 的阈值电压不均匀性,这是传统且经典的补偿像素电路。

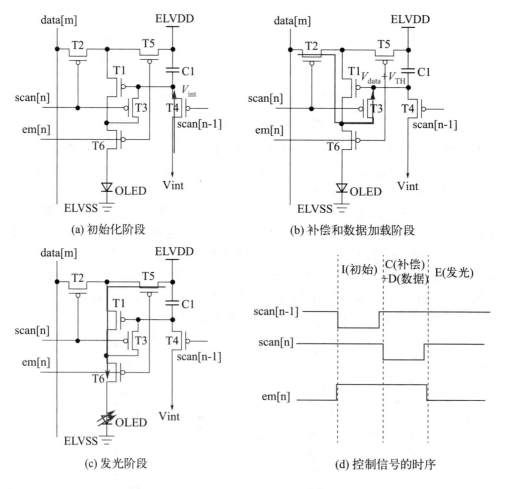

图 8-29 LTPS AMOLED 像素电路

该像素电路的基本工作过程如下：

初始化阶段：如图 8-29（a）所示。T4 导通，其余所有 TFT 关闭，OLED 停止发光。驱动管 T1 的栅极电压将更新为初始化电压 V_{int}。

阈值电压锁存和加载数据电压阶段：如图 8-29（b）所示。T2 和 T3 管导通，由于 V_{int} 是一个低电平，T1 管也导通，T4 管关闭。此时 T1 管变成了一个二极管接法的 TFT。这时 V_{data} 电压将对 C1 进行充电，使得 T1 管的栅极电压升高。当 T1 管的栅源极之间的电压达到 V_{TH} 时（此时 T1 将截止），该充电过程完成，此时 T1 管的栅极电压为 $V_{data}+V_{TH}$。

发光阶段：如图 8-29（c）所示。T5 和 T6 管导通，OLED 流过电流，开始发光。此时流过 OLED 电流的大小如式（8-39）所示，其中 $ELVDD$ 为驱动回路的电源电压，μ_p 为空穴迁移率，C_{OX1} 为 T1 管单位面积的绝缘层电容，$\left(\dfrac{W}{L}\right)_1$ 是驱动管 T1 的宽长比，可以看出 OLED 发光电流与驱动管 T1 的阈值电压 V_{TH1} 无关。

$$I_{OLED} = I_{DS1} = \frac{1}{2}\mu_p C_{OX1}\left(\frac{W}{L}\right)_1 (V_{data} - ELVDD)^2 \tag{8-39}$$

该像素电路锁存阈值电压的原理为：首先将驱动管 TFT 接成二极管形式，然后对其进行充放电，直至该驱动管截止，此时栅极就能获取该驱动管的阈值电压了。

当像素组成像素阵列后，就要考虑像素阵列的编程方法。图 8-30 给出了上述电路的编程方法，其中各字母含义为，I：初始化；C：阈值电压补偿；D：数据加载；E：发光。由于阈值电压补偿和数据加载处于同一个阶段，无法分离，而每一行的数据加载时间上不能重叠，使得这种编程方法需要额外增加像素电路的编程时间，编程速度较慢。当该方法应用于大尺寸、高分辨率或者 3D 显示中时，其编程的时间往往是不够的，从而会导致对 TFT 阈值电压锁存不充分，造成显示不均匀性。

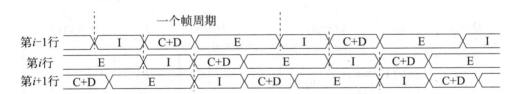

图 8-30　6T1C LTPS AMOLED 像素电路编程方法

为了解决上述编程速度慢的问题，三星后续还提出了一个 5T2C 电路及其时序［图 8-31 和图 8-32（a）］，与一般的 5T2C 电路不一样的是，该电路时序将阈值电压锁存与数据加载分离，因此电路有充足的时间进行补偿。该像素电路的基本工作过程如下。

初始化阶段：如图 8-31（a）所示，T2、T4、T5 导通，无论先前的数据电压为多少，此时驱动管 T1 的栅极电压都会小于 $ELVDD+V_{th}$，T1 导通。C_{Vth} 左端的电压为 V_{sus}。

阈值电压锁存阶段：如图 8-31（b）所示，T2、T4 导通，T5 关闭。此时驱动管 T1 形成了一个二极管接法的 TFT，T1 的栅极电压会通过 T1 和 T2 充电，直至栅极电压大小为 $ELVDD+V_{th}$ 为止。

数据电压加载阶段：如图 8-31（c）所示，T3 导通，T4 关闭。通过电容耦合效应，电容 C_{Vth} 左端电压突变量等于右端突变量，此时 T1 的栅极电压为 $ELVDD-V_{sus}+V_{DATA}+V_{th}$。

发光阶段：如图 8-31（d）所示，T1、T5 导通，有电流流过 OLED，OLED 发光，流过的电流大小为：

$$I_{OLED} = I_{DS1} = \frac{1}{2}\mu_p C_{OX1}\left(\frac{W}{L}\right)_1 (V_{DATA} - V_{sus})^2 \tag{8-40}$$

该 5T2C 电路的像素阵列驱动架构如图 8-32（b）所示。这种架构的优势在于，阈值电压锁存阶段和数据电压加载阶段分离，在上一行进行数据加载时，下一行可以进行阈值电压锁存，从而加快了编程速度，节省了全流程的时间，使得 TFT 有充足的时间进行阈值电压锁存，提高显示的均匀性。

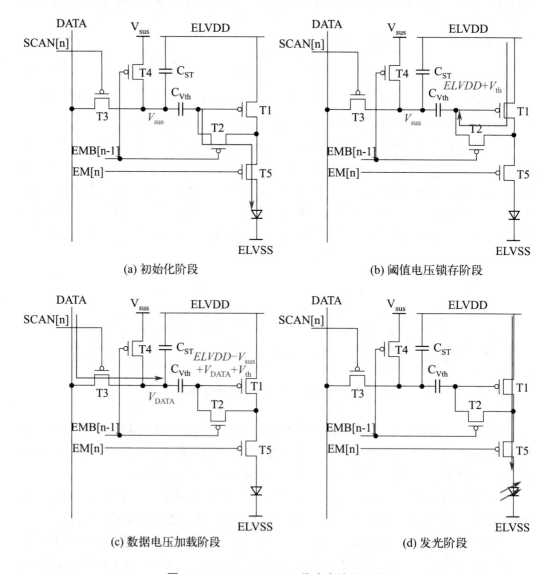

图 8-31　5T2C AMOLED 像素电路原理图

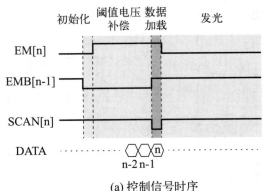

(a) 控制信号时序

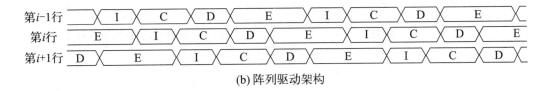

(b) 阵列驱动架构

图 8-32　5T2C AMOLED 像素电路

8.3.3　LTPO AMOLED 像素电路

LTPO 是 LTPS（低温多晶硅）和 Oxide（氧化物）的合称。2018 年苹果公司推出手表 Watch 4 系列（AMOLED 显示屏），第一次应用了 LTPO（LTPS & Oxide）技术 [对应美国专利 US 9129927（2015 年）]，其利用了氧化物 TFT 低关态电流特性（可低至 10^{-16}A），使得写入到 LTPS 驱动 TFT 栅极的数据电压可以长时间保持（比如可以工作在 1Hz 的低帧频下），实现宽帧频应用（1~120Hz）。这个技术的核心是：在某些应用场景下（比如静态画面时）主动降低显示的帧率，从而显著降低动态功耗。图 8-33 给出了电路原理图，T3 是氧化物 TFT，其余都是 n 型 LTPS TFT。该像素电路的基本工作原理如下。

初始化阶段：如图 8-33(a) 所示，V_{SCAN1} 和 V_{EM2} 设置为高电平，T3、T6 和 T4 导通。因此，节点 N1 和 N2 分别被初始化为 V_{INI} 和 V_{DD} 电压值。

阈值电压锁存和数据电压加载阶段：如图 8-33（b）所示，V_{EM2} 设置为低电平，T4 关闭。V_{SCAN1} 和 V_{SCAN2} 设置为高电平，T3 和 T1 导通。此时 T2 管变成了一个二极管接法的 TFT。这时 C_{ST} 进行放电，使得 T2 管的栅极电压降低。当 T2 管的栅源极之间的电压达到 V_{TH} 时（此时 T2 将截止），该放电过程完成，此时 T2 管的栅极电压（N2 节点）为 $V_{DATA}+V_{TH}$。

发光阶段：如图 8-33（c）所示，V_{SCAN1} 和 V_{SCAN2} 设置为低电平，而 V_{EM1} 和 V_{EM2} 设置为高电平。T4、T2 和 T5 将导通，这些晶体管位于从 V_{DD} 到 V_{SS} 的主通路上，从而允许电流流过 OLED 器件，OLED 的阳极电压通过 C_{ST} 耦合到 T2 的栅极上，电流的大小如式（8-41）所示，由晶体管 T2 精确控制，并取决于节点 N2 上的编程电压。

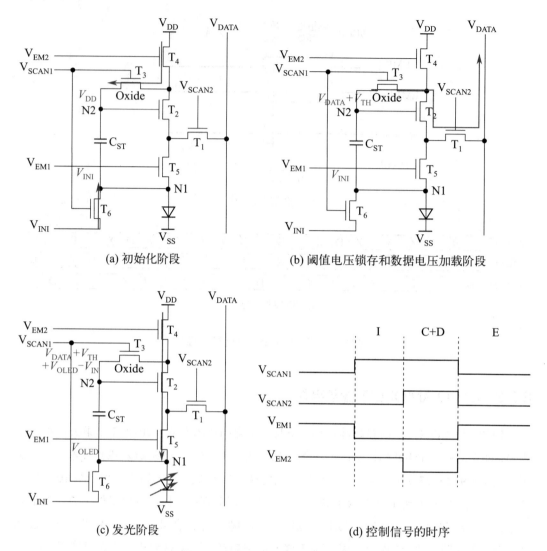

图 8-33 LTPO AMOLED 像素电路

$$I_{\text{OLED}} = I_{\text{DS2}} = \frac{1}{2}\mu_n C_{\text{OX2}} \left(\frac{W}{L}\right)_2 (V_{\text{DATA}} + V_{\text{TH}} + V_{\text{OLED}} - V_{\text{INI}} - V_{\text{TH}} - V_{\text{OLED}})^2$$

$$= \frac{1}{2}\mu_n C_{\text{OX2}} \left(\frac{W}{L}\right)_2 (V_{\text{DATA}} - V_{\text{INI}})^2 \tag{8-41}$$

图 8-34 给出 LTPO AMOLED 像素电路的驱动架构。在高频时序，就是常规的流水线补偿时序。而在低频时序，在阈值电压锁存和数据加载后，数据停止更新，利用氧化物 TFT 的低关态电流特性保持驱动 TFT 的栅极电压稳定，由于减少了 TFT 开关动作和数据加载的过程，从而明显减少了动态功耗。由于可以实现宽频驱动时序，像素电路可以根据使用场景工作在 1Hz、30Hz、60Hz、120Hz（假设 120Hz 为最高帧频）等帧频下。

另一个比较经典的电路是夏普提出的使用 IGZO TFT 和 p-LTPS TFT 的 7T1C 电路（如图 8-35 所示），其工作原理与图 8-29 所示的 LTPS AMOLCD 像素电路比较接近。时序分为 3 个周期，阶段 I 为初始化阶段，阶段 II 为补偿阶段，阶段 III 为发光阶段。

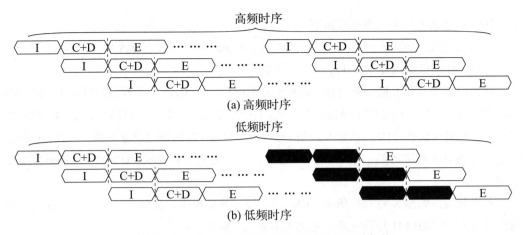

图 8-34　LTPO AMOLED 像素电路阵列驱动架构

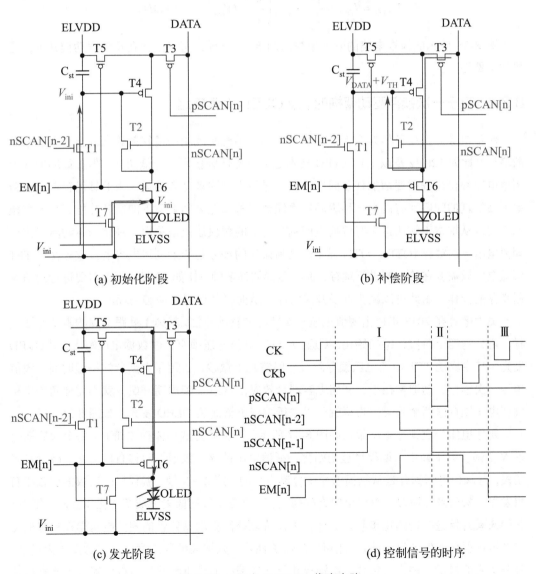

图 8-35　7T1C AMOLED 像素电路

该像素电路的基本工作原理如下：

初始化阶段：如图 8-35（a）所示，EM [n] 和 nSCAN [n-2] 设置为高电平，T7 和 T1 导通。OLED 阳极电压复位成 V_{ini}，C_{st} 下端电压加载为 V_{ini}。

阈值电压锁存和数据加载阶段：如图 8-35（b）所示，pSCAN [n] 设置为低电平，nSCAN [n] 设置为高电平，T2 和 T3 导通，由于 V_{ini} 是一个低电平，T4 管也导通。此时 T4 管变成了一个二极管接法的 TFT。这时 C_{st} 进行充电，使得 T4 管的栅极电压升高。当 T4 管的栅源极之间的电压差达到 V_{TH} 时（此时 T4 将截止），该充电过程完成，此时 T4 管的栅极电压为 $V_{\text{DATA}}+V_{\text{TH}}$。

发光阶段：如图 8-35（c）所示，EM [n] 设置为低电平，晶体管 T5 和 T6 接通。电流流过 OLED，OLED 开始发光。电流大小如式（8-42）所示。

$$I_{\text{OLED}} = I_{\text{DS4}} = \frac{1}{2}\mu_{\text{p}}C_{\text{OX4}}\left(\frac{W}{L}\right)_4 (V_{\text{DATA}} - ELVDD)^2 \qquad (8-42)$$

图 8-35 所示的像素电路的驱动架构同图 8-34 一样，可以工作在宽频驱动模式下，这里就不赘述了。

8.3.4 基于一次锁存驱动架构的 AMOLED 像素电路

像手机等便携设备作为个人信息交互中心，手机游戏和高清视频等高刷新应用需求不断增长（比如 120Hz 及以上）。LTPO 技术是通过降低刷新率来降低功耗，但在高刷新率下阈值电压补偿过程需要增加许多时序控制，导致增加许多动态功耗，因而其仍存在高刷新率下高能耗的问题。有没有一种驱动技术能够显著降低高刷新率下的能耗并能兼容现有技术方案，从根本上解决这个行业痛点问题？可能的解决途径是采用一种显示驱动新架构：阈值电压一次锁存（OTD）。OTD 显示驱动新架构的核心是巧妙利用电容耦合效应使得 TFT 阈值电压只需要在第一帧进行锁存，而在后续的许多帧（比如 20 帧）都不需要进行阈值电压锁存的操作，由此可以减少许多开关时序，从而显著地降低动态功耗。

吴为敬等在 2013 年提出阈值电压一次锁存的驱动方法。其第 1 帧跟常规的驱动方法一样，可分为四个阶段：①初始化；②驱动 TFT 阈值电压锁存；③数据电压写入；④OLED 发光。其中驱动 TFT 阈值电压锁存阶段一般需几十微秒，占用了大部分的编程时间。阈值电压一次锁存的创造性在于，利用电容耦合效应，从第 2 帧周期开始，就不需要初始化和阈值电压锁存这两个阶段，直接就可以进行数据更新而后 OLED 发光，如图 8-36 所示。

阈值电压一次锁存驱动架构如图 8-37 所示。该驱动方法具体描述如下：每个大周期包括 N 个帧，第 1 帧中，编程经过初始化、阈值电压锁存、数据加载和有机发光二极管发光阶段，且阈值电压锁存是从扫描信号中分离出来的；第 2~N 帧，编程只经过数据加载和有机发光二极管发光阶段；对整个像素阵列而言，在第 i 行的像素完成初始化步骤时，第 $i+1$ 行的像素开始进行初始化步骤。这样，不仅可以补偿驱动晶体管的阈值电压漂移和有机发光二极管退化而保证显示质量，还可以降低功耗并有效提高编程速度，使之适用于大尺寸、高分辨率的显示。该方法集成一次锁存和流水线编程的优点，并且可以做到每个像素每一帧的发光时间保持一致,其编程速度可接近传统的 2T1C 电路,编程功耗比传统的流水线编程方式低许多,尤其在高分辨率显示上更有优势。

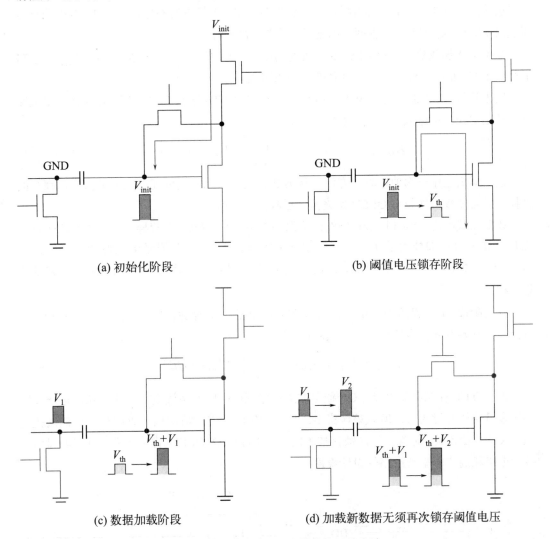

图 8-36 阈值电压一次锁存的驱动方法

图 8-37 阈值电压一次锁存驱动架构

阈值电压一次锁存驱动架构可以应用 LTPO 电路,既可以实现宽低频驱动,又能显著地降低高刷新率下的动态功耗,图 8-38 给出一个例子。该像素电路中 T1、T2、T3、T4、T7 为氧化物 TFT,T5、T6 为 LTPS TFT,基本工作原理如下:

初始化阶段:S1、S2 和 S4 设置为高电平,T2、T3 和 T7 管导通,OLED 无电流通过,停止发光。C1 右端的电压通过 T3 重置成 VSS，C1 左端的电压设置成 VDD。

阈值电压锁存阶段：S1、S3 和 S4 设置为高电平，T2、T4 和 T7 管导通，T5 管成为一个二极管接法的 TFT。T5 管的栅极电压通过 T4 管和 T5 管进行充电，直至 T5 管的栅极电压变为 $VDD+V_{th}$。此时 C1 管两端的电压分别为 VDD 和 $VDD+V_{th}$。

数据电压加载阶段：S4 和 Scan 设置为高电平，T1 管和 T7 管导通。此时 V_{Data} 通过 T1 加载到了 C1 左端，根据电容耦合效应，T5 栅极电压为 $V_{Data}+V_{th}$。

发光阶段：EM 设置为低电平，S4 设置为高电平，T6 导通，T7 关闭。OLED 有电流流过，开始发光。电流大小如式（8-43）所示。

$$I_{OLED} = I_{DS5} = \frac{1}{2}\mu_p C_{OX5} \left(\frac{W}{L}\right)_5 (V_{Data} - VDD)^2 \tag{8-43}$$

运用阈值电压一次锁存驱动方法，从第 2 帧画面开始不需要初始化和阈值电压锁存的过程，只需要数据加载和 OLED 发光两个过程，如下所示：

数据加载阶段：S4 和 Scan 仍然设置为高电平，T1 管和 T7 管导通。此时新的数据电压 V'_{Data} 通过 T1 加载到了 C1 左端，根据电容耦合效应，T5 栅极电压为 $(V'_{Data} - V_{Data}) + V_{Data} + V_{th}$，即为 $V'_{Data} + V_{th}$。可以看出驱动管 T5 的阈值电压已经锁存到 C1 两端，不需要重复锁存。

发光阶段：EM 设置为低电平，S4 设置为高电平，T6 导通，T7 关闭。OLED 有新的电流流过，开始发光。电流大小如式（8-44）所示。

$$I_{OLED} = I_{DS5} = \frac{1}{2}\mu_p C_{OX5} \left(\frac{W}{L}\right)_5 (V'_{Data} - VDD)^2 \tag{8-44}$$

由于 TFT 存在泄漏电流，C1 锁存的阈值电压会随时间逐渐发生变化，从而进一步影响像素电路的补偿效果，所以该像素电路会在一定时间之后再次锁存驱动管 T5 的阈值电压，保证补偿效果。显然，一次锁存技术应用于 LTPO AMOLED 像素电路，并未明显增加像素电路和周边行驱动电路的设计难度。

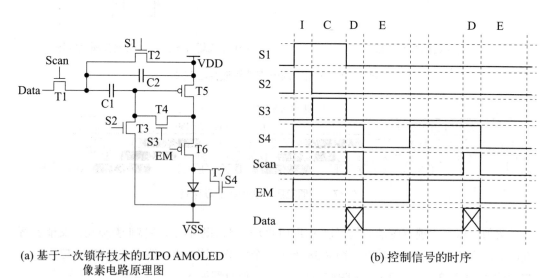

(a) 基于一次锁存技术的LTPO AMOLED 像素电路原理图

(b) 控制信号的时序

图 8-38 基于一次锁存技术的 LTPO AMOLED 像素电路原理图和控制信号的时序

8.3.5 AMOLED 工艺集成技术

相比于液晶面板制造，AMOLED 不需要液晶配向膜背光源等材料，而且可以将 OLED 发光器件直接集成到 TFT 背板上，其结构如图 8-39 所示。TFT 通常采用更加易于集成的顶栅结构，而右侧的 OLED 采用出光效率更高的顶发射结构，其 ITO 阳极通过金属银与 TFT 漏极相连，金属 Ag 作为反射电极，可以进一步提升出光效率，靠近 ITO 电极的分别是空穴注入层（HIL）和空穴传输层（HTL），紧接着是发光层和电子传输层（ETL）、电子注入层（EIL），顶部电极则采用半透明的金属银或者铝作为阴极。

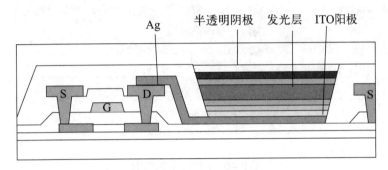

图 8-39 LTPS OLED 集成截面结构

LTPS TFT 迁移率高的特性使得显示面板较容易实现高分辨率，但其容易漏电的缺点限制了其必须经常充电来弥补电势损失，因此基于 LTPS TFT 的 OLED 显示是无法从硬件上实现低频驱动的，这也一定程度上增加了整个面板的功耗。而 LTPO 可以看作是 LTPS 的进阶版，能一定程度上解决前面提到的不足。低温多晶氧化物（LTPO）是结合 LTPS TFT 和 Oxide TFT 两种 TFT 技术优点的产物，是在显示基板上的薄膜晶体管电路中，部分晶体管采用迁移率高、稳定性好的 LTPS TFT 制作，另外一部分则采用泄漏电流小、均匀性好的 Oxide TFT 制作，通过不同类型晶体管的组合来优化性能、降低功耗。

LTPO 工艺结构示意图如图 8-40 所示。

LTPO 集成需要考虑两种器件工艺的互相影响。对于 LTPS TFT，为了实现高性能和良好偏置稳定性的器件，需通过掺氢（H）来钝化多晶硅晶粒内部、晶界之间以及多晶硅与栅绝缘层界面处的缺陷。然而，氧化物 TFT 的性能对 H 非常敏感。当 H 位于各成键的位置或间歇位置时，都会导致费米能级超过导带底，从而引入自由电子；而额外的氧（O）可以和 H 结合形成 O—H 或 H—O—H 键，费米能级能够保持在深能级。在 LTPO 工艺过程中，LTPS 层中的 H 扩散到氧化物层，会与其中的氧悬挂键结合，或打破氧—金属共价键而形成氢氧化物。当 H 的量很少时，由于缺陷态密度的降低，一定程度上会提高器件的迁移率、减弱回滞现象；然而，当有更多的 H 时，氧空位和金属—氧键的平衡会被打破，导致器件阈值电压的漂移和稳定性的恶化。在低帧率的显示驱动下，氧化物 TFT 开关管受较长时间的反向偏压应力，会引起一定的阈值电压负向漂移。如果负向漂移过大，会导致该 TFT 处于常开状态，造成显示屏对应位置的亮点缺陷。因此，LTPO 的最大工艺挑战是在对 H 浓度的调控，平衡两种器件的性能。虽然现阶段氧化物 TFT 已经量产，但其迁移率和稳定性还有很大的提升空间。对比 LTPS TFT，氧化物 TFT 的一个重要优势是可以通过调整材料中不同的组分及其比例来提高或优化器件性能。所以，结合氧化物材料组分的设计与后退火处理工艺，有望降低氧化物 TFT 性能对 H 的敏感性，为高性能的 LTPO 集成提供更宽的工艺窗口。

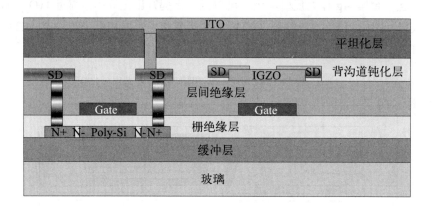

图 8-40 LTPO 工艺结构

8.3.6 柔性 AMOLED 技术

柔性 AMOLED 是指在聚合物、金属箔、超薄玻璃等柔性衬底上制备的 AMOLED 显示器件，相比于传统玻璃衬底，柔性衬底的显示屏具有更轻薄、耐冲击、可卷曲等特性，更加适合可穿戴式设备等个人终端场景的使用。

如图 8-41 所示，柔性 AMOLED 主要由柔性衬底、ITO 阳极、发光层、透明阴极、透明盖板组成，其中柔性衬底材料是研发的基础，其决定了 OLED 显示的成本、质量、工艺路线等。目前较主流的柔性衬底有聚合物、金属箔、超薄玻璃等。金属衬底具有成本低廉、耐受高温、水氧透过率低、耐久性好和可实现卷对卷工艺等优点，但其制备难度较高、表面粗糙、透明度低、只能适用于顶发射式的 OLED。而超薄玻璃则具有水氧透过率低、加工不易膨胀、透明度高等优点，但其柔性差、成本高、制备难度较高。以聚酰亚胺（PI）为代表的聚合物衬底是目前发展的主流，其具有柔性好、超轻、透明、可卷对卷制备等优点，虽然水氧阻隔率较低，但可以通过添加水氧阻挡层弥补这一缺点，但聚合物不耐高温的特性使得其在加工制备中存在限制。

相比于刚性 AMOLED，柔性 AMOLED 具有如下特性。

外形薄、质量小、耐用性好。聚酯类塑料是柔性 AMOLED 器件最为常用的衬底材料，具有很强的柔韧性，又薄又轻（柔性 AMOLED 器件的厚度在 125～175μm，其质量约为同等尺寸玻璃衬底 OLED 的十分之一）。由于衬底的柔韧性比较好，所以柔性 AMOLED 器件不容易破损，耐冲击性更好，比普通玻璃衬底的器件更耐用。

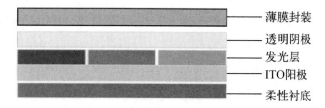

(a) 华南理工大学制备柔性OLED屏幕　　　　(b) 柔性OLED结构

图 8-41　柔性 AMOLED

柔韧性好。柔性 AMOLED 器件的阳极拥有较好的透光性和柔韧性，使用具有这些特性的材料使得 OLED 器件能够卷曲成任意的形状。

性能好、成本低。当连续化卷对卷生产的有机气相沉积工艺出现以后，柔性 AMOLED 不仅实现了大规模量产，而且生产成本大幅度降低。

如今，柔性 AMOLED 显示技术虽然发展迅速，但仍然处于初期阶段，仍有诸多技术瓶颈有待突破。在将柔性衬底作为 OLED 器件的基板时，由于衬底本身的性质，给器件和其制作过程又带来了如下问题。

ITO 薄膜容易脱落。柔性衬底的熔点一般比较低，只能用低温淀积 ITO 导电薄膜的方法制备，因此制出的 ITO 导电薄膜透明度低、电阻率高，薄膜与衬底之间的粘连性差，弯曲时容易断裂。由于在温度变化时，一般柔性衬底中的 ITO 与 PET 的热膨胀系数不同，容易出现一个膨胀、一个收缩的现象，由此造成 ITO 薄膜易脱落。另外，导致 ITO 薄膜易脱落的另一个主要原因是器件发热。

平整性差。一般来说，柔性衬底的粗糙度高，其表面平整性一般不符合器件制备要求。由于大部分制备薄膜的沉积技术是复制衬底表面形态的共形工作方式，因此衬底上的各个有机层呈现凹凸不平的状态，进而导致出现器件短路、损坏等不可估计的后果。

熔点低。大部分柔性衬底的熔点都比较低，而 OLED 基板的制备温度一般较高，导致柔性衬底在制作过程中会发生形变或熔化。即使在低温环境中，柔性衬底的尺寸也不能保持稳定，给精确制备多层结构的 OLED 造成了巨大困难。

寿命短。一般柔性衬底的水汽、氧气透过率均比较高，水汽和氧气进入器件内部后，不仅会影响发光层和阴极之间的粘连性，还会使有机层内部发生化学反应，导致器件迅速老化，以致失效。柔性衬底对水汽和氧气的阻隔和对器件的防老化保护均不够理想，无法达到显示器件寿命至少一万小时的要求。

8.3.7　OLED 排布

当探讨 AMOLED 显示技术时，选择适当的像素排布方式对于显示质量和设备性能有着决定性的影响。不同的排布方式将直接影响屏幕的亮度、色彩再现能力以及分辨率，同时也对生产成本和屏幕的使用寿命造成显著的影响。为了优化显示效果并提升用户体验，深入理解各类 AMOLED 像素排布的优势与局限性显得尤为重要。现在介绍几种流行的

AMOLED 像素排布方式，并对其主要特性进行比较分析。

（1）Stripe 排列

AMOLED 的 Stripe 排列也就是标准的 RGB 排列，每个像素点由三个子像素组成，这些子像素按照线性或矩阵形式排列在一起。通常情况下，子像素的排列顺序为红、绿、蓝，三个子像素为大小一致的条形彼此平行排列构成一个完整的像素单元。若显示器有 m 行 $\times n$ 列个像素，则一共有 $m \times 3n$ 个子像素，如图 8-42 所示。Stripe 排列通过连续的垂直线条帮助增强了分辨率的感知，用户可能会觉得屏幕显示更加精细，特别是在查看包含细小细节的图像或文本时。但是由于每个像素点都包含独立的红、绿、蓝子像素，因此在显示的时候需要同时驱动这三个子像素，功耗较高。并且不同颜色的有机发光材料的寿命不同，特别是蓝色子像素的寿命较短，长时间使用后可能会出现颜色衰减不均匀的问题，这也是 Stripe 排列最难以解决的一个问题。

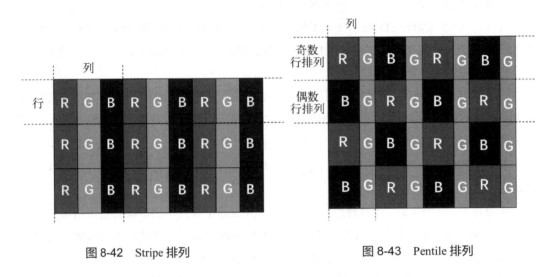

图 8-42　Stripe 排列　　　　　　图 8-43　Pentile 排列

（2）Pentile 排列

Pentile 排列为韩国三星专利，并于 2012 年 5 月首创性地应用于 Galaxy-S3 手机上。在 Pentile 排列中，每个像素单元中只有两个子像素，通常是 RG、BG。所以对于有 m 行 $\times n$ 列个像素的显示器来说，共有 $m \times 2n$ 个子像素，使子像素数量减少为标准 Stripe 排列中子像素数目的 2/3。Pentile 排列的子像素具体排列方式如图 8-43 所示，其奇偶行具有不同的排列规则，相邻行的像素单元排列顺序是交叉的：在奇数行中子像素的排列方式通常是 RG、BG 呈周期性排布；而在相邻的偶数行中，子像素的排列方式则是以 BG、RG 呈周期性排布，与相邻的奇数行的排列顺序恰好是错开的。Pentile 排列和 Stripe 排列相比，由于每个像素单元只有 R 和 G 子像素或者 B 和 G 子像素，若想达到正确的显示效果必须借用相邻的 R 子像素或者 B 子像素来得以实现。三星在研发 Super-AMOLED 时发现，不同颜色子像素由于材质不同，发光寿命也不同：红色和蓝色子像素的寿命相对比较短，尤其是蓝色。如果使用传统的 Stripe 排列方式，红、绿、蓝子像素做成一样大，当像素密度突破 300PPI 之后，屏幕寿命难以保证。这也解释了为何在几年前我们经常听说使用 OLED 的手机出现烧屏的问题。为了解决这一技术难题，厂商将蓝色和红色子像素的面积增大，从而提升蓝和红色像素的寿命，同时为了让不同子像素的寿命趋于平均，缩减绿色子像素的面积。但是 Pentile 排布也有一定的缺点，比如彩边问题，由于该方式主要采用低像素来模拟高像素，在显示精细内容时，如采用较高放大倍数观看图片时，由于边缘的子像素无法合成白色，显示垂直方向的黑白分界线时在左边出现红蓝像素交替排列，会出现颗粒感重的效果，并且在观看某些内容时会出现锯齿状、彩边等视觉效果，只有分辨率达到一定程度时，才可以显示出该方式的优势。

(3) Diamond 排列

图 8-44 所示为 Diamond 排列，三星公司首次应用于 2013 年发布的 Galaxy S4 机型上。这种排布方式在 Pentile 排列的基础上进一步改进，两者具有很明显的相似之处，例如奇偶行的排列规律相同：奇数行的像素单元为 GR、GB、GR、GB 周期性排列，偶数行的像素单元为 GB、GR、GB、GR 周期性排列，相邻的奇偶行的排列顺序恰好是错开的。尽管如此，Diamond 排列相比于 Pentile 排列还是做出了许多明显的变化。首先是子像素的形状发生了改变，Diamond 排列改变了以往排列中惯用的矩形，将 R、B 子像素改为菱形，G 子像素改为椭圆形。其次在子像素的相对位置关系上，Diamond 排列中每个像素单元内的两个子像素不再像 Pentile 排列一样平行排列，而是将绿色子像素排列在红色或蓝色子像素的左上方。随着工艺水平的提高，Diamond 排列的像素颗粒允许被制作得更小，可以进一步弱化锯齿感，使画质的表现更细腻。可以说 Diamond 排列在继承了 Pentile 排列的优点外还可以进一步地提升画面的显示质量，因此目前许多手机厂商高端机型的屏幕均采用三星钻石屏。

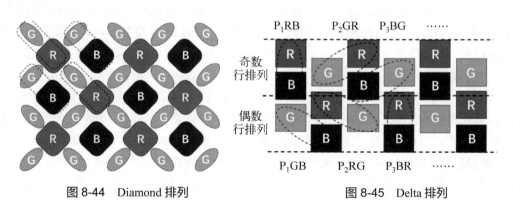

图 8-44　Diamond 排列　　　　　　图 8-45　Delta 排列

(4) Delta 排列

近年来，国内厂商也陆续提出了自己的排列方式，Delta 排列就是其中的一种，它的排列方式如图 8-45 所示。其中偶数列相对于奇数列向下平移了 1/2 个子像素单元长度，每个像素单元中也只含有两个子像素，并且奇偶行的排列规律不同：奇数行中，第一像素为 RB、第二像素为 GR、第三像素为 BG，按此规律周期性排列；偶数行中，第一像素为 GB、第二像素为 RG、第三像素为 BR，按此规律周期性排布。Delta 排布采用了三角形排列，每三个子像素以三角形的形式排列，使得每个子像素的位置相对于其他子像素呈三角形分布。这种排列方式使得子像素之间的距离更紧密，从而提高了像素密度和显示效果。同时这种排列方式使得 R、G、B 子像素数量均减少为 Stripe 排列中 R、G、B 子像素数目的 2/3，可以使子像素面积进一步增大，有效地突破了工艺水平的限制，同时进一步提高了面板的使用寿命。但过大的子像素也可能使显示效果下降，如观察到颗粒感等。因此，为 Delta 排布的 AMOLED 面板设计性能优越的子像素渲染算法十分重要。

8.4 Micro-LED 显示

目前，TFT LCD 和 AMOLED 产品已相当成熟，在手机、平板及电视等消费类领域有广泛应用。而 LED 已在户外显示有成熟的应用，其一般采用无源驱动方式。随着外延和芯片技术的进步，LED 芯片尺寸不断减小，显示分辨率不断提高，进入到 Mini-LED，甚至 Micro-LED 阶段。一般认为，Mini-LED 发光芯片尺寸在 100～500μm 范围内，Micro-LED 发光尺寸在 100μm 以下。相比于 TFT LCD 和 AMOLED 显示技术，Micro-LED 显示具有更低功耗、更高分辨率、更长寿命和更快响应速度等潜在技术优势。从技术原理上，Micro-LED 是一种可以覆盖小尺寸到大尺寸的新型自发光显示技术，可用于微型投影仪、AR/VR 显示、手表、手机、平板、汽车仪表、电视等领域，被认为是最有前途的下一代显示技术。

Micro-LED 显示相比于其他显示技术具有优异的性能，但目前 Micro-LED 显示技术还未成熟，存在许多的技术瓶颈，主要有芯片技术、巨量转移技术、全彩显示技术等问题。同时，Micro-LED 的驱动技术也是限制 Micro-LED 显示发展的瓶颈之一。在当前的技术水平下，利用驱动技术实现更加优异的显示效果是推动 Micro-LED 显示产业化的必要途径。由于 Micro-LED 器件与常规的显示器件 LCD 和 OLED 光电特性不同，需要发展新的 Micro-LED 驱动技术实现 Micro-LED 显示，实现 Micro-LED 的低功耗、高亮度、高分辨率、广色域等优势。

目前，正在研究发展的 Micro-LED 有源驱动实现方式有以下 3 种。①晶片尺度集成。LED 晶片直接键合在硅 CMOS IC 晶片上，然后剥离 LED 晶片的衬底，再通过光刻技术实现精细化图案。该方式不需要巨量转移工序，具备亚微米对准精度从而易实现高分辨率显示，适用于微投影、AR/VR 等应用情形。缺点是彩色化实现困难。②Micro-IC 驱动。Micro-IC 分散绑定在像素阵列中，一个 Micro-IC 驱动一片区域的 Micro-LED。该方式优点是：单晶硅工艺制备的 Micro-IC 可以集成较复杂的电路（比如：比较器、计数器等）实现对 Micro-LED 的高精度控制。但是，Micro-IC 需要占用一定的基板面积从而会制约其在高分辨率显示中的应用。③TFT 背板驱动。通过薄膜工艺在玻璃/柔性衬底上制备 TFT 驱动电路，再利用巨量转移技术将 Micro-LED 绑定到 TFT 背板上，实现 TFT 有源驱动 Micro-LED。该方式的优点在于，可实现大面积阵列制备并兼容现有的显示面板工艺，从而有助于显示技术的进一步升级换代。下面，我们将主要介绍基于 TFT 背板技术下的 Micro-LED 显示驱动技术。

8.4.1 PWM 驱动

脉宽调制（pulse width modulation，PWM）是一种电子调制技术，用于控制电路输出的电压或电流的平均值。以控制电压为例，PWM 驱动的原理是通过改变信号的脉冲宽度来实现输出电平的调节。具体而言，在一个固定的时间周期（周期内分为高电平和低电平两个部分），通过改变高电平的脉冲宽度，可以控制输出信号的平均值。当高电平的脉冲宽度增加时，输出信号的平均值也会增加；反之，高电平的脉冲宽度减小则输出信号的平均值减小。在电路控制领域中，PWM 信号通常用于控制电机、LED 灯、音频放大器等设备的运转。当 PWM 信号被应用于这些设备中时，它可以改变电气设备的工作效率、亮度、音量等参数。

Micro-LED 芯片的发光波长会随着流过芯片的电流密度而发生改变。根据芯片的尺寸不同，随着电流密度的增大，LED 芯片会发生红移和蓝移现象。发生红移的原因是自加热诱导带来的带隙收缩，而蓝移则归因于能带填充效应。随着电流密度的增加，Micro-LED 器件在最初的时候表现出蓝移的倾向，随后大电流密度下发生红移，因此，Micro-LED 在显示中应用时，随电流密度的改变而漂移的色彩会对 Micro-LED 的显示效果产生影响。同时，Micro-LED 的电流电压（$I\text{-}V$）特性曲线陡峭，并且在低电流密度下发光效率会急剧下降，因此，Micro-LED 有源显示需要采用 PWM 驱动策略，即 Micro-LED 发光时工作在恒定电流下以确保高效率发光和色彩稳定，通过调节 PWM 信号的占空比来调节灰阶。Micro-LED 显示的恒流 PWM 驱动方式与传统的 TFT LCD 和 AMOLED 显著不同：TFT LCD 通过调节数据电压改变液晶的透过率从而调节灰阶，AMOLED 是通过调节数据电压改变 OLED 的电流大小从而调节灰阶，如图 8-46 所示。

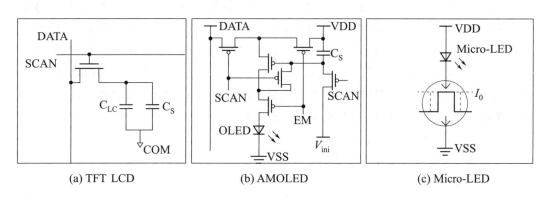

图 8-46 有源驱动方式

目前，基于 TFT 技术的 Micro-LED 恒流 PWM 有源驱动方式主要可分为两类：数字驱动和模拟驱动。数字驱动方式的显示数据是开关信号，通过分子帧时间加权（T，$2T$，$4T$，$8T$，$\cdots$，其中 T 为最小子帧时间）的方式实现灰阶显示，模拟驱动方式的显示数据是模拟电压信号，像素电路将模拟电压信号与斜坡信号比较转换成一定时间宽度的脉冲信号，不同数据电压对应不同脉冲宽度，从而实现灰阶调节。下面，我们将分别介绍基于 TFT 技术的数字 PWM 驱动电路和模拟 PWM 驱动电路。

8.4.2 数字 PWM 驱动电路

数字 PWM 驱动方案通常是通过分子帧的方式将一个帧周期分为多个子帧，数字数据中每个位控制对应子帧的数据，并且利用对发光时间的调制，决定每一个子帧的发光时间权重，通过人眼的积分效应达到灰阶控制的效果。发光时间与数字数据对应的位的关系如图 8-47 所示，当显示画面需要显示 8bit 的色彩变化时，Micro-LED 的发光时间则需要划分为 8 个子帧，其中 8 个子帧所占据的发光时间分别为 T、$2T$、$4T$、$8T$、$16T$、$32T$、$64T$、$128T$，例如灰阶数据 11001101 所对应的发光时长为 $205T$，其中 T 为最小子帧发光时间。

DATA	1	0	1	1	0	0	1	1
TIME	T	$2T$	$4T$	$8T$	$16T$	$32T$	$64T$	$128T$

图 8-47 数字 PWM 驱动数据与发光时间对应图

华南理工大学在 2021 年展示了用数字 PWM 驱动方法的基于金属氧化物 TFT 驱动的 Micro-LED 显示。其像素电路及驱动时序如图 8-48 所示。该像素电路与传统 AMOLED 像素电路相似。每帧时间分为 8 个子帧。每个子帧由编程阶段和发光阶段组成。为了改善显示均匀性，对 T2 的阈值电压进行了补偿，并在编程阶段写入数据。通过控制时序信号的电压，使得 T2 工作在饱和区，而 T4 和 T6 工作在线性区。其具体的工作过程如下：

① 编程阶段：首先 SCAN（N-1）变为高电平，SCAN（N）和 EM 保持低电平，然后将 A 的节点初始化为 V_{init}，而 Ref 的电压保持为 V_0。随后 SCAN（N）变为高电平，则 T3 被打开，使 T2 成为二极管接法。节点 A 开始放电，直到 A 点电压变为 $ELVSS+V_{th2}$，保存在电容 C1 中，V_{th2} 即 T2 的阈值电压。同时，将数字数据编程到节点 B，存储在 C2 中。

② 发光阶段：当整个显示阵列在当前子帧编程完毕后，进入发光阶段，Ref 从 V_0 变为 V_{ref}。由于 C1 的耦合效应，节点 A 变为 $ELVSS+V_{th2}+V_{ref}-V_0$。EM 信号变为高电平，使得 T6 打开，如果某个像素的其中一个子帧中的数字数据为 0，则 Micro-LED 的电流为零。当数字数据为 1 时，流过 Micro-LED 的电流可表示为：

$$\begin{aligned} I_{\text{Micro-LED}} &= I_{T2} \\ &= \frac{1}{2}\mu_{T2}C_{OX}\frac{W}{L}\left(ELVSS+|V_{th2}|-V_0+V_{ref}-ELVSS-|V_{th2}|\right)^2 \\ &= \frac{1}{2}\mu_{T2}C_{OX}\frac{W}{L}(V_{ref}-V_0)^2 \end{aligned} \tag{8-45}$$

数字 PWM 驱动需要在每一子帧前将当前子帧对应位的数据写入到像素电路中，若要实现 N bit 的灰阶显示，数据写入阶段就有 N 次，并且数字 PWM 驱动要求每个子像素的数据写入完毕后，才能发光。数据写入占据一帧的时间会随着像素阵列的行数及灰阶显示的阶数增大而增大，因此，数字 PWM 驱动的 Micro-LED 仅适合用于显示分辨率低的面板上。而由于数字 PWM 驱动的发光时间与灰阶成线性关系，也即 Micro-LED 的亮度与显示的灰阶成线性关系，造成数字 PWM 驱动方法驱动 Micro-LED 显示面板难以进行 Gamma 校正。

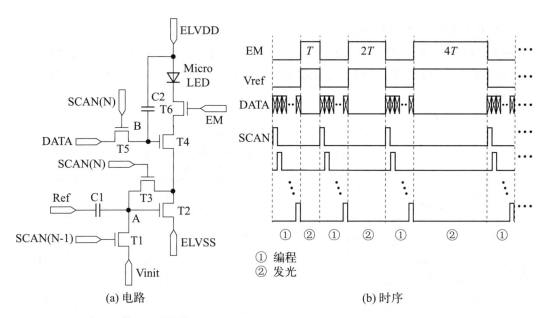

图 8-48 数字 PWM 驱动的 Micro-LED 像素电路及驱动时序

8.4.3 模拟 PWM 驱动电路

模拟 PWM 驱动方案通常是利用模拟数据与参考信号比较，将数据信号的电压信息转化为脉宽信息，进而控制 Micro-LED 的电流脉宽。模拟驱动方式具有明显的优点：与 TFT LCD 和 AMOLED 的驱动架构基本兼容，驱动功耗低，容易实现符合 Gamma 校正的灰阶显示。但目前，模拟驱动方式还存在不足，比如：①在低灰阶情形时上升/下降时间相比 PWM 脉冲宽度比重过大，从而影响低灰阶的显示效果；②所有行的数据电压写入后再同全局的斜坡信号比较从而控制每个像素的发光时长，显然所有数据电压写入耗时会制约整个显示阵列在一帧周期内的可发光时间，从而限制其在更高分辨率场景下的应用。从技术潜力上看，模拟驱动方式与数字驱动方式相比具有驱动兼容性好、功耗低和易实现灰阶显示等明显优势，适用的场景更加广泛，但需要针对其明显的不足着力解决。

图 8-49 为可应用于 Micro-LED 模拟 PWM 驱动的上拉控制像素电路及对应时序，电路由 5 个薄膜晶体管、2 个电容组成。其中 T4、T5 与 Micro-LED 构成发光回路，T5 作为电流源并为 Micro-LED 发光提供稳定发光电流。上拉控制像素电路驱动 Micro-LED 发光可以分成三个阶段，分别为数据写入阶段、预充电阶段、发光阶段。其具体工作原理如下：

① 数据写入阶段：当 V_{Scan} 高电平行选通时，T1 管打开，Data 信号逐行写入并保存在电容的一端。此时 T2 管栅压为 V_{Data}，且 $V_{Data} < V_{th2}$，所以 T2 被关断。

② 预充电阶段：控制信号 VC1 为高电平，电源信号 VDD 通过 T3 管对 C2 进行充电至 VDD。V_B 节点电压升高，发光路径上的 T4 管被提前打开，导通电流 I_d 恒定。而此时控制发光路径上 T5 管栅极的 Vba 信号仍旧保持低电平，防止 T5 管导通带来误发光的问题。

③ 发光阶段：此时 T3 管已关断，B 点停止充电。Vba 信号跳变为高电平，T5 管导通，Micro-LED 开始发光。同时，Sweep 从低电平向高电平线性提高，T2 的栅压在电容作用下开始同步提高。当栅压提高到 T2 的阈值电压时，T2 被打开，B 点放电导致 T4 管被关断，停止发光。

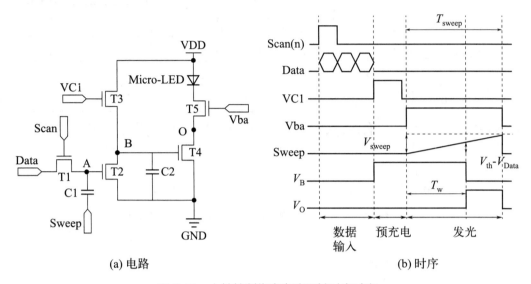

图 8-49　上拉控制像素电路及其对应时序

在预充电阶段，B 点充电至 VDD，T4 工作在线性区。此时 T4 相当于线性电阻，根据线性区等效电阻公式

$$R_{on} = \frac{1}{\mu C_{OX} \frac{W}{L}(V_{gs} - V_{th})} \tag{8-46}$$

可知，当 B 点电位稳定时，T4 相当于一个定值电阻。而且在发光阶段，T5 工作在饱和区，可以通过 Vba 高电平电压值决定 Micro-LED 的发光电流。发光时 B 点电位稳定使 T4 相当于一定值电阻不影响 T5 源端，Micro-LED 导通压降固定不影响 T5 漏端，Vba 高电平电压值不变使 T5 工作在饱和区提供稳定电流，所以 Micro-LED 发光时发光回路电流保持恒定。

上述上拉控制 Micro-LED 像素电路并未进行阈值电压补偿。由于 TFT 工艺的限制，驱动晶体管和 PWM 晶体管的阈值电压会变化，产生显示不均现象。因此需要同时在像素电路中设计阈值电压补偿，提升 Micro-LED 显示的均匀性。

图 8-50 中的电路是增加了阈值电压补偿功能的上拉控制 Micro-LED 像素电路及对应时序，电路共包括了 12 个晶体管、3 个电容。其中，T4、T5、T11、Micro-LED 共同构成发光回路。相比于原本的上拉控制像素电路，为了实现 T2 的阈值电压补偿，增加了晶体管 T6、T7、T8；为了实现对 T5 的阈值电压补偿，增加了 T9、T10、T11、T12 以及电容 C3。补偿型像素电路在驱动 Micro-LED 发光时可以分成四个阶段，分别是初始化阶段、数据写入和阈值电压补偿阶段、预充电阶段以及发光阶段。其具体工作原理如下：

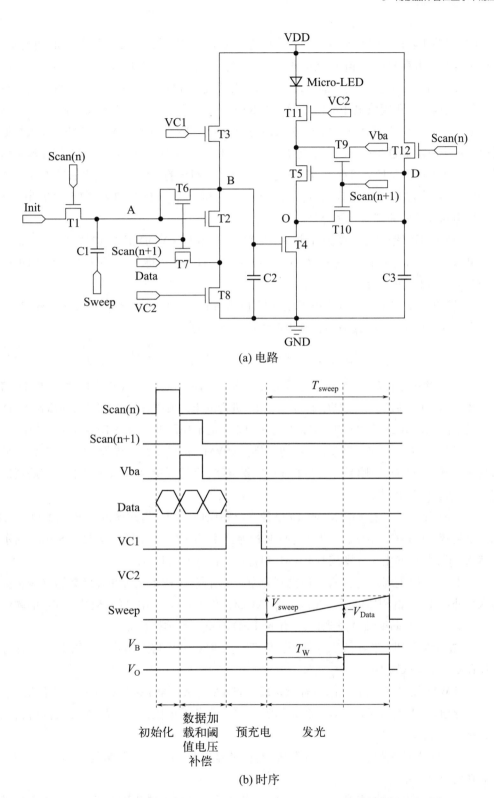

图 8-50 增加阈值电压补偿功能的上拉控制 Micro-LED 像素电路及对应时序

① 初始化阶段：将 Scan(n) 变为高电平，使 T1 和 T12 管开启。这时，Init 通过 T1 将电压 V_{Init} 存入电容 C1，使得 A 点电压 V_A 变为 V_{Init}。此时，为使 T2 管开启，V_{Init} 一般设置为高于 T2 管的阈值电压 V_{th2}。同时，T12 管的开启使得 VDD 存入 C3，使 V_D 变为高电平。

② 数据写入和阈值电压补偿阶段：将 Scan(n) 变为低电平，而 Scan(n+1) 变为高电平，使 T6、T7、T9 和 T10 开启。VC2 保持为低电平使 T8 管断开，Data 和 Vba 输入数据。此时，A 点只能通过 T6、T2、T7 向 V_{Data} 放电（V_{Data} 一般为负值），直到 T2 管栅源电压小于 T2 管的阈值电压 V_{th2}。这样，V_A 变为 $V_{Data}+V_{th2}$。同样的，此时 D 点也通过 T10、T5 和 T9 放电，直到 T5 截止。此时 V_D 变为 $V_{th5}+V_{ba}$。这样，PWM TFT（T2）和驱动 TFT（T5）的阈值电压在该阶段都得到了补偿。

③ 预充电阶段：VC1 变为高电平，使 T3 管导通。VDD 通过 T3 给 C2 充电，使得 B 点电压 V_B 变为高电平，从而使得 T4 管导通。之后，再次将 VC1 变为低电平关闭 T3，断开 B 点与 VDD 的联系。

④ 发光阶段：VC2 变为高电平以打开 T8 和 T11。因为 T11 管的开启，Micro-LED 开始发光，流经的电流由 V_{ba} 决定，其电流大小可表示为：

$$I_{T5} = \frac{1}{2}\mu C_{OX}\frac{W}{L}(V_{ba}+V_{th}-V_O-V_{th})^2 = \frac{1}{2}\mu C_{OX}\frac{W}{L}(V_{ba}-V_O)^2 \tag{8-47}$$

上式说明发光电流与 T5 阈值电压无关。同时，T8 导通，当 A 点电压随着 PWM 信号耦合变化时，T2 导通，B 点电压通过 T2、T8 进行放电，最终导致 T4 关闭，Micro-LED 停止发光。因此，Micro-LED 的发光时间不受 T2 阈值电压影响，只受 Data 信号的控制。

三星在 2021 年提出了基于脉冲宽度调制（PWM）的微发光二极管（Micro-LED）显示低温多晶硅（LTPS）薄膜晶体管（TFT）像素电路，可以在不产生发光波长漂移的情况下实现 10 比特的灰度显示。

图 8-51 显示了所提出的 Micro-LED 像素电路原理图和电压时序图。电路由 13 个 TFT 和 2 个电容（13T2C）组成，分为 PWM 和恒流产生（CCG）两部分，如图 8-51（a）所示。节点 A 和节点 C 的电压分别控制 PWM（T_{PWM}）和 CCG（T_{CC}）。

该电路基于同步发光方法，工作机制分为 5 个阶段：①初始化；②PWM 数据（V_{PWM_data}）写入和补偿 T_{PWM} 的阈值电压（V_{TH_pwm}）；③CCG 数据（V_{CCG_data}）写入和补偿 T_{CC} 的阈值电压（V_{TH_cc}）；④Micro-LED 发光；⑤Micro-LED 放电。具体情况如下。

① 初始化阶段：T_{ST1} 和 T_{ST2} 打开，将节点 A 和 C 初始化为初始化电压 $V_{initial}$，并分别存储在 C_{SWEEP} 和 C_{CC} 中。

② PWM 数据写入和 V_{TH_pwm} 补偿阶段：SPWM[n] 信号变为低电平，使得 T_{SPWM1} 和 T_{SPWM2} 导通。由于 T_{PWM} 和 T_{SPWM2} 形成二极管连接，节点 A 电压最终变为 $V_{PWM\_data}+V_{TH\_pwm}$，并存储在 C_{SWEEP} 中。

③ CCG 数据写入和 V_{TH_cc} 补偿阶段：具体过程与上一阶段类似，最终将 $V_{CCG\_data}+V_{TH\_cc}$ 存储在电容 C_{CC} 中。

④ Micro-LED 发光阶段：一开始 T_{PWM} 和 T_{CC} 分别处于关断和导通状态。随着扫描信号 Sweep 的逐渐降低，节点 A 电压变为 $V_{PWM\_data}+V_{TH\_pwm}+\Delta V_{sweep}$。节点 A 电压逐渐降低，最终使得 TPWM 由关断变为导通，节点 C 与 VDD_{PWM} 相连，T_{CC} 关断，Micro-LED 停止发

光。由于 Sweep 信号的变化同一，因此 Micro-LED 的发射时间和灰度由 PWM 数据 $V_{\text{PWM\_data}}$ 控制。

⑤ Micro-LED 放电阶段：为了防止 Micro-LED 阳极和阴极之间的电位差产生泄漏电流，需要通过 T_{TEST} 对 Micro-LED 放电。

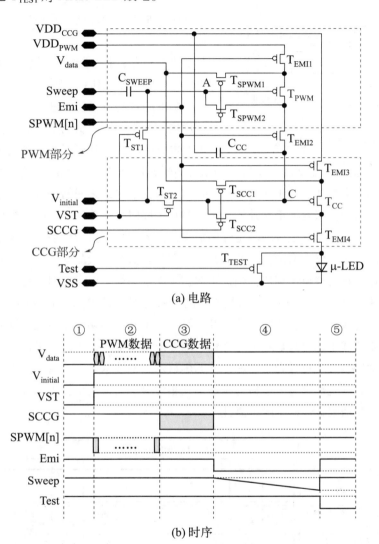

图 8-51　基于 PWM 的 Micro-LED 显示 LTPS TFT 像素电路及其时序

8.5　行驱动电路

如图 8-52 所示，一个完整的显示屏，除像素阵列外，还必须包含以下几个电路。

时序控制电路：显示屏的时序控制中心，配合每一帧图像，产生对应的行同步信号 HSYNC、场同步信号 VSYNC、像素时钟 PCLK、使能信号 DE 等控制信号，控制其他模块协同完成图像的显示。

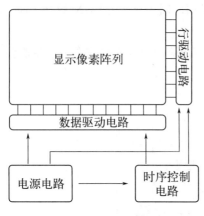

数据驱动电路：受时序控制电路的控制，对输入数据进行缓存，并将图像数据转换成对应的像素电压输出至显示像素阵列的数据线。

行驱动电路：受时序控制电路的控制，循环地产生行驱动信号，逐行开启显示像素阵列的扫描线。

电源电路：将系统电源转换成显示屏各功能电路所需的工作电压，同时还产生各种参考电压。

随着芯片制造工艺的进步，主流的显示驱动芯片均包含了时序控制电路、数据驱动电路以及电源电路的功能，甚至还有部分包含了行驱动功

图 8-52　显示驱动架构

能全集成驱动芯片。但是随着显示屏分辨率的不断攀升，全集成驱动芯片的引脚逐渐增加，密集的引脚不仅会增加信号走线的困难，还容易造成信号线之间的干扰，降低显示屏的稳定性。因此通常的做法为使用额外的行驱动芯片。同时，随着显示屏的面板尺寸增大，单一行驱动芯片已经不能够很好地满足性能需求，因此大尺寸显示屏多使用多个行驱动芯片级联，增加的芯片不仅增加制造成本，而且还会降低产品成品率。从电路功能上看，行驱动电路可以理解为移位寄存器，相比于数据驱动电路简单得多。因此行驱动集成技术应运而生，如图 8-53 所示。行驱动集成技术指的是采用 TFT 技术把行驱动电路直接集成制备在显示面板上替代外接行驱动芯片的技术。利用 TFT 将行驱动电路与显示阵列集成至同一基板能降低制造成本、提升显示屏可靠性、缩短屏幕边框。此外，由于替代了刚性行驱动芯片，行驱动集成技术也成为柔性显示与印刷显示关键技术之一。由于基板耐温有限，柔性显示面板的集成电路绑定工艺极为困难，在柔性显示面板上直接集成行驱动电路，能够节省芯片成本并增强柔性显示的可靠性。

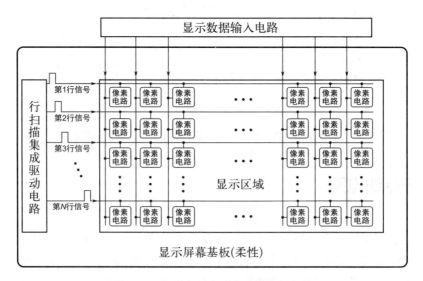

图 8-53　集成有行驱动电路的显示架构

一个典型的行驱动电路可分为三个模块：输入模块、内部处理模块以及输出模块。

输入模块：对上一级行驱动电路的输出信号进行采集存储，并传输至内部处理模块，同时还受到内部处理模块及外部时钟的控制。

内部处理模块：由信号处理单元、反相器单元、反馈单元等组成，负责接收输入模块传输的信号，处理后传输至输出模块并反馈至输入模块，还负责行驱动电路的初始化、复位等功能，是行驱动电路的核心部分。

输出模块：受内部处理模块与外部驱动时钟的控制，输出驱动信号。为保证足够的驱动能力，模块内晶体管尺寸远大于电路中其他晶体管，因此输出模块占据电路的主要面积。

同样地，行集成电路的一次完整的工作时序也可分为三个阶段：输入阶段、输出阶段以及复位阶段。

输入阶段：完成输入信号的采样存储、输出模块初始化等工作。

输出阶段：输出驱动信号，并对电路做复位前准备。

复位阶段：复位电路，等待接收下一次输入信号。

8.5.1 移位寄存器

移位寄存器除了具有存储代码的功能外，还具有移位功能。所谓移位功能，是指寄存器里面存储的代码能在移位脉冲的作用下依次左移或右移，因此，移位寄存器不仅可以实现代码存储和数据运算等功能，还能完成移位脉冲的输出。

图 8-54 是由边沿触发的 D 触发器组成的四位移位寄存器，其中第一个触发器 FF_0 的输入端接收输入信号，其余的每个触发器的输入端均与前一个触发器的 Q 端相连。

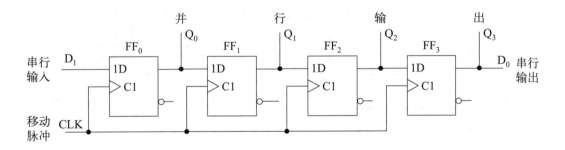

图 8-54　D 触发器组成的四位移位寄存器

因为从 CLK 上升沿到达开始到输出端新状态的建立需要经过一段传输延迟时间，所以当 CLK 的上升沿同时作用于所有的触发器时，它们输入端 D 端的状态还没有改变。于是 FF_1 按 Q_0 原来的状态翻转，FF_2 按 Q_1 原来的状态翻转，FF_3 按 Q_2 原来的状态翻转，同时，加到寄存器输入端 D_1 的代码带入 FF_0，总的效果相当于移位寄存器里原有的代码依次右移了 1 位。

图 8-55 是上述电路输出端在移位过程中的电压波形图。

8.5.2 非晶硅 TFT 行驱动电路

图 8-56 为一种基于 n 型器件的行驱动电路，适用于非晶硅 TFT 或多晶硅 TFT 器件，其中 T3～T6 构成 RS 锁存器单元。该电路结构简单，仅需 6 个 TFT 和 1 个电容，电路占用面积小，易于集成。其工作原理如下：

输入阶段：T6 被 CLK 打开，上一级行驱动电路输出的高电平信号通过 T6 存储至 C1，Q 点电压升高并打开 T3，将 QB 点电压拉低至 VGL。

输出阶段：CLKB 升高时，由于电容耦合效应，Q 点的电压被耦合至更高，使 T1 彻底打开，CLKB 通过 T1 输出驱动信号。QB 点电压保持低电平状态不变。

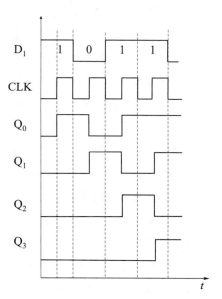

图 8-55 上述电路输出端在移位过程中的电压波形图

复位阶段：T6 再次被打开并释放 C1 中存储的电荷，Q 点电压随之降低，T3 被关闭。QB 由 T4 被充电至高电平并打开 T5，加速 C1 中电荷释放，同时 T2 也被打开，输出回到低电平状态。电路完成复位。

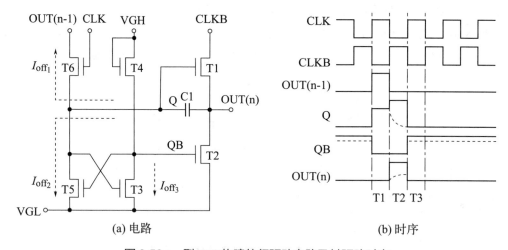

图 8-56 n 型 TFT 构建的行驱动电路及其驱动时序

不过，图 8-56 所示的行驱动电路不适用于氧化物 TFT。因为一般氧化物 TFT 属于积累型器件，在栅源电压为零时 TFT 仍有一定电流流过，不完全关断。由于在电路工作过程中 T3、T5 以及 T6 的栅源极间电压为 0V 时 TFT 仍具备电流流通能力，且正比于 TFT 器件尺寸，因而电路存在 3 条主要的电流泄漏途径。如虚线所示，当 Q 点为高电平时，T5 与 T6 泄漏的电流将拉低 Q 点电压，使 T1 不足以彻底开启而拉低输出摆幅，而 T3 泄漏的电流将进一步降低输出摆幅，弱化电路的驱动能力。此外，电流的泄漏还会增加功率消耗。因此，在设计基于氧化物 TFT 的行驱动电路时需要作一些专门考虑。

8.5.3 非晶氧化物 TFT 行驱动电路

氧化物 TFT 近年来迅猛发展，基于金属氧化物 TFT 的行驱动集成电路也应运而生。图 8-57 为其中一个基于金属氧化物 TFT 的新型行驱动电路。在内部模块中，T1 与 T2 串联构

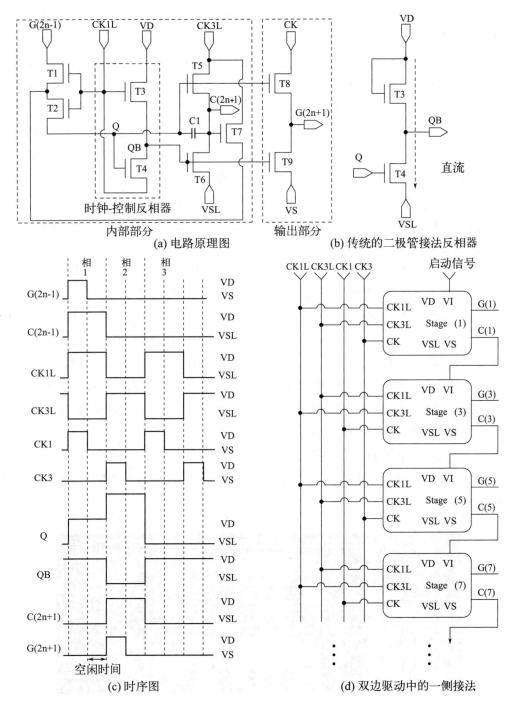

图 8-57 基于金属氧化物 TFT 的行驱动集成电路

成一个 STT（series-connected two-transistors）结构，T7 作为反馈 TFT 连接到 STT 结构内部以切断内部泄漏电流路径。T3 和 T4 组成了新型的时钟控制型反相器，时钟信号 CK1L 同时控制 T3 的栅极和 T4 的源极。输出模块由 T8 和 T9 组成，分别受节点 Q 和 QB 的控制。该时钟控制反相器在输出低电平时 T4 导通、T3 是关闭的，T3 和 T4 之间没有直流电流回路。因而，T4 的尺寸可以设计得比传统二极管反相器中小得多，从而节省电路面积。

该电路可以根据实际需求，于显示屏单侧或者两侧放置，即单边或者双边工作模式。由于双边工作模式更容易实现窄边框，且驱动时钟频率仅为单边工作模式的一半，因此双边工作模式的效率更高，现以双边工作模式进行介绍其工作原理。

输入阶段：输入信号被存储至 C1，Q 点电压升高。需要注意的是 QB 点电压保持为高电平并打开 T6、T9，但由于 CK3L、CK 均为低电平，故输出信号均保持低电平不变。

输出阶段：CK3L 通过 T5 输出移位信号，CK 通过 T8 输出行驱动信号，但行驱动信号的脉宽仅为移位信号的一半。Q 点电压因耦合效应而随 C(2n+1) 升高而升高，T3 由于 CK1L 变低而关闭，T4 保持开启状态不变，QB 点电压变低，关闭 T6 与 T9，维持输出稳定。

复位阶段：CK1L 重新变高并打开 T1、T2，Q 点电压因 C1 电荷被释放而变低，从而关闭 T4。QB 点则被 VD 通过 T3 充电至高电平，打开 T6、T9，电路完成复位。

值得注意的是，相邻的级联行驱动电路，它们的时钟信号的接入顺序是不一致的。我们以图 8-57(d) 为例，Stage (1) 的 CK1L、CK3L 和 CK 与整体时钟信号线的 CK1L、CK3L 和 CK3 一一对应相连，而与之级联的 Stage (3) 的 CK1L、CK3L 和 CK，其对应的时钟信号变成了 CK3L、CK1L 和 CK1，与 Stage (1) 相比整体间隔了一个脉冲周期，而后续的 Stage (5) 和 Stage (7) 又开始前两级的重复接法。究其原因，行驱动电路的时钟信号需要与每一级的级联信号相匹配，当 Stage (3) 的级联信号到来时，与之匹配的时钟信号正好与上一级的时钟信号存在一个确定的脉冲间隔。同时，由于时钟脉冲信号的周期性，对应的时钟信号接法同样会进行周期性重复。

图 8-58 为采用金属氧化物 TFT 集成在玻璃衬底上的行驱动电路显微图。图 8-59 是其实测的输出波形。

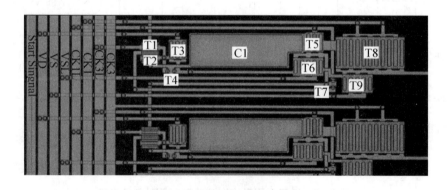

图 8-58　行驱动电路显微图

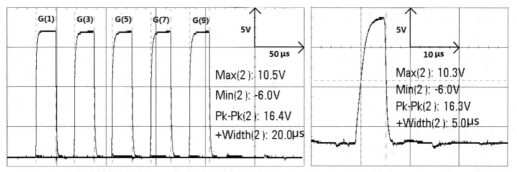

(a) 时钟频率为12.5 kHz的前5级输出波形　　(b) 时钟频率为50 kHz时的第10级输出波形

图 8-59　时钟频率为 12.5kHz 的前 5 级输出波形和时钟频率为 50kHz 时的第 10 级输出波形

为了将基于非晶氧化物 TFT 设计的行驱动电路集成到 AMOLED 显示面板上，需要设计结果简单、低功耗等行驱动电路。图 8-60 展示了满足要求的单级行驱动电路的原理图、时序图和框图。所提出的行驱动电路的一级仅由 7 个晶体管和 2 个电容组成，其构成与以往其他电路相比简单许多。该行驱动电路可工作在双边驱动模式下，在 AMOLED 显示面板两侧集成两列行驱动电路，分别驱动像素阵列的奇数列和偶数列。

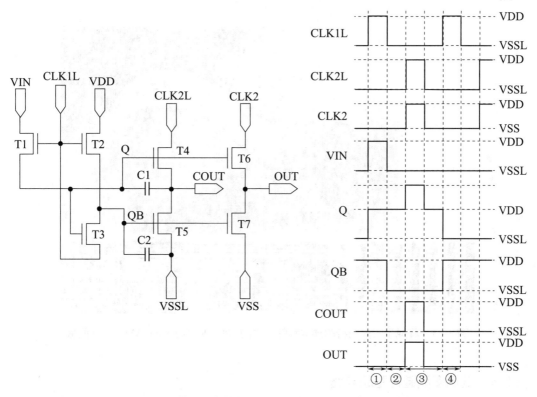

图 8-60　满足要求的单级行驱动电路的原理图、时序图

该行驱动电路的工作过程分为四个阶段。

在初始化阶段①：CLK1L 变为高电平，T1 导通，此时节点 Q 通过 VIN 从 VSSL 充电

到 VDD。但由于 CLK1L 水平较高，节点 QB 仍保持高位。

在维持期②：CLK1L 切换到 VSSL 后，节点 QB 被下拉到 VSSL。

在输出周期③：当 CLK2 和 CLK2L 转 VDD 时，由于 Q 点为高电平，T4 和 T6 打开，输出信号 COUT 和 OUT 均变为高电平。COUT 处电压的突变在 C1 的耦合作用下使得节点 Q 电压一同突变，到达比 VDD 更高的电平，保证 T4 和 T6 完全打开。由于 VSSL 低于 VSS，QB 水平足够低，能够完全关闭 T7。当时钟信号 CLK2 和 CLK2L 切换到低电平时，输出信号 COUT/OUT 随之变化为 VSSL/VSS。

在复位周期④：CLK1L 重新变为高电平，节点 Q/QB 变为 VSSL/VDD，输出节点 COUT 和 OUT 电压电平分别保持 VSSL 和 VSS，完成各信号的复位。

图 8-61 是集成了所提出行驱动电路的柔性的 200（RGB）×600 AMOLED 面板，是在聚酰亚胺（PI）衬底上采用 BCE 结构金属氧化物 TFT 制备集成新型栅极驱动电路的高分辨率柔性 AMOLED 显示屏幕。对应的行驱动电路的显微图如图 8-61 所示。结果表明，由于电路拓扑结构简单，加上 TFT 的 BCE 结构，单个栅极驱动器的电路面积仅为 1310μm×180μm。每个 TFT 的沟道长度为 7μm。假如 TFTs 的沟道长度达到 3μm，集成栅极驱动器的尺寸将从 1310μm × 180μm 减小到 830μm × 126μm，像素尺寸将从 90μm × 90μm 减小到 63μm × 63μm。

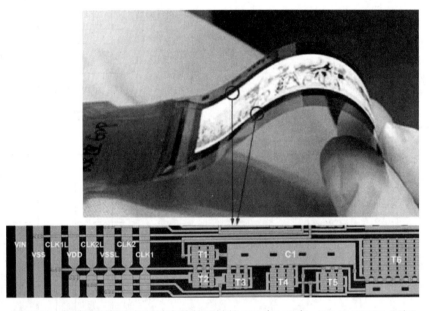

图 8-61　集成了所提出行驱动电路的柔性的 200（RGB）×600 AMOLED 面板

8.5.4　低温多晶硅行驱动电路

类似地，p 型 TFT 器件也能用于构建行驱动电路。p 型 TFT 器件主要指多晶硅器件，在多晶硅技术中，p 型 TFT 相对于 n 型 TFT 具有更好的稳定性。图 8-62 给出一个采用全 p 型 TFT 的行驱动电路及其驱动时序。每极包含 8 个 p 型 TFT。其中，P7 和 P8 作为输出缓冲，P1、P3、P5 和 P6 构成一个反相器，P2 和 P4 作为复位使用。此外，该电路仅需一个控制时钟信号以及两路电源 V_{DD} 与 V_{SS}。驱动时序也很简单，同图 8-56 的 n 型 TFT 行驱动电路相似。需要注意的是该电路的复位由下一级电路控制。

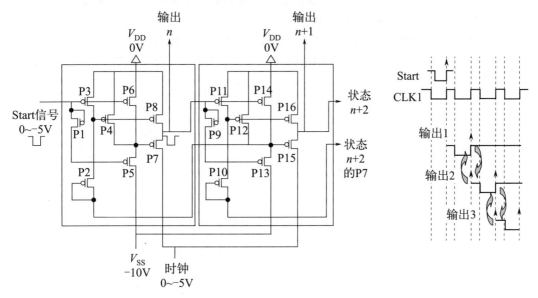

图 8-62　全 p 型 TFT 构建的行驱动电路及其驱动时序

习　题

1. 试计算分辨率为 XGA 的 15″ "TFT LCD" 的 PPI 值。
2. 显示器如何显示颜色？解释 RGB 的色彩模型。
3. 现有红（R）、绿（G）、蓝（B）三个光源，其色坐标各为 R（Y_r, x_r, y_r），G（Y_g, x_g, y_g），B（Y_b, x_b, y_b），其中（x_r, y_r）=（0.67，0.33），（x_g, y_g）=（0.21，0.71），（x_b, y_b）=（0.14，0.08），（Y_r : Y_g : Y_b）=（1 : 0.5 : 0.5），请计算所对应的（x, y）值，并参考 CIE 色度图，说明其对应的颜色。
4. 什么是电容耦合效应？
5. 电容耦合效应对 TFT LCD 显示有什么影响？
6. TFT LCD 有哪些阵列反转方式？
7. a-Si 五道光刻技术中都包含哪些工艺单元？请简单阐述每个工艺单元的基本工艺目的。
8. 4 Mask 光刻工艺与五道光刻不同之处在哪？灰阶曝光的掩模板技术的要点是什么？
9. 试画出 n 型和 p 型的 2T1C AMOLED 驱动电路，并写出电流表达式。
10. 1 个 TFT、1 个电容 C、1 个 OLED 能不能实现有源驱动的 OLED 像素电路？为什么？
11. AMOLED 像素驱动电路工作过程中一般包含哪些阶段？
12. LTPO AMOLED 显示有什么优势？
13. 为什么说阈值电压一次锁存驱动架构具有"存算一体"的技术内涵？
14. 在实际 OLED 显示中也会添加一张偏光片，请简述这张偏光片的作用，以及与液晶显示中偏光片异同。

15. 相比于普通 OLED 器件，柔性 OLED 除了基底选择上的改变，对于其他层还有什么要求？
16. 目前市面上的柔性折叠显示产品分为内折和外折，请简述这两类折叠方法的优缺点。
17. 通过显微镜观察身边常见的显示器，分析其排列方式。
18. 请解释一下什么情况下，Pentile 排布的 AMOLED 显示屏会出现彩边的现象。
19. Delta 排布中子像素的借用方式是什么样的呢？
20. PWM 驱动是什么？Micro-LED 为什么要采用 PWM 驱动？
21. 行驱动电路代替行驱动芯片有什么优势？一个完整的显示驱动架构包括哪些部分？

薄膜晶体管的新应用及未来展望

TFT 的研究伴随着显示技术的发展而进步，可以说早期 TFT 的研究就是为了解决显示技术问题而开展的，随着显示往更高端方向发展，其对 TFT 性能的需求也越来越高，不断有 TFT 新材料、新器件结构和新制备方法被提出。本书第 8 章已对 TFT 在显示领域的应用作了详细介绍。随着研究的不断深入，TFT 应用范围也越来越广，已经从显示拓展到传感、电子皮肤、仿生电子、触觉传感、健康监测传感、人工突触、三维集成电路以及射频识别等领域，部分已经实现规模量产应用。本章介绍 TFT 在显示领域以外的新应用。

9.1 TFT 在传感中的应用

与 TFT 在显示领域的数据写入作用相反，在传感领域，TFT 作为选址和收集单元，将阵列中每一个传感器产生的电压或电流信号读取出来，实现对每一个传感信号的收集。然而，TFT 在传感中的应用不只有选址和收集作用，更重要的是它可以直接用来传感信号，并同时对该信号进行放大。传感器的种类很多，本节将介绍 TFT 在几种新型传感的应用。

9.1.1 生物传感

生物传感器（biosensor），是一种对生物物质敏感并将其浓度转换为电信号进行检测的仪器，是由固定化的生物敏感材料（包括酶、抗体、抗原、微生物、细胞、组织、核酸等生物活性物质）作识别元件、适当的理化换能器（如氧电极、光敏管、场效应管、压电晶体等）及信号放大装置构成的分析工具或系统。TFT 生物传感的结构和原理如图 9-1 所示。利用 TFT 沟道或电极表面的生物功能化修饰，可实现特异性识别生物分子。生物分子与 TFT 表面相互作用，通过电信号变化反映生物分子浓度，实现高灵敏检测。TFT 具有放大和开关作用，可提升传感器灵敏度和准确性。TFT 生物传感器可用于检测人体中离子(Na^+、K^+、Ca^+、NH_4^+ 等）、生物小分子（葡萄糖、乳酸、抗坏血酸、多巴胺和肾上腺素等）、蛋白质、RNA 以及 DNA 等。TFT 结构设计需考虑与生物分子的兼容性，确保稳定、可靠的检测结果。性能优化包括提高晶体管的电子迁移率、降低噪声等，以提升生物传感器性能。

图 9-1　TFT 生物传感的结构和原理

TFT 生物传感器具有如下优势：①高灵敏度，TFT 生物传感器具有高灵敏度，能够检测到微小的生物分子变化，使得对生物物质的检测更加精确和可靠；②实时监测，TFT 生物传感器能够实现实时监测，可以快速地获取生物分子相互作用的信息，为生物医学研究提供了有力的工具；③小型化，TFT 生物传感器具有小型化的优势，可以集成到微型生物芯片中，为便携式生物传感器的发展提供了可能。

TFT 生物传感器按照工作原理可以分为电化学式生物传感器和光学式生物传感器。电化学式生物传感器是通过电化学反应来转换和放大生物信号，主要用于检测生物分子或细胞的数量和活性。光学式生物传感器是利用光学原理，通过生物分子与光信号的相互作用来进行检测，具有高灵敏度和高分辨率。

TFT 生物传感器按照生物识别单元可以分为酶生物传感器和免疫生物传感器。酶生物传感器是利用酶作为生物识别单元，对特定的底物进行催化反应，将化学信号转换为电信号。免疫生物传感器是利用抗原-抗体反应进行特异性识别，用于检测生物分子、蛋白质、细胞等。

TFT 生物传感器可以用于：医疗诊断、环境监测、食品安全、生物制药、农业监测、生物防御等领域。在医疗诊断领域，TFT 生物传感器用于疾病诊断、生物标志物检测等，为疾病早期诊断提供重要依据，有望在未来实现便携式医疗诊断设备的发展。在环境监测领域，TFT 生物传感器用于检测污染物、毒素、微生物等，评估环境质量；通过实时监测，TFT 生物传感器能够为环境保护和污染治理提供重要数据支持。在食品安全领域，TFT 生物传感器可用于检测食品中的有害物质，如毒素、病原微生物等；通过快速准确的检测，保障食品质量安全，为消费者提供安全可靠的食品；随着人们对食品安全问题的关注加深，TFT 生物传感器在食品安全检测领域的应用将会越来越广泛。在生物制药领域，TFT 生物传感器可用于监测生物制药过程中的生物反应，提高生产效率；通过实时监测生物反应过程中的物质变化，为药物研发和优化提供重要数据依据。在农业监测领域，TFT 生物传感器可用于检测土壤中的营养物质和有害物质，为精准农业提供数据支持；通过实时监测农作物生长环境中的物质变化，提高农作物产量和品质。在生物防御领域，TFT 生物传感器可用于检测生物战剂和毒素等有害物质，为生物防御提供重要技术手段；通过实时监测，及时发现和预警生物威胁，保障国家和公共安全；随着国际安全形势的复杂变化，TFT 生物传感器在生物防御领域的应用将会越来越受到重视。

虽然 TFT 生物传感发展迅速，但依然面临如下挑战：①特异性问题，TFT 生物传感器可能会受到非特异性吸附的干扰，导致检测结果的准确性受到影响；②稳定性问题，TFT 生物传感器的稳定性有待提高，长期使用可能会出现性能下降的情况；③成本问题，TFT 生物传感器的制造和使用成本相对较高，限制了其在广泛应用领域的推广。随着科技的不断进步，生物传感器中的 TFT 技术将会得到更多的研发和技术创新，以提高传感器的性能和稳定性。新材料和新工艺的应用将会推动 TFT 技术的飞跃发展，为生物传感器的应用拓展更广阔的领域。未来研究将更加注重 TFT 与生物分子之间的相互作用机制，以提高生物传感器的特异性和灵敏度。

9.1.2 气体液体传感

TFT 气体（或液体）传感器能将气体（或液体）种类和浓度信息等转化为电信号，从而进行检测、分析、监控等。其工作原理是器件表面沉积敏感薄膜即半导体层，当气体与半导体敏感薄膜接触时会影响 TFT 沟道的载流子浓度，进而改变器件的漏极电流。从本质上说，气体和液体传感器工作原理相似，本节主要介绍气体传感器。TFT 气体传感器相较于传统气体传感器具有很多独特的优势，如尺寸小、成本低、制备工艺简单、多参数检测、便于集成等，因而吸引了国内外研究人员的广泛关注。

从工作原理上分类，TFT 气体传感器主要有三类：第一类是栅极敏感 TFT，第二类是栅绝缘层敏感 TFT，第三类是半导体敏感 TFT。栅极敏感 TFT 主要是利用吸附气体和栅极的电荷交换来改变栅极电势，从而调控漏极电流。例如栅极 Pt 与一些气体（如 H_2、H_2S、NH_3、NO、NO_2、CO、农药残留物）等能交换电子，如图 9-2 所示。栅绝缘层敏感 TFT 主要是利用气体离子在栅绝缘层中移动形成双电层或离子位移电容。例如：La_2O_3 能检测 CO_2、TiO_2 能检测 CO。半导体敏感 TFT 是利用吸附气体和半导体的电荷交换来改变半导体的电导率，从而调控漏极电流。例如：氧化物半导体（如 IGZO 能检测 O_3、水汽等）。

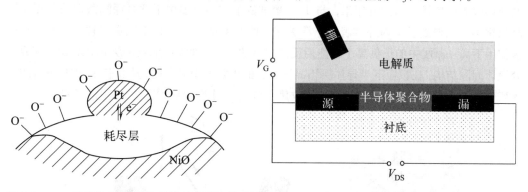

图 9-2　TFT 电极与吸附气体分子的电荷交换原理　　　图 9-3　电化学晶体管的结构

在液体传感方面，常用的是电化学晶体管（ECT）结构，如图 9-3 所示，通常由沟道层、电解质层、源极、漏极、栅极组成。ECT 的沟道层通常采用可渗透的半导体聚合物，如聚苯胺、聚吡咯、聚咔唑及 PEDOT 等。电解质位于栅极和沟道层之间，通常由离子溶液组成。ECT 是通过栅压控制电解质中的离子渗入/脱出半导体沟道来调控沟道电流。由于沟道半导体材料的渗透性，栅极对沟道的调节范围不仅限于界面处，而是整个沟道半导体与电解质溶液相互作用，整体的电导率均会产生变化。ECT 中参与电流调控的电容由沟道材料的体积电容决定，比平面电容大若干个数量级。因此在相同的栅压下，ECT 能在沟道中诱导出更多的电荷，从而在较低的栅压下即可实现对沟道电流的大幅调节。这一特点使 ECT 能够用于以水溶液为介质的生物传感，避免高电压使水/生物分子产生不必要的氧化还原反应。ECT 器件的内部电路可分为电子电路和离子电路两部分。电子电路描述了半导体沟道中的电子电流（电子或空穴）的行为，可将沟道层视为一个可变电阻；离子电路描述了栅极-电解质-沟道层结构中的离子电流（阳离子或阴离子）的行为，由沟道层电容（CCH）、电解质电阻（RE）和栅极电容（CG）串联而成。其中，电子、空穴在沟道中的移动方式与 TFT 相同，而离子在 ECT 电路中的行为类似一种电容过程：在栅压的驱动下，离子注入通道，静电补偿沟道中存在的相反电荷，但不与沟道半导体交换电荷，因此在 ECT 的工作过程中沟道半导体和电解质之间并没有发生电化学反应。

9.1.3 触觉传感

触觉传感器是将机械信号转化成电路系统可处理的电信号，用于机器人中模仿触觉功能的传感器。触觉是人与外界环境直接接触时的重要感觉功能，研制满足要求的触觉传感器是机器人发展中的技术关键之一。随着微电子技术的发展和各种有机材料的出现，已经提出了多种多样的触觉传感器的研制方案。触觉传感器按功能大致可分为接触觉传感器、力-力矩觉传感器、压觉传感器和滑觉传感器等，有时候还包括温度传感器（类皮肤）等。触觉传感在人工智能、生物医学、仿生机器人等领域具有广阔的应用前景。

精准的触觉传感不但能感知压力的大小，还能感受压力位置分布，因此，触觉传感一般需组成阵列才能实现类人触觉。TFT 是实现触觉传感选址和信号读取功能必不可少的元器件。其原理是将压电传感器微弱的电荷信号作为 TFT 的栅控信号，在 TFT 的源漏电极之间获得较大的电流信号。近年来，与 TFT 集成的触觉传感器由于适合探测微弱信号和易于阵列化等优点得到了国内外学者的广泛关注。图 9-4 展示一种 TFT 触觉传感的结构，在栅极作用下离子凝胶中的正负离子会往相反方向运动，在界面处形成双电层 EDL；如果在界面处设计间隙结构，在按压下半导体层和离子凝胶的接触面积会变化，从而造成 EDL 电容的巨大变化，进而影响到半导体层的载流子数量，体现为漏极电流随压力的变化而变化。

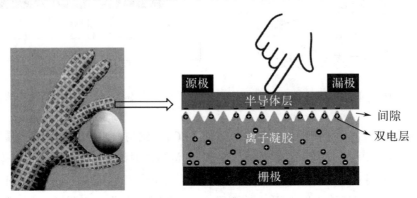

图 9-4　TFT 触觉传感的结构

9.2 人工突触及类脑计算

TFT 器件工作原理与人脑神经单元极其相似,如图 9-5 所示。受人脑神经单元的启发,基于 TFT 单元的人工突触由于其低功耗、响应速度快等优点,越来越受到研究者的青睐。与传统的冯·诺依曼计算机系统相比,人工神经网络可以模仿人脑神经元的基本功能,以分布式、并行式以及事件驱动的方式进行高效的数据处理,是突破冯·诺伊曼瓶颈,实现新一代人工智能计算机的重要手段。人工突触器件是神经形态计算系统的核心硬件之一。使用电子突触和神经元的神经形态计算系统可以克服当今计算架构的能量和吞吐量限制,能够模拟生物突触的短期和长期可塑性学习规则。相比于电子突触器件,光子突触器件借助光信号驱动实现突触功能,具有快速、高带宽、低串扰、低功耗等优点。更重要的是,光子突触器件直接对光信号进行响应和处理,可直接处理视觉、图像信息,因此可以用来模拟人类视网膜的功能。如果与其他神经元器件结合可以构成视觉神经网络,实现人工模拟的神经形态视觉系统。因此,开发新型"感存算一体化"的高性能光子突触器件对实现基于光子神经网络的人工智能系统具有重要意义。

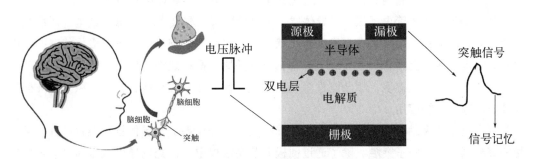

图 9-5 人脑神经单元、突触以及人工突触晶体管

突触晶体管的结构和传统的晶体管结构相同,通常是由半导体层、介质层和源/漏/栅极组成三端器件。栅极和半导体层通常被视为突触前端和后端;半导体层的电导(突触信号)可以通过栅极电压调节,称为突触权重。相比忆阻器等两端器件,突触晶体管拥有额外的一个电极,可以更有效地实现生物逻辑的突触仿真,提供更多的突触功能和应用。根据工作原理,突触晶体管可以大致分为浮栅型(floating-gate)突触晶体管、电解质型(electrolyte)突触晶体管、铁电型(ferroelectric)突触晶体管和光电型(optoelectronic)突触晶体管,如图 9-6 所示。

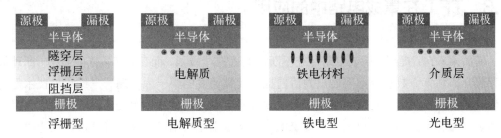

图 9-6 突触晶体管的结构分类

浮栅型突触晶体管由栅极、电荷阻挡层、浮栅电极、电荷隧穿层、半导体层和源/漏电极组成。当施加栅极电压时，电荷很容易以热激发或量子隧穿的形式注入浮栅层，并由于电荷阻挡层和电荷隧穿层的存在而存储在浮栅层中。栅极的脉冲电压可以有效地调制被困在浮栅层中的电荷的数量而实现阈值电压的调节，从而改变半导体层的电导，实现对突触权重的调制。浮栅型晶体管具有以下优点：①电荷存储容量大；②电学性能稳定；③半导体层沟道电导容易调节；④开关比大。然而，较大的工作电压在很大程度上限制了它的发展；浮栅型晶体管通常采用金属层和有机导电层作为浮栅层，这也导致了泄漏电流较大，电荷存储能力较差。

电解质型突触晶体管由源极、漏极、电解质型介质层、半导体层和栅极组成。电解质型突触晶体管利用电解质型介电层中的离子调节半导体层的电导，实现突触权重调制。根据工作原理，电解质型突触晶体管可以分为两种——静电调制和电化学掺杂，分别对应为双电层突触晶体管和电化学突触晶体管。对于双电层突触晶体管，在外加电场作用下，介电层中的离子在半导体和介电层之间的界面处移动和聚集，形成周围具有高电容的双电层；双电层通过调控影响栅极施加的电场来调节半导体的电导。对于电化学突触晶体管，介质层中的离子可以渗透到半导体层中，通过掺杂的方式调节半导体层的电导。

铁电场效应晶体管由栅极、半导体层、铁电介质层、源极/漏极组成，铁电介质层是实现突触功能的关键，需要具有自发的极化状态，并可以通过栅极电压改变极化状态的铁电材料。铁电场效应晶体管具有多级电导率、高开关比、高稳定性、低功耗等优点。然而，高的工作电压和结晶温度，以及刚性等特点限制了铁电场效应晶体管在大面积突触阵列和柔性器件等方面的应用。

以上是电子突触晶体管的重要代表。除此之外，光电型突触晶体管代表着另外一种类型的突触器件——光子突触。除了通过栅极调节突触权重外，光诱导可以作为调节半导体电导的另一种有效方法。光可以赋予突触器件诸多优势，比如具有高带宽、低互连延迟、能量损耗和超快信号传输等优点，因此，具有光电同步功能的光电型突触晶体管已成为突触器件的热门研究方向之一。光电型突触晶体管的工作机理主要可以归功于捕获光生载流子。当光到达半导体层和介质层之间的界面，成对的光生电子-空穴在界面上分开，一些电子或空穴会被困在界面或介电层中，从而产生光子记忆效应。此外，此类器件需要足够的负栅极电压脉冲来完全消除记忆效应。虽然光电型突触晶体管可以通过光来控制半导体电导，但采用全光信号来调节突触权重和消除光子记忆效应仍然是一个重大的挑战。

9.3 TFT 在集成电路中的应用

前面第 6.5 节提到，集成电路已经不断地逼近物理极限。而在冯·诺依曼架构（即计算和存储分离）下，数据存取问题成为目前提升计算速度的第一大难题。三维集成技术是克服传统器件尺度限制、延续摩尔定律的重要技术手段之一，通过单元器件的层层堆叠可以持续地增加芯片内晶体管数量。与传统的二维技术相比，单片三维集成技术可以通过减小布线长度来显著地提高芯片的性能并大幅降低功耗及成本。

9.3.1 非易失性存储

在存储器设备中，选通晶体管和非易失性存储（NVM）单元器件是最基本的单元器件。目前商业应用存储器仍是以电荷捕获型存储器（CTM）以及浮栅型存储器（FGM）为主的非易失性存储单元器件，前者因为更适用于现在的三维闪存（3DNAND）集成技术，所以近年来得到了科研人员的广泛关注与研究。但随着可穿戴设备的迅速发展，寻找适用于这些电子产品的存储器也越来越重要。近年，基于 TFT 的非易失性存储器（TFT-NVM）也得到了长足的发展。Yang 等提出了编程速度增强的氧化物 TFT 存储器，开发了一种基于 IZTO 背沟道蚀刻的 TFT 非易失性存储晶体管，在栅绝缘层之间插入 IGZO 电荷存储层。通过双栅极（DG）和体接触（BC）存储器结构来提高存储器擦除速度。由于第二栅极绝缘体中的大电压降，DG 存储器没有显示出足够的改善。而 BC 存储器可以直接控制背沟道电位，这将显著提高存储器编程/擦除速度。Zhang 等研究了一种结构与 TFT 完全相同的新型电荷捕获非易失性存储器。与传统的具有用于电荷存储的块层/电荷捕获层/隧道层堆叠的 NVM 不同，这种 NVM 使用背沟道处的金属羟基（M-OH）缺陷来进行电荷存储，其通过 IGZO 与水分的反应而形成，并充当受体样的深能级陷阱。通过不同热处理制备具有不同 M-OH 含量的器件。具有高 M-OH 含量的器件在大存储器窗口、高编程/擦除速度和良好的数据保持率（10 年后保持率为 78.9%）方面显示出良好的 NVM 性能；具有低 M-OH 含量的器件在小的亚阈值摆幅、高载流子迁移率和良好的电稳定性方面表现出良好的 TFT 特性。由于 NVM 和 TFT 具有相同的结构，这两种器件可以同时制备，并结合额外的处理来调节背沟道处的 M-OH 含量，从而有助于系统型面板的开发。Choi 等制作并分析了平面 IGZO-TFT 和纳米级相变存储器（PcRAM）作为有源选择器和电阻开关存储器。在确认了它们的相容性后，将原子层沉积的 $Ge_2Sb_2Te_5$（GST225）膜与 IGZO TFT 相结合，制备了 1-T-1-PcRAM 并联电路。通过串号模拟，以识别基于单个设备数据的阵列操作。结果证明了并行 IGZO-TFT/GTS225-PcRAM 作为下一代非易失性存储器的可用性。总之，TFT 非易失性存储器具有高可扩展性、低功耗和高速操作等不可取代的优点。

9.3.2 易失性存储

易失性存储器（VM）的代表是动态随机存取存储器（DRAM），它在不被访问时很难降低功耗，这是一个主要的缺点。氧化物 TFT 具有相当低的关态电流，因此，氧化物 TFT 可以将电荷长期存储在与这些晶体管相连的电容器上，这适用于 DRAM 单元晶体管。

Yamazaki 等报道了基于 CAAC-IGZO 的 DRAM。该存储器的外围电路由硅场效应管等组成，1T1C 存储单元的 1T 使用 TFT，如图 9-7（a）所示。氧化物 TFT 堆叠在硅场效应晶体管上，以减少每比特线上的单元数，最小化每比特线上的负载并降低电容。DRAM 使用氧化物 TFT 使存储单元实现较低的 I_{off}，允许数据以比使用 Si 存储单元的 DRAM 更小的电容长时间存储。当基于 IGZO 的 DRAM 和氧化物 TFT 与 CPU 结合时，总功耗可以大大降低。

无电容 DRAM 是目前研究的热点，因为现有 DRAM 器件中的存储电容可能会限制

DRAM 的可扩展性。中国科学院微电子所开发出基于高性能双栅 IGZO 晶体管的新型双栅结构 2T0C-DRAM。器件层面上，通过微缩栅介质等效氧化层厚度和半导体厚度来提高器件的栅控能力，并进一步优化金属半导体接触，实现性能优异的双栅 IGZO 短沟道 TFT；电路层面上，提出双栅 2T0C-DRAM 新结构，基于栅端控制读写的优势，这种双栅 2T0C-DRAM 的读写更具灵活性，读写可共享一条位线，如图 9-7(b) 所示。实验制备的双栅 2T0C-DRAM 能够实现大于 300s 的保持时间、大于 100 的读"1"与读"0"电流开关比。

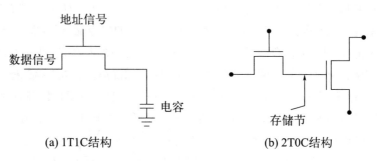

图 9-7　DRAM 的 1T1C 和 2T0C 电路结构

目前已有将 IGZO 应用于速度要求最快的 SRAM 的相关研究。虽然 IGZO 的迁移率比 Si 小，形成 p 沟道 FET 比较困难，但与传统的 SRAM 相比，IGZO 的尺寸面积可以大幅减小。混合逆变器可以由 p 沟道多晶硅和 n 沟道非晶 IGZO 晶体管构成。Chang 等展示了具有 n 型 IGZO 和 p 型多晶硅通道的 CMOS 逆变器和 6T-SRAM。p 沟道 TFT 采用多晶硅来克服与 p 型 Si 晶体管的电流差异，可实现 SRAM 的静态噪声容限（～628mV）。这一发现很重要，因为 Si 和 IGZO 晶体管可以同时制造，尽管存在制造温度匹配、杂质处理以及污染防护等方面的挑战。

9.4　TFT 在光电探测中的应用

在当今信息化时代，光电子器件占据了越来越重要的地位。在光电子器件中，将光信号转换成电信号的探测器称为光电探测器（photodetector，PD），其在光探测、成像等领域具有广泛的应用。目前，光电探测器已经被广泛应用于军用和民用的各个场景。在通信中，光电探测器被广泛应用于光纤通信系统中；它将光信号转化为电信号，并通过电路将其放大、解调和处理，最终实现信息的传递。在安防领域，光电探测器被广泛应用于红外感应器中，用于感知人体的红外辐射；其工作原理是当有人体靠近时，人体发出的红外辐射会被光电探测器接收到，并转化为电信号，通过电路处理后触发报警装置。在医疗领域，光电探测器被广泛应用于医学成像设备中，如 X 光检测、CT 扫描仪、光学显微镜等；其工作原理是将医学设备中产生的光信号转化为电信号，通过电路放大和处理，形成清晰的影像。在科学研究领域，光电探测器被广泛应用于光谱仪、天文望远镜、激光测量仪器等设备中。

根据探测波段划分，光电探测器可分为紫外光电探测器、可见光电探测器以及红外光电探测器等，不同波段的探测器具有不同的应用场景，比如：可见光波段和近红外波段的探测器常被用于可见光成像和工业自动控制系统；红外波段探测器在军用和民用领域都有充分的应用，在军用领域常被用于导弹制导，在民用领域则常被用于红外热成像和遥感等；紫外波段的探测器主要被用于工业灭菌、保密通信、火焰预警、生化检测等。总的来说，光电探测器在众多军用和民用领域都有重要的应用，因此，研究光电探测器，提高其探测性能，对于扩展其应用范围有很重要的意义。由于材料自身性质的不同，部分材料的探测器具有宽波段的光响应，可以探测多个波段的光，但同时也失去了针对特定波长信号的选择探测能力。因此，应根据实际应用场景，研究相应种类的探测材料、器件结构及制备方法，以实现最佳光电探测性能。

光电晶体管是一种三端型光探测器，最常见的三端型光探测器就是 TFT。与两端型光探测器相比，其沟道载流子密度可以通过栅压和入射光子进行有效调制，从而结合了晶体管和光电导的复合增益效应，进而对光生电流进行放大，实现超灵敏的光响应性能。在光电晶体管中，氧化物半导体和钙钛矿分别承担沟道材料和吸光材料的角色。氧化物半导体凭借高迁移率、低加工温度以及与现代工业制造良好的兼容性而被公认为是优异的新一代高性能沟道材料。钙钛矿则具有高效的光吸收特性、高量子产率以及杰出的光学可调性。钙钛矿材料及其光电子器件与发展良好的 TFT 背板的单片集成正在显示器和图像传感器中开展新的应用。

氧化物半导体（如 Ga_2O_3、ZnO 等）具有带隙宽、易于制备、易于掺杂、暗电流低等特点，在光电探测领域特别是紫外光探测领域的应用受到越来越多的关注。其中以 Ga_2O_3 为代表的宽带隙氧化物半导体的带隙在 4.5eV 以上，适合紫外光电探测。使用 Ga_2O_3 作为光敏材料，其只能吸收紫外光，不能吸收可见光，这样就不会受到可见光的干扰。

图 9-8 展示出了 Ga_2O_3 TFT 紫外探测器的结构示意图及栅压对光电流和光暗电流比的调制作用，可以看出探测器的光电流随着栅压的提高而增大，光暗电流比在栅压为 5V 时达到最大值。这说明了 TFT 在光电探测器中应用的优势。

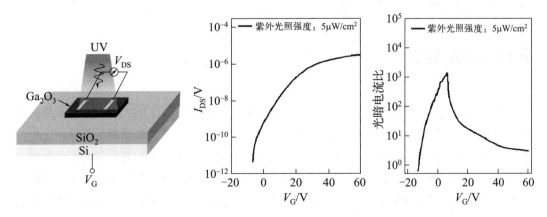

图 9-8　Ga_2O_3 TFT 紫外探测器的结构及栅压对光电流和光暗电流比的调制作用

9.5 TFT 在超声波指纹识别中的应用

随着市场需求的变化，智能终端产品不断升级，指纹识别技术也在不断更新迭代。迄今为止，在智能终端上应用的指纹识别技术主要分为三代，分别是电容式半导体指纹识别技术、光学式半导体指纹识别技术和超声波半导体指纹识别技术，广泛应用在各类市场领域，例如我国第二代身份证认证、银行智能柜员机、智能手机等。如图 9-9 所示分别是三种器件结构原理示意图。

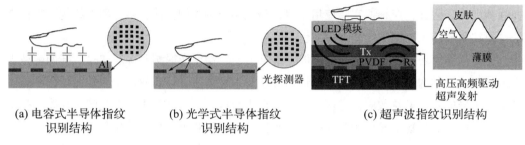

(a) 电容式半导体指纹识别结构　　(b) 光学式半导体指纹识别结构　　(c) 超声波指纹识别结构

图 9-9　电容式半导体指纹识别结构、光学式半导体指纹识别结构与超声波指纹识别结构

超声波指纹识别技术的优势是超声波可以穿过表皮层到手指内部的真皮层、血管等，获取真皮层生理信息，进行活体和 3D 指纹检测，因此被破解的难度更大，用于个人身份识别更安全。超声波指纹识别主要应用在智能终端、智能安防等产品中。如图 9-9(c) 所示是该技术的典型结构，由超声波发射层 (Tx)、超声波检测层 (Rx)、TFT 阵列电路组成。PVDF 压电薄膜用作超声波发射和超声波检测，TFT 用作传感器。该技术主要利用了手指纹路在传感器表面形成不同界面。当超声波到达该界面时候，由于界面介质的声阻抗不同导致超声波在界面处的回波能量不同。通过超声波传感器检测回波能量差异所产生的不同电信号，实现指纹脊线和谷线信息的检测。通过多次回波信号的提取分析，得到真皮层的信息，可以进行活体判定和真皮生理特征的提取，实现 3D 指纹检测。因此，超声波指纹识别技术在安全性、经济性和工程化等方面具有优势。

9.6 未来展望

从 1962 年韦默制备出第一个真正意义上的 TFT 开始，TFT 已经经历了 60 多年的发展，TFT 半导体材料越来越多，器件结构及制备方法越来越丰富，性能越来越好，应用范围也越来越广。如今，TFT 已经成为非常重要的元器件，TFT 的应用充斥着人们生活的方方面面。然而，到目前为止，仍然没有一种 TFT，其性能能满足所有应用的需求；即便针对某一方面的应用（如显示领域的应用），当前最高性能的 TFT 也难以满足未来显示发展需求。所以整个 TFT 技术的发展过程就是一个提高—妥协—应用—再提高的过程，TFT 技术的未来发展趋势首先还是要提高其性能，然后不断拓展新应用。

在 TFT 性能方面，迁移率是一个永恒的主题，如果 TFT 的迁移率能达到单晶硅的水平 [$>1000\text{cm}^2/(\text{V}\cdot\text{s})$]，那么很多应用问题都会迎刃而解。虽然在理论上，有些材料的迁移率超过了 $1000\text{cm}^2/(\text{V}\cdot\text{s})$ 甚至 $10000\text{cm}^2/(\text{V}\cdot\text{s})$（如石墨烯等），但实际制备出来的 TFT 迁移率却远低于这个数，甚至不到 $10\text{cm}^2/(\text{V}\cdot\text{s})$。因为 TFT 是一个系统工程，它包含有多层薄膜、多个界面，所以必须使每一个环节都完美才能达到或接近迁移率的理论极限，目前的技术只能解决部分问题，还不能在广泛范围内实现突破。稳定性是 TFT 面临的另一个重要问题，从本质上讲，稳定性和迁移率一样，都受到缺陷的影响，包括材料的本征缺陷和界面缺陷等。因此，控制缺陷对解决稳定性问题也至关重要。

在 TFT 材料开发方面，目前新型 TFT 半导体材料层出不穷，无论是有机半导体还是无机半导体，其队伍都在不断地壮大。在有机半导体方面，其材料丰富性和多变性使其设计灵活多样，可溶液加工性、生物相容性和可实现本征可拉伸性是有机半导体未来优势所在。无机半导体的能带特性使其易于掺杂和实现离域传输。随着材料（或薄膜）制备水平的提高，大量新型的无机化合物半导体被开发出来，对这些材料进行一元或多元掺杂可以显著改变其特性，进一步丰富了无机半导体的种类。另外无机材料的结构也丰富多样，相同成分、不同结构的无机半导体性能差异巨大。目前，无机半导体还是电子产品的主流半导体材料。无机半导体材料的低维化是未来发展的一个重要方向，零维量子点、一维纳米管、二维半导体、低维钙钛矿等都是无机半导体研究的重要方向。

在 TFT 应用方面，多功能化是其应用的未来趋势之一，未来的应用不仅需要 TFT 具有优异的电学性能，还需要突出的光学、力学、磁学等性能；不仅能实现信号写入和读取功能，还能感受光照、温度、压力、应变、外部气体、生物分子等；TFT 的磁学特性的研究相对较少，是未来需要开发的重要方向，有可能应用于量子计算及存储方向。此外，高度集成化、运算高效化及低功耗化是其应用的另一重要趋势，TFT 在三维集成电路的应用是未来进一步突破摩尔定律的重要手段；TFT 在人工突触、存算一体的类脑计算中的应用是未来人工智能实现高效存算、大幅降低功耗的主要方向。

总之，TFT 的性能不断提高，应用范围越来越广，重要性越来越高。TFT 的研究已经成为半导体器件领域非常重要的研究方向之一，未来 TFT 性能要实现终极突破，不但需要开发新型的半导体材料，还需要在匹配器件结构及制备方法方面进行原子尺度的精准控制。TFT 的应用目前只开发了一小部分，未来还会有更多的应用场景被开发出来，还有大量的工作要做。

习 题

1. 除显示外，TFT 主要应用领域包括哪些？
2. 简单描述电化学晶体管的工作原理。
3. 突触晶体管的主要结构有哪些？请简单说明其工作原理。
4. 从工作原理上分类，TFT 气体传感器主要有哪三类？
5. 画出 1T1C 和 2T0C 的 DRAM 的电路结构图，并简述其工作原理。
6. 光电晶体管探测器与光电二极管探测器相比有哪些优势？

参考文献

[1] Edgar L J. Device for controlling electric current:US 1900018[P].1933-03-07.

[2] Heil O. Improvements in or relating to electrical amplifiers and other control arrangements and devices[J]. British Patent, 1935, 439(457): 10-14.

[3] Bardeen J, Brattain W H. The transistor, a semi-conductor triode[J]. Physical Review, 1948, 74(2): 230.

[4] Shockley W. The Theory of p-n junctions in semiconductors and p-n junction transistors[J]. Bell System Technical Journal, 1949, 28(3): 435-489.

[5] Shockley W. A unipolar" field-effect" transistor[J]. Proceedings of the IRE, 1952, 40(11): 1365-1376.

[6] Atalla J. Semiconductor devices having dielectric coatings:US 3206670[P]. 1960-03-08.

[7] Kahng D. Electric field controlled semiconductor device:US 3102230[P].1960-05-31.

[8] Weimer P K. The TFT a new thin-film transistor[J]. Proceedings of the IRE, 1962, 50(6): 1462-1469.

[9] Lechner B J, Marlowe F J, Nester E O, et al. Liquid crystal matrix displays[J]. Proceedings of the IEEE, 1971, 59(11): 1566-1579.

[10] Brody T P, Asars J A, Dixon G D. A 6× 6 inch 20 lines-per-inch liquid-crystal display panel[J]. IEEE Transactions on Electron Devices, 1973, 20(11): 995-1001.

[11] le Comber P G, Spear W E, Ghaith A. Amorphous-silicon field-effect device and possible application[J]. Electronics Letters, 1979, 15(6): 179-181.

[12] Sussmann R S, Harris A J, Ogden R. Laser annealing of glow discharge amorphous silicon[J]. Journal of Non-Crystalline Solids, 1980, 35: 249-254.

[13] Sameshima T, Usui S, Sekiya M. XeCl excimer laser annealing used in the fabrication of poly-Si TFT's[J]. IEEE Electron Device Letters, 1986, 7(5): 276-278.

[14] Uchikoga S, Ibaraki N. Low temperature poly-Si TFT-LCD by excimer laser anneal[J]. Thin Solid Films, 2001, 383(1/2): 19-24.

[15] Ebisawa F, Kurokawa T, Nara S. Electrical properties of polyacetylene/polysiloxane interface[J]. Journal of Applied Physics, 1983, 54(6): 3255-3259.

[16] Tsumura A, Koezuka H, Ando T. Macromolecular electronic device: field‐effect transistor with a polythiophene thin film[J]. Applied Physics Letters, 1986, 49(18): 1210-1212.

[17] Garnier F, Hajlaoui R, Yassar A, et al. All-polymer field-effect transistor realized by printing techniques[J]. Science, 1994, 265(5179): 1684-1686.

[18] Haddon R C, Perel A S, Morris R C, et al. C_{60} thin film transistors[J]. Applied Physics Letters, 1995, 67(1): 121-123.

[19] Lin Y Y, Gundlach D J, Nelson S F, et al. Stacked pentacene layer organic thin-film transistors with improved characteristics[J]. IEEE Electron Device Letters, 1997, 18(12): 606-608.

[20] Jurchescu O D, Popinciuc M, van Wees B J, et al. Interface-controlled, high-mobility organic transistors[J]. Advanced Materials, 2007, 19: 688-692.

[21] Xue G, Wu J, Fan C, et al. Boosting the electron mobility of solution-grown organic single crystals via reducing the amount of polar solvent residues[J]. Materials Horizons, 2016, 3(2): 119-123.

[22] Wang W, Jiang Y, Zhong D, et al. Neuromorphic sensorimotor loop embodied by monolithically integrated, low-voltage, soft e-skin[J]. Science, 2023, 380(6646): 735-742.

[23] Klasens H A, Koelmans H. A tin oxide field-effect transistor[J]. Solid State Electronics, 1964, 7(9): 701-702.

[24] Nomura K, Ohta H, Ueda K, et al. Thin-film transistor fabricated in single-crystalline transparent oxide semiconductor[J]. Science, 2003, 300(5623): 1269-1272.

[25] Nomura K, Ohta H, Takagi A, et al. Room-temperature fabrication of transparent flexible thin-film transistors using amorphous oxide semiconductors[J]. Nature, 2004, 432(7016): 488-492.

[26] Zamzami M A, Rabbani G, Ahmad A, et al. Fabrication and characterization of field effect transistor based on single walled carbon nanotubes[J]. Journal of King Saud University-Science, 2022, 34(6): 102137.

[27] Dürkop T, Getty S A, Cobas E, et al. Extraordinary mobility in semiconducting carbon nanotubes[J]. Nano Letters, 2004, 4(1): 35-39.

[28] Sano E, Tanaka T. A simple drain current model for single-walled carbon nanotube network thin-film transistors[J]. Journal of Applied Physics, 2014, 115(15): 154507.

[29] Iijima S. Helical microtubules of graphitic carbon[J]. Nature, 1991, 354(6348): 56-58.

[30] Iijima S, Ichihashi T. Single-shell carbon nanotubes of 1-nm diameter[J]. Nature, 1993, 363(6430): 603-605.

[31] Tans S J, Verschueren A R M, Dekker C. Room-temperature transistor based on a single carbon nanotube[J]. Nature, 1998, 393(6680): 49-52.

[32] Javey A, Guo J, Wang Q, et al. Ballistic carbon nanotube field-effect transistors[J]. Nature, 2003, 424(6949): 654-657.

[33] Peng L M, Zhang Z, Qiu C. Carbon nanotube digital electronics[J]. Nature Electronics, 2019, 2(11): 499-505.

[34] Kim H, Oh H, Yoo H, et al. Selective purity modulation of semiconducting single-walled carbon nanotube networks for high-performance thin-film transistors[J]. ACS Applied Electronic Materials, 2023, 5(4): 2055-2064.

[35] Xu Q, Liu X, Wan B, et al. In_2O_3 nanowire field-effect transistors with sub-60 mV/dec subthreshold swing stemming from negative capacitance and their logic applications[J]. ACS Nano, 2018, 12(9): 9608-9616.

[36] Wu L, Xu J, Li Q, et al. Enhanced performance of In_2O_3 nanowire field effect transistors with controllable surface functionalization of Ag nanoparticles[J]. Nanotechnology, 2020, 31(35): 355703.

[37] Novoselov K S, Geim A K, Morozov S V, et al. Electric field effect in atomically thin carbon films[J]. Science, 2004, 306(5696): 666-669.

[38] Lemme M C, Echtermeyer T J, Baus M, et al. A graphene field-effect device[J]. IEEE Electron Device Letters, 2007, 28(4): 282-284.

[39] Eda G, Fanchini G, Chhowalla M. Large-area ultrathin films of reduced graphene oxide as a transparent and flexible electronic material[J]. Nature Nanotechnology, 2008, 3(5): 270-274.

[40] Lee S K, Jang H Y, Jang S, et al. All graphene-based thin film transistors on flexible plastic substrates[J]. Nano Letters, 2012, 12(7): 3472-3476.

[41] Manzeli S, Ovchinnikov D, Pasquier D, et al. 2D transition metal dichalcogenides[J]. Nature Reviews Materials, 2017, 2(8): 1-15.

[42] Padilha J E, Peelaers H, Janotti A, et al. Nature and evolution of the band-edge states in MoS_2: from monolayer to bulk[J]. Physical Review B, 2014, 90(20): 205420.

[43] Frey G L, Elani S, Homyonfer M, et al. Optical-absorption spectra of inorganic fullerenelike MS_2 (M= Mo, W)[J]. Physical Review B, 1998, 57(11): 6666.

[44] Fivaz R, Mooser E. Mobility of charge carriers in semiconducting layer structures[J]. Physical Review,

1967, 163(3): 743.

[45] Frindt R F, Yoffe A D. Physical properties of layer structures: optical properties and photoconductivity of thin crystals of molybdenum disulphide[J]. Proceedings of the Royal Society A. Mathematical, Physical and Engineering Sciences, 1963, 273(1352): 69-83.

[46] Joensen P, Frindt R F, Morrison S R. Single-layer MoS_2[J]. Materials Research Bulletin, 1986, 21(4): 457-461.

[47] Hwangbo S, Hu L, Hoang A T, et al. Wafer-scale monolithic integration of full-colour micro-LED display using MoS_2 transistor[J]. Nature Nanotechnology, 2022, 17(5): 500-506.

[48] Go J Y, Byeon G, Choi T, et al. A large bandgap organic salt dopant for Sn‐based perovskite thin‐film transistor[J]. Advanced Functional Materials, 2023, 33(44): 2303759.

[49] Liu A, Zhu H, Bai S, et al. High-performance inorganic metal halide perovskite transistors[J]. Nature Electronics, 2022, 5(2): 78-83.

[50] Ji H, Liu X, Li L, et al. Two-dimensional layered dion–jacobson phase organic–inorganic tin iodide perovskite field-effect transistors[J]. Journal of Materials Chemistry A, 2023, 11(14): 7767-7779.

[51] Nketia-Yawson V, Nketia-Yawson B, Jo J W. High-mobility electrolyte-gated perovskite transistors on flexible plastic substrate via interface and composition engineering[J]. Applied Surface Science, 2023, 623: 156984.

[52] Liu N, Zhu L Q, Feng P, et al. Flexible sensory platform based on oxide-based neuromorphic transistors[J]. Scientific Reports, 2015, 5(1): 18082.

[53] Jung J, Kim S J, Jung T S, et al. Label-free flexible DNA biosensing system using low-temperature solution-processed In-Zn-O thin-film transistors[J]. IEEE Transactions on Electron Devices, 2016, 64(2): 515-520.

[54] Jung J, Kim S J, Lee K W, et al. Approaches to label-free flexible DNA biosensors using low-temperature solution-processed InZnO thin-film transistors[J]. Biosensors and Bioelectronics, 2014, 55: 99-105.

[55] You H C, Wang C J. Low-temperature, solution-processed, transparent zinc oxide-based thin-film transistors for sensing various solvents[J]. Materials, 2017, 10(3): 234.

[56] Wang W, Gao S, Li Y, et al. Artificial optoelectronic synapses based on TiN_xO_{2-x}/MoS_2 heterojunction for neuromorphic computing and visual system[J]. Advanced Functional Materials, 2021, 31(34): 2101201.

[57] John R A, Ko J, Kulkarni M R, et al. Flexible ionic-electronic hybrid oxide synaptic TFTs with programmable dynamic plasticity for brain‐inspired neuromorphic computing[J]. Small, 2017, 13(32): 1701193.

[58] Kumar D, Li H, Das U K, et al. Flexible solution-processable black-phosphorus-based optoelectronic memristive synapses for neuromorphic computing and artificial visual perception applications[J]. Advanced Materials, 2023, 35(28): 2300446.

[59] Ma F, Zhu Y, Xu Z, et al. Optoelectronic perovskite synapses for neuromorphic computing[J]. Advanced Functional Materials, 2020, 30(11): 1908901.

[60] Bhattacharjee S, Wigchering R, Manning H G, et al. Emulating synaptic response in n-and p-channel MoS_2 transistors by utilizing charge trapping dynamics[J]. Scientific Reports, 2020, 10(1): 12178.

[61] Yang J H, Byun C W, Pi J E, et al. Double-gate and body-contacted nonvolatile oxide memory thin-film transistors for fast erase programming[J]. IEEE Transactions on Electron Devices, 2021, 69(1): 120-126.

[62] Zhang C, Li D, Lai P T, et al. An InGaZnO charge-trapping nonvolatile memory with the same structure of a thin-film transistor[J]. IEEE Electron Device Letters, 2021, 43(1): 32-35.

[63] Choi W, Kim G, Kim H Y, et al. Parallel integration of nanoscale atomic layer deposited $Ge_2Sb_2Te_5$ phase-change memory with an indium gallium zinc oxide thin-film transistor[J]. ACS Applied Electronic Materials, 2023, 5(3): 1721-1729.

[64] Lee H M, Kim Y S, Rim Y S, et al. Reduction of persistent photoconduction with IGZO/ZnON-tandem-structure visible–near-infrared phototransistors[J]. ACS Applied Materials & Interfaces, 2021, 13(15): 17827-17834.

[65] Wang C, Ren X, Xu C, et al. N-type 2D organic single crystals for high‐performance organic field‐effect transistors and near-infrared phototransistors[J]. Advanced Materials, 2018, 30(16): 1706260.

[66] Jin T, Park S H K, Fang D W. Highly-stable flexible pressure sensor using piezoelectric polymer film on metal oxide TFT[J]. RSC Advances, 2022, 12(33): 21014-21021.

[67] Zhang Q, Liu S, Luo H, et al. Hybrid capacitive/piezoelectric visualized meteorological sensor based on in-situ polarized PVDF-TrFE films on TFT arrays[J]. Sensors and Actuators A: Physical, 2020, 315: 112286.

[68] Kim K N, Ko W S, Byun J H, et al. Bottom-gated ZnO TFT pressure sensor with 1D nanorods[J]. Sensors, 2022, 22(22): 8907.

[69] Chuang C H, Weng H K, Chen J W, et al. Ultrasonic tactile sensor integrated with TFT array for force feedback and shape recognition[J]. Sensors and Actuators A: Physical, 2018, 271: 348-355.

[70] Xu M, Li H, Ou H, et al. Dual-gate photosensitive a-Si: H TFT array enabling fingerprint-sensor-integrated display application[J]. Journal of Display Technology, 2016, 12(8): 835-839.

[71] An B W, Heo S, Ji S, et al. Transparent and flexible fingerprint sensor array with multiplexed detection of tactile pressure and skin temperature[J]. Nature Communications, 2018, 9(1): 2458.

[72] Zhang J, Qin Z, Zeng D, et al. Metal-oxide-semiconductor based gas sensors: screening, preparation, and integration[J]. Physical Chemistry Chemical Physics, 2017, 19(9): 6313-6329.

[73] Hong S, Wu M, Hong Y, et al. FET-type gas sensors: a review[J]. Sensors and Actuators B: Chemical, 2021, 330: 129240.

[74] Yeom G, Kwon D, Shin W, et al. Fast-response/recovery In_2O_3 thin-film transistor-type NO_2 gas sensor with floating-gate at low temperature[J]. Sensors and Actuators B: Chemical, 2023, 394: 134477.